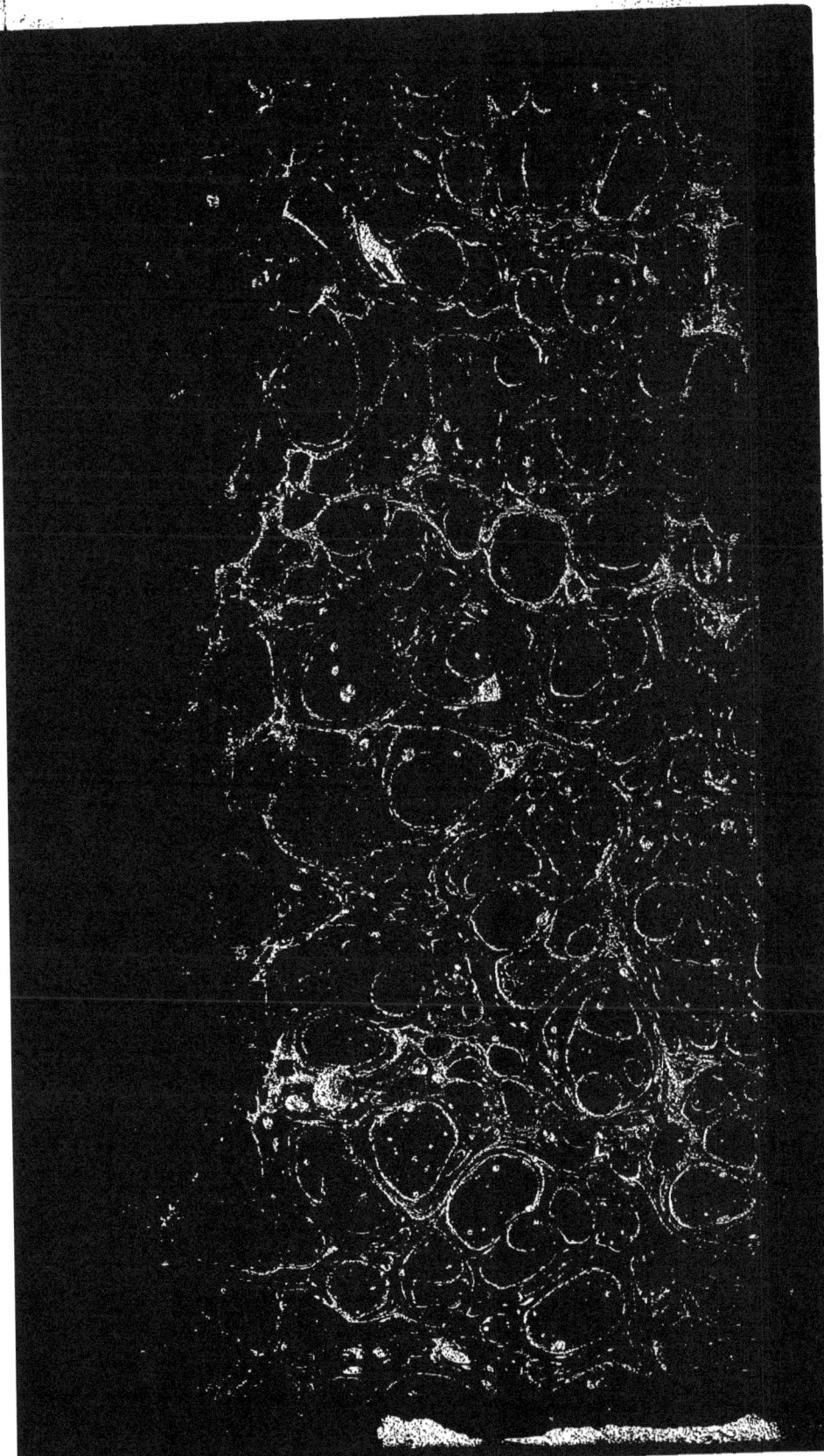

ANATOMIE

DES

SYSTÈMES NERVEUX

DES ANIMAUX A VERTÈBRES.

DE L'IMPRIMERIE DE PLASSAN, RUE DE VAUGIRARD, N° 15,

DERRIÈRE L'ODÉON.

ANATOMIE

DES

SYSTÈMES NERVEUX

DES ANIMAUX A VERTÈBRES,

APPLIQUÉE

A LA PHYSIOLOGIE ET A LA ZOOLOGIE.

OUVRAGE DONT LA PARTIE PHYSIOLOGIQUE EST FAITE CONJOINTEMENT AVEC

F. MAGENDIE,

MEMBRE DE L'INSTITUT DE FRANCE,

PAR A. DESMOULINS, DOCTEUR EN MÉDECINE.

Res, non verba.

PREMIÈRE PARTIE.

A PARIS,

CHEZ MÉQUIGNON-MARVIS, LIBRAIRE-ÉDITEUR.

RUE DU JARDINET, N° 13,

QUARTIER DE L'ÉCOLE DE MÉDECINE.

1825.

A LA PERPÉTUELLE

MÉMOIRE

D'ANTOINE DESMOULINS,

MON PÈRE;

ET DE CELUI QUI FUT MON SECOND PÈRE,

DE F. THÉODORE DESMOULINS,

MON JEUNE FRÈRE:

POUR LES EXEMPLES DE VERTU ET DE COURAGE

QU'ILS M'ONT DONNÉS;

A. DESMOULINS.

PRÉFACE.

A M. le Baron DES GENETTES,

MÉDECIN EN CHEF DE L'ARMÉE D'ITALIE, DE L'ARMÉE D'ÉGYPTE; ET DE LA GRANDE-ARMÉE, EN ALLEMAGNE, EN PRUSSE, EN POLOGNE, EN AUTRICHE, EN ESPAGNE, ET EN RUSSIE.

MONSIEUR LE BARON,

Devant donner à un public formé de savants de tous les pays, quelques explications sur l'esprit, les motifs et le but de mon ouvrage, puis-je offrir une meilleure garantie de ma bonne foi que les auspices de votre nom, vous, que ce qu'il y a de plus distingué en Europe connaît personnellement d'une manière si honorable ; vous, dont les droits à la reconnaissance de tous les peuples, furent déclarés par un ukaze de l'empereur Alexandre, au milieu même des fureurs d'une guerre nationale.

C'est à ce titre, Monsieur, encore plus qu'a celui du seul de mes maîtres qui se soit constamment intéressé à mes travaux, et qui m'ait toujours montré une paternelle affection, que je vous prie de vouloir bien agréer cette préface.

J'aurai souvent à contredire, et des opinions dont quelques-unes passent pour des principes, et des hommes qui font autorité, soit par leur position, soit même par de véritables services rendus aux sciences. Mais, avant qu'un éloquent académicien eût dit dernièrement, qu'il faut écrire avec sa conscience, en présence de Dieu, dans l'intérêt de la vérité; je l'avais déjà fait dans ce livre.

On aime à rattacher ses connaissances à des idées d'unité, parce qu'elles soulagent la faiblesse de l'esprit, dispensent d'être attentif à des rapports trop compliqués, et atténuent la nécessité laborieuse de l'observation et de l'expérience. Ces idées, plus commodes à la spéculation, sont aussi plus flatteuses à l'imagination. L'histoire de la philosophie et celle des sciences les montrent plus nombreuses et plus dominantes dans les sciècles d'ignorance et de confusion; et ce n'est pas sans une sévère observation sur soi-même, que l'on se préserve de leur entraînement. Ainsi le plus grand des astronomes, avant Newton, Huyghens, découvre un satellite de Saturne. Cette découverte égalait le nombre des satellites à celui des planètes alors connues. Huyghens, jugeant cette égalité nécessaire à l'harmonie du système du monde, osa presque affirmer qu'il ne restait plus de satellites à découvrir; et, peu d'années après, Casssini en reconnut quatre nouveaux à la même planète (1).

Presque toujours aussi dans les sciences naturelles, on a prématurément conçu ces idées d'unité, en anticipant sur les faits, par une sorte de divination, et par conséquent au hasard. Aussi, leur application a-

(1) La Place, *Exposition du syst. du monde*, liv. 5, chap. 18.

t-elle été rarement heureuse. Mais, en vain
étaient-elles éclipsées par des observations
ou des expériences nouvelles. Au lieu de
se soumettre à la nécessité de rassembler
le plus de faits possible, jusqu'à ce qu'un
phénomène ou un rapport toujours constant
et commun à tous, leur servît de lien mutuel
et de loi, on continuait de se restreindre
aux rapports de quelques faits constituant
une assez petite fraction de l'ensemble qu'on
aurait dû examiner. On a même vu des es-
prits contemplatifs, suivant une route aussi
contraire à celle de l'observation et de l'expérience, qu'à la méthode des inductions
qui en dérive, se placer à la source de
tout, comme si tout commençait, et imaginer
des causes générales, pour tout expliquer et
tout régir.

Ainsi, par exemple, on était convenu,
en anatomie, sans trop savoir pourquoi,
puisque l'idée ne portait sur aucune démonstration ni sur l'évidence, que la composition matérielle de l'organe excitateur des
sensations et des mouvements, ou, en d'autres termes, du système cérébro-spinal, était

constamment identique; qu'il en était de même du mécanisme de sa réunion avec les nerfs; et, enfin, que le nombre de ses parties était aussi constamment uniforme. De ces trois suppositions, deux étaient pourtant contradictoires entre elles. Car, dans l'une, on admet l'unité de composition moléculaire du système, à cause de la similitude de nature de ses phénomènes; et dans l'autre, on admet l'unité de nombre des parties du système, nonobstant la diversité spécifique et numérique de ses phénomènes, selon les animaux observés. La troisième supposition était toute gratuite, et tenait seulement à ce qu'on n'avait encore observé qu'un seul mécanisme dans l'union du système cérébro-spinal avec les systèmes nerveux latéraux. Et comme cette observation avait été faite sur l'homme, où l'on supposait accomplies toutes les perfections possibles de l'organisation, on en concluait que le mécanisme de ses organes nerveux devait se retrouver, en tout ou en partie, dans tous les autres animaux. On ne se bornait pas à faire cette supposition :

on essayait de la réaliser fictivement, dans
tels ou tels animaux, qu'on allait jusqu'à
citer ; et l'on ne manquait pas d'appuyer
tout cela sur des principes et des autorités.

Mais dans les sciences on ne juge pas toujours, ainsi qu'ailleurs, les faits par les
principes. Viennent des hommes qui jugent
les principes par les faits, et pour qui les
autorités ne sont que des témoignages à juger, et non des preuves qu'il faut admettre.
Ils confrontent ces autorités avec la nature,
et, si elles ne lui sont pas conformes, ils
les rejettent et les font rejeter. Ainsi Galilée
sut démontrer et osa proclamer cette contradiction des croyances avec les faits, et,
malgré l'inquisition, ses cachots et les pé-
dants, il émancipa l'entendement humain
de la tutelle théologique et scholastique qui
le condamnait à vieillir dans une éternelle
minorité.

Avant lui tout phénomène qui contrariait
un dogme, un principe, était rejeté comme
mal observé ou faux. L'autorité imposait,
à tout ce qui pouvait être observé par
hasard, ou découvert par recherche, l'o-

bligation de confirmer des croyances admises sur parole et respectées par habitude. Mais Galilée, en physique, et, plus tard, Bayle, en histoire, soumirent tout à l'examen et à l'expérience. Dès-lors, on se désabusa de la réalité des êtres métaphysiques, l'on mit en question toutes ces décisions jusqu'alors données pour lois à la pensée. Le règne des idées déclina, celui des faits s'éleva, et les ténèbres du moyen âge commencèrent à s'éclaircir.

Mais par l'isolement où la médecine restait des sciences à cause du préjugé que les lois physiques sont contraires à celles de la vie, le moyen âge durait encore pour elle. Ce n'est que tout-à-l'heure que la physiologie a eu son Galilée; l'anatomie attend le sien. Quant à la médecine proprement dite, pour la plupart elle n'est encore qu'un métier.

Vingt ans à peine se sont écoulés depuis que le fatras des connaissances anatomiques a été débrouillé. De l'ordre fut mis alors dans ce chaos par L'ANATOMIE GÉNÉRALE de Bichat, et par les LEÇONS D'ANATOMIE COM-

PARÉE. Auparavant, cet amas informe de descriptions incohérentes était si fatigant pour l'esprit, que l'un des auteurs de ces descriptions disait que pour savoir l'anatomie, il fallait l'avoir oubliée six fois. Ces paroles aussi vraies que singulières prouvent assez que l'anatomie n'était pas alors une science. Ce nom n'appartient qu'à un ensemble suffisant de faits convenablement ordonnés, et tous déduisibles les uns des autres, ou liés entre eux par des connexions constantes. C'est l'enchaînement de ces déductions, de ces connexions, qui fixe les faits dans l'esprit. Avant d'avoir ce caractère, les connaissances humaines, si bien classées qu'elles soient, ne sont que des catalogues et des inventaires de faits isolés, de phrases descriptives, dont il est impossible de déduire, comme conséquence, l'expression générale d'aucun fait primitif ou commun, c'est-à-dire d'aucun principe. Car les principes ne sont que des conséquences.

Or, il est vrai de dire que les deux ouvrages cités ne sont que des inventaires.

Et que l'on ne croie pas que la déduction des principes sorte nécessairement de tout rassemblement de faits un peu nombreux. Pour n'être pas stérile en résultats scientifiques, leur description et leur classement doivent être assujettis à un certain ordre. Il est vrai que cet ordre, qui n'est pas arbitraire, et qui lui-même est un fait, n'est pas toujours facile à apercevoir et à suivre ; car, dans plus d'un système de faits, il n'a été trouvé qu'après des siècles de tâtonnements malheureux. Mais, que la découverte de cet ordre soit l'œuvre du génie ou le fruit du hasard, il n'en est pas moins vrai que la distribution méthodique des faits est indispensable pour en calculer la valeur et en déduire les conséquences qui mènent aux principes.

Or, jusqu'à cette époque on savait bien que le corps de l'homme et des animaux vertébrés est formé de nerfs, de muscles, d'os, etc. ; mais on ignorait les propriétés générales et particulières de ces nerfs, de ces muscles, dans tous les cas, et à toutes les périodes de leur existence. On ne pouvait

donc guère avoir d'idées justes sur les usa-
ges de ces parties et sur leurs influences
mutuelles. Aussi, masque - t - on encore
son ignorance, à cet égard, avec des fa-
bles, où figurent certaines puissances oc-
cultes et imaginaires, que l'on espère pourtant conjurer par des espèces de formules
magiques, où toutes sortes de substances
sont amalgamées au hasard. Tel est, en
grande partie, le traitement des maladies
nerveuses.

Après la mort de Bichat, tantôt noyée
sous un déluge de détails incohérents et sté-
riles, tantôt obscurcie par les nuages d'une
métaphysique cosmogonique où des subtilités et des jeux de mots sont pris pour des
choses, l'anatomie s'arrêta. Le système des
monographies recommença, et fit craindre
le retour de cet encombrement d'inutilités
dont Bichat l'avait sauvé. L'imagination
s'effraie quand on songe qu'Andersch a
consacré à décrire les seuls nerfs cardia-
ques de l'homme, le tiers de l'espace
qu'occupe l'anatomie générale de Bichat;
et que Meckel en a consacré autant à

la cinquième paire (voyez LUDWIG, SCRIP. NEVROL MIN.). Aujourd'hui même on aura une anatomie du hanneton, aussi volumi‑ neuse que celle de l'homme. Miracle de pa‑ tience renouvelé de Lyonnet!

Dans l'histoire des ossements fossiles M. le baron Cuvier a publié d'exactes et complètes monographies du squelette des mammifères et des reptiles. Il a, par leurs applications, réformé la zoologie vivante, et tiré du néant une zoologie souterraine, naguère incon‑ nue, dont les êtres lui doivent pour ainsi dire une seconde création. Mais les rela‑ tions du nombre, des formes et du groupe‑ ment des os, avec les phénomènes sensitifs et mécaniques dont la combinaison constitue la personnalité de chaque animal, sont de‑ meurées négligées. C'est cette omission et ce besoin de la science que j'ai essayé de rem‑ plir dans le premier livre de cet ouvrage.

Dans la seconde moitié de la période commencée par Bichat, une véritable théo‑ rie déduite de l'expérience sur les animaux vivants, avait été donnée à la physiologie.

b

Tous les systèmes imaginés sur le mécanisme du corps humain , renversés par
elle, s'étaient soulevés contre toute application de ces expériences à l'homme.
On objectait une différence de nature entre l'organisation de ces animaux et la
sienne. Et la plupart des médecins, à peu
près étrangers à l'anatomie, et accoutu-
més.à raisonner sur les phénomènes de la
vie sans en connaître les organes, trou-
vant cette objection péremptoire, lui don-
naient la sanction de leur pratique. Il fallait donc savoir jusqu'à quel point les organes des animaux vertébrés, seuls employés à ces expériences, étaient semblables à ceux de l'homme, quels de ces
organes leur étaient communs, et quels
étaient particuliers à tel ou tel animal, pour
juger jusqu'à quel point on en pouvait comparer les effets. Cette nécessité agrandit,
pour moi, l'horizon de l'ANATOMIE COM-
PARÉE. Elle ne m'offrit plus de simples
pièces justificatives , pour les EXPÉRIENCES
sur les animaux vivants ; j'y vis une source
féconde d'inductions physiologiques, dont

les résultats , toujours coïncidents avec ceux des expériences, découvrent souvent des faits auxquels l'expérience seule ne pourrait conduire. Et comme ces faits coïncidaient encore avec ceux de l'anatomie pathologique , je m'occupai avec persévérance de recherches sur les systèmes nerveux, sur ces organes où résident les plus importants phénomènes, et pour lesquels tous les autres organes sont réellement coordonnés.

En marchant à la fois par cette triple route à la recherche des phénomènes, l'expérience multipliée et combinée de mille manières doit nécessairement devancer le temps. Car chacun de ces trois procédés sert tour à tour d'éclaireur et de vérificateur aux autres. Associé depuis trois ans aux travaux journaliers de M. Magendie, c'est, pour ainsi dire, entre mes mains, c'est sous mes yeux, qu'ont été faites les belles découvertes physiologiques de cette époque. Jamais anatomiste ne fut si bien placé pour juger l'importance et l'usage de chaque pièce des machines qu'il démonte. Puissé-je n'avoir pas manqué à tous les avantages de ma position, pour mieux connaître le mécanisme des principaux phénomènes de la vie!

Tel a été le but de la suite de mémoires que j'ai adressés à l'Institut, et publiés depuis 1820. (1)

Non-seulement ce but est différent de l'objet du prix proposé, pour 1821, par l'Académie royale des sciences, mais le résultat de mes travaux est précisément contraire à l'objet que semblait indiquer le programme, et que l'on a eu en vue dans le travail couronné. Il y a plus encore, c'est que mon premier travail sur le système nerveux date de 1815, plusieurs années avant la publication du programme, et probablement aussi avant la conception de son idée. Comment se fait-il qu'en parlant de mes recherches (ANALYS. DES TRAV. DE L'ACAD. DES SCIENCES, pour 1823) l'illustre rapporteur ait dit qu'elles ont été provoquées, en quelque sorte, par le prix que l'on proposa en 1821?

Cet ouvrage contenant, surtout dans la

(1) Voyez la note à la fin de la préface.

partie expérimentale et physiologique, un assez grand nombre de faits contradictoires, avec la presque totalité des résultats d'une série de travaux successivement couronnés depuis trois ans, par l'Académie royale des sciences; voici une explication à cet égard.

Chacun de ces faits a été vérifié par toutes les épreuves possibles, en variant les expériences; et ceux dont l'importance est capitale, ont été mille et mille fois répétés, soit en particulier, soit dans des leçons publiques, devant ce que la médecine compte d'étudiants d'élite, depuis Buenos-Ayrès et Boston, jusqu'à Stokholm et Astrakan; soit enfin devant l'Académie des sciences tout entière. Et comme les lois physiques sont perpétuelles et inaltérables, et que l'on doit toujours pouvoir montrer demain un phénomène que l'on a produit hier, M. Magendie répétera ces démonstrations devant toutes les personnes que pourrait embarrasser la contradiction d'un jugement aussi prépondérant. A plus forte raison les répétera-t-il devant MM. les commissaires qui ont porté ce jugement.

A la vérité, M. Magendie était un de ces commissaires. Mais c'est là tout simplement une preuve de plus, qu'une majorité n'est pas infaillible. Et n'est-il pas encore tout simple qu'elle se trompe sur des matières qu'elle ne connaît pas, si, surtout, elle ne prend pas la peine de les examiner?

A la vérité encore, la contradiction porte ici, non sur des termes dont le sens puisse être arbitraire, mais sur des phénomènes rigoureusement appréciables par l'absence ou l'existence, par l'espèce, la quantité, et la direction du mouvement. Il ne faut que des yeux pour juger si un animal s'agite ou reste immobile, s'il court ou s'il dort, si ses mouvements sont réguliers ou convulsifs; et il suffit de n'être pas sourd pour juger s'il se tait ou s'il crie, etc. Mais serait-ce encore la première fois que l'on aurait cru voir et entendre le contraire de ce qui se passait réellement? et n'y a-t-il pas des personnes qui se font illusion de la meilleure foi du monde?

Puisse l'indépendance avec laquelle j'ai

écrit cet ouvrage justifier l'estime et l'amitié de l'homme qui, par la noblesse antique de son caractère, plus encore que par la grandeur des événements auxquels il eut une si belle part, a donné à notre profession une illustration naguère inconnue!

Puisse-t-il voir aussi dans ce témoignage public de ma vénération et de mon attachement, une preuve que le fruit de ses entretiens n'a pas été tout-à-fait perdu pour moi!

J'ai l'honneur d'être,

MONSIEUR,

Votre respectueux et dévoué serviteur,

A. DESMOULINS.

NOTE.

Voici la liste des travaux qui ont servi de matériaux pour mon ouvrage.

1°. De l'état du système nerveux sous le rapport de volume et de masse dans le marasme non sénile, et de l'influence de cet état sur les fonctions nerveuses, lu à l'Institut le 29 mai 1820 (*Journal de physique*, juin 1820).

2°. Suite des recherches sur l'état de volume et de masse du système nerveux, et de l'influence de cet état sur, etc., lu à l'Institut en décembre 1820 (*Journal de physique,* février 1821).

Ces deux Mémoires ont obtenu une mention au concours de l'Institut de 1821.

3°. Recherches anatomiques et physiologiques sur le système nerveux des poissons, Mémoire couronné au concours de l'Institut en 1822 (Extrait publié dans le *Journal de physiologie expérimentale*, avril 1822).

4°. Sur le rapport qui existe entre les facultés intellectuelles et l'étendue des surfaces du cerveau (*Journal complémentaire du Dictionnaire des Sciences médicales*, septembre 1822).

5°. Mémoire complémentaire des Recherches

anatomiques et physiologiques sur le système nerveux des poissons, lu à l'Institut le 8 août 1822 (Extrait dans le *Journal de physiologie expérimentale*, octobre 1822).

Ce mémoire est resté inédit; on peut en voir un aperçu dans *l'Analyse des travaux de l'Académie des sciences*, pour 1823.

6°. Sur le rapport qui existe entre l'étendue des surfaces du nerf optique et de la rétine, et l'énergie de la vision chez les oiseaux, lu à l'Institut le 22 décembre 1822 (*Journal de physiologie expérimentale*, janvier 1823).

7°. Exposition succincte du développement et des fonctions du système cérébro-spinal (*Archiv.*, de médecine, juin 1823).

8°. Sur le rapport qui unit le développement du quatrième ventricule à celui de la huitième paire, et sur la composition de la moelle épinière, lu à l'Institut le 4 août 1823 (*Journal de physiologie*, octobre 1823).

9°. Sur le rapport entre le développement sphérique donné par le plissement des rétines des oiseaux et des poissons, et la sphère de l'œil circonscrite à ces rétines, lu à l'Institut le 24 novembre 1823 (*Archiv. de médecine*, novembre 1823).

10°. Exposition succincte du développement et des fonctions des systèmes nerveux latéraux (*Archiv.*, décembre 1823).

11°. Sur l'usage des couleurs de la choroïde

dans l'œil des animaux vertébrés, lu à l'Institut le 19 et le 26 janvier 1824 (*Journal de physiologie expérimentale*, janvier 1824).

12°. Sur le défaut d'unité de composition du système nerveux et sur la concordance de ce défaut d'unité avec l'inégalité des facultés des animaux (*Journal complémentaire du Dictionnaire des Sciences médicales*, mars 1824).

13°. Sur les différences qui existent entre le système nerveux de la lamproie et celui des animaux vertébrés, sous le rapport des propriétés physiques, du nombre et du mécanisme de réunion des parties; lu à l'Institut le 31 mai 1824 (*Journal de physiologie expérimentale*, juillet 1824).

Ce mémoire contient les plus importants des faits que j'ai découverts. C'est sans doute par oubli qu'il n'en est pas question, non plus que du onzième et du suivant, dans l'Analyse des travaux de l'Académie des sciences pour 1824.

14°. Sur le système nerveux et sur l'appareil lacrymal des serpents à sonnettes, des trigonocéphales et de quelques autres serpents, lu à l'Institut le 2 août 1824 (*Journal de physiologie expérimentale*, juillet 1824).

15°. Ma lettre au président de l'Académie des sciences, sur le système nerveux de trois espèces de pétromyzon (*Journal de physiologie*, octobre 1824).

Le nombre de ces mémoires explique comment j'ai eu rarement besoin de recourir à des travaux étrangers. Dailleurs j'ai toujours scrupuleusement indiqué ce que j'ai emprunté. Excepté ces citations et les faits vulgaires que l'on reconnaîtra aisément, tout le reste m'appartient. Il en est de même pour la partie expérimentale, quant à M. Magendie.

———

J'ai le douloureux regret de ne pouvoir adresser mes remercîments qu'à l'une seulement des deux charmantes artistes qui ont bien voulu dessiner les planches de cet ouvrage. Melle Henriette Stiegler a été enlevée, à 22 ans, aux arts et à sa famille.

ANATOMIE

DES

SYSTÈMES NERVEUX

DES ANIMAUX VERTÉBRÉS.

~~~~~~

LIVRE PREMIER.

———

INTRODUCTION

A L'ÉTUDE DU SYSTÈME CÉRÉBRO-SPINAL.

DE L'ENVELOPPE OSSEUSE DE CE SYSTÈME.

Le système nerveux, cette partie de l'animal
pour laquelle toutes les autres semblent exister,
d'où part l'excitation des mouvements, par qui sont
transmises et perçues les sensations, où réside l'intelligence, la volonté et la conscience, se compose:

1°. D'une sorte de tronc ou de cylindre médullaire,
nommé moelle de l'épine, qui, plus ou moins renflé
à son extrémité antérieure qu'on appelle encéphale
ou cerveau, occupe à peu près l'axe du corps de

tous les animaux à vertèbres. J'ai nommé cet appareil, système cérébro-spinal (1).

2°. À droite et à gauche de l'axe cérébro-spinal, et plus ou moins perpendiculairement ou obliquement, s'embranchent avec lui (sans en tirer leur origine) des cordons appelés nerfs, dirigés vers les surfaces du corps ou vers les différents points de l'épaisseur de ses muscles. Ce sont là les nerfs proprement dits, ou les systèmes nerveux latéraux.

3°. Perpendiculairement à la direction de ces nerfs, et au-dessous d'eux, parallèlement au système cérébro-spinal dont les sépare l'épaisseur de la colonne vertébrale, s'étendent deux cordons nerveux renflés de vertèbres en vertèbres, ou de deux en deux vertèbres à peu près, par des nodosités appelées ganglions, d'où partent des filets distribués aux artères et aux viscères de la digestion et de la respiration. C'est là ce qu'on nomme nerfs ou système du grand-sympathique.

Ces ganglions communiquent chacun avec la paire de nerfs la plus voisine, et par la racine inférieure de ce nerf avec le système cérébro-spinal.

Quelles que soient la texture et la composition chimique propre à ces deux derniers systèmes de nerfs, ils ont cela de commun d'avoir une consistance as-

_____

(1) J'ai dû créer ce mot dans mon mémoire couronné, adressé à l'Institut en 1821. (*Voy.* l'extrait de ce mémoire, *Journ. de Physiol*, t. II, p. 127 et suiv.

sez solide, non-seulement pour n'être pas déformés par des compressions et des chocs tels qu'en peut supporter la peau, mais aussi pour que leurs propriétés n'en soient pas altérées.

Il n'en est pas de même du système cérébro-spinal. Telle est sa délicatesse, et quelquefois même sa diffluence pour ainsi dire, que les moindres compressions exercées sur la plupart des points de ce système, en troublent et en paralysent les actions. Sa molle cohésion permet aux plus petits chocs, aux plus petites pressions, de l'écraser, de le diviser, ou de le contondre. Et suivant les parties blessées, ces lésions exposeraient l'animal à la perte immédiate ou prochaine, soit de la vie, soit de quelques-uns des phénomènes de l'intelligence, du sentiment et du mouvement.

Une enveloppe protectrice était donc indispensable au système cérébro-spinal.

Et comme la plupart des organes des sens, tout ouverts qu'ils doivent être aux impressions du dehors, ont besoin de la même protection dans le reste de leur contour; comme la distance de ces sens à leurs organes cérébro-spinaux nécessite leur situation dans la tête, où sont ces derniers organes, la partie de la tête qui est le siége des sens, la face, devait donc aussi leur offrir un abri par sa résistance. Comme enfin la tête, portée à l'extrémité du levier que représente le cou, devait y peser le moins possible, on voit que le crâne, c'est-à-dire l'enveloppe osseuse de l'encéphale et des sens, devait, dans les parois de ses cavités et de leurs comparti- ments, réunir la solidité à la légèreté.

D'autre part la colonne vertébrale, enveloppe osseuse de la moelle épinière, étant à la fois, et le levier principal, et le centre des mouvements de l'animal, devait réunir à la solidité et à la légè- reté, la plus grande mobilité possible.

Sans doute la manière dont se réalisent des con- ditions mécaniques si diverses méritait déjà d'être exposée ici. Mais il existe en outre des relations constantes entre telle forme, telle proportion du système cérébro-spinal, et telle forme, telle pro- portion de son étui osseux. Le développement de l'un influe sur celui de l'autre. Enfin la détermi- nation de ces rapports mutuels permet de juger, chez les deux premières classes de vertébrés, de plusieurs parties du système nerveux par les parties correspondantes de son enveloppe osseuse : opéra- tion qui devient très-importante dans le cas où l'on ne peut se procurer que les squelettes des animaux.

Il est donc indispensable de parler de cette enve- loppe, avant de décrire les organes qu'elle renfer- me. Cette introduction est d'autant plus nécessai- re, qu'un système fort ingénieux repose exclusive- ment sur des correspondances de forme et de vo- lume, entre le cerveau et son enveloppe osseuse. Cette introduction permettra aussi de mieux ap- précier, et ce que nous aurons à dire du fond de ce système, et dans quelles limites, au défaut de l'examen des organes cérébraux, on peut employer cette corrélation à les connaître.

Nous avons à étudier et la composition et le mécanisme de l'enveloppe osseuse du système cérébro-spinal. Cette enveloppe se divise, comme on a vu plus haut, en colonne vertébrale et en crâne.

SECTION PREMIÈRE.

DE LA COLONNE VERTÉBRALE.

La colonne vertébrale ayant une construction beaucoup moins compliquée que le crâne, et les parties dont elle se compose ayant donné à quelques anatomistes l'idée de comparer la construction d'une de ces pièces, soit au crâne, soit à l'un des segments du crâne, c'est par sa description que nous allons commencer.

CHAPITRE PREMIER.

COMPOSITION DE LA COLONNE VERTÉBRALE.

Une série d'anneaux osseux, appelés vertèbres, articulés sur un axe commun, constitue la colonne vertébrale. Le conduit résultant de la succession des trous circonscrits par ces anneaux, se nomme *canal vertébral.* C'est dans les poissons osseux et quelques serpents, que les vertèbres sont le plus simples et leur type le plus uniforme sur toute la longueur de la colonne.

Une sorte de disque ou de portion de cylindre, dont tantôt l'axe excède le diamètre, et dont tantôt le diamètre excède l'axe, suivant les régions de la colonne vertébrale dans un même animal, ou bien suivant les différentes espèces d'animaux, forme constamment l'arc le plus inférieur de l'anneau vertébral. Sur chacune des faces latérales du disque, à partir d'abord de la face supérieure que je nomme *médullaire* ou *spinale,* se soude une lame osseuse, dont la plus grande dimension est verticale. Cette lame en montant s'incline sur la ligne médiane, vers la lame correspondante à laquelle elle s'unit sur une étendue variable de sa hauteur. L'arête résultant de la soudure de leurs bords supérieurs est nommée *épine vertébrale.* Les deux lames ainsi rapprochées forment l'arc supérieur de la vertèbre, et se nomment *lames obliques* ou simplement *lames vertébrales;* le disque inférieur se nomme le *corps* de la vertèbre.

1°. *Chez les poissons.*

Les faces par lesquelles deux vertèbres se regardent et s'articulent dans tous les poissons, sont creusées d'une cavité conique. Les deux cavités de la même vertèbre ont donc leurs sommets adossés. Quelquefois ces sommets sont réunis par un petit canal. Deux vertèbres articulées ensemble interceptent donc deux cavités coniques adossées par leurs bases. Ces cavités sont remplies d'une matière élastique et gélatineuse.

Dans tous les autres vertébrés ovipares la face postérieure de chaque disque vertébral proémine en segment de sphère, d'ellipse, ou de cylindre, et correspond à une cavité semblable, creusée sur la face antérieure de la vertèbre suivante. La face antérieure de chaque disque vertébral est donc concave dans tous les ovipares.

Il résulte de cette différence de figure, dans la face postérieure du disque vertébral, chez les poissons et chez les autres ovipares, que la mobilité de la colonne vertébrale, dans une longueur donnée, est beaucoup moindre chez les poissons.

Chez quelques poissons, les gades, par exemple, toutes les vertèbres correspondant à l'abdomen, à partir du crâne, sont flanquées latéralement de deux lames horizontales, dont la longueur excède plusieurs fois le diamètre du corps vertébral. Ces lames sont toujours soudées sur la partie de la lame oblique qui double en dehors le corps de la vertèbre. Ces lames se nomment *apophyses transverses*.

A l'extrémité de ces apophyses transverses, s'articulent les *côtes* quand elles existent.

Dans le *gadus molva* ces apophyses ne commencent à se montrer qu'à la sixième vertèbre : les cinq premières n'en offrent pas de traces, et c'est sur les corps vertébraux que s'articulent les côtes.

Chez les poissons les côtes peuvent donc s'articuler, soit sur l'extrémité des apophyses transverses, soit sur le corps même de la vertèbre.

Dans le *fégaro*, à la onzième vertèbre, sur une apophyse qu'émet de chaque côté le bord de la face antérieure du corps de la vertèbre, s'articule l'extrémité d'un arc à concavité supérieure, et adossé par son sommet à un second arc à concavité inférieure. L'adossement de ces deux arcs forme une sorte de quadrilatère, dont chaque bord horizontal est échancré. Sur chaque pointe de l'échancrure inférieure s'articule une longue baguette formée de trois tronçons, dont les articulations immobiles sont marquées par des nœuds.

A partir du corps de la vertèbre on trouve donc, 1° l'apophyse sur laquelle s'articule la branche supérieure de la lame quadrilatère; 2° la moitié correspondante de cette lame quadrilatère, et ensuite les trois tronçons de la baguette ou côte articulée sur la branche inférieure de l'os quadrilatère. Ce sont donc cinq pièces osseuses, placées bout à bout et en série.

Dans le *zeus regius* (chrysostose lune), au-delà des grandes côtes abdominales, articulées immédiatement sur le corps vertébral, viennent bout à bout trois tronçons mobiles les uns sur les autres, comme la côte l'est elle-même sur la vertèbre. Il y a donc de chaque côté une baguette ou côte formée de quatre tronçons, tous mobiles l'un sur l'autre, flanquant la vertèbre inférieurement.

Or dans ces deux mêmes espèces et dans tous les autres poissons, au-dessus de l'épine vertébrale il n'y a jamais plus de deux tronçons étagés l'un sur l'autre ; l'extérieur est toujours libre hors des chairs de l'animal, et forme l'un des rayons de la nageoire dorsale. Le tronçon intermédiaire, tout entier compris dans les chairs, sert de point fixe au rayon.

Il n'y a donc chez les poissons que trois tronçons sur le prolongement d'une même ligne au-dessus du corps de la vertèbre.

Et il peut y en avoir jusqu'à cinq au-dessous, sans compter le rayon de la nageoire anale et le support de ce rayon. Ce n'est pas tout : chaque côte ou baguette osseuse, suspendue aux flancs du corps de la vertèbre, peut avoir des baguettes collatérales, articulées sur l'un des tronçons dont elle se compose. Ainsi les côtes du *fégaro,* depuis la troisième jusqu'à la sixième inclusivement, sont bifurquées, vers le tiers de leur longueur, sur leur côté interne. Les trois suivantes ne sont pas bifurquées, mais deux côtes s'articulent conjointement sans se toucher, sur la grande apophyse latérale d'une même vertèbre. Chacune de ces trois vertèbres porte donc deux paires de côtes.

Tout à l'heure, il y avait, dans une même série, des tronçons surnuméraires; ici c'est une série surnuméraire de pièces, qui flanque la vertèbre parallèlement et conjointement avec la série ordinaire.

Dans la partie caudale de la colonne vertébrale une fourche osseuse renversée s'articule sur la face inférieure du corps de chaque vertèbre. Cette fourche résulte de deux lames osseuses écartées en haut, rapprochées et soudées en bas. Le canal résultant de la série de ces arcs inférieurs à la colonne vertébrale, est destiné à l'aorte et aux deux veines correspondantes. Ces deux lames se nomment *épine inférieure*. On va voir tout à l'heure que ces pièces ne correspondent pas aux côtes.

La pointe ou épine que forme leur extrémité inférieure soutient une première baguette ou tronçon, que suit l'os du rayon de la nageoire anale.

Tout le long de la partie caudale de la colonne vertébrale, un nombre égal de pièces situées dans un même plan vertical ou horizontal, suivant la projection du poisson, borde donc, en haut et en bas, ou latéralement, l'axe que forme la série des corps vertébraux.

2°. *Chez les serpents.*

Dans les *boas*, parmi les serpents, l'arc inférieur de l'anneau vertébral porte une épine aussi longue à proportion que dans aucun poisson; mais les vertèbres ne s'articulent pas seulement par les faces correspondantes de leur corps, comme chez les poissons. La lame vertébrale n'est plus rectiligne, mais coudée angulairement, comme on le verra bientôt chez les mammifères eux-mêmes. Le sommet de cet angle déborde horizontalement le corps de la vertèbre. Sur l'extrémité du pédicule qui en résulte, s'articule la côte. Ce pédicule est en outre aplati transversalement. Le devant de sa face supérieure, et le derrière de sa face inférieure, offrent chacun une petite facette pour l'articulation du pédicule de chaque vertèbre, par la facette supérieure avec la vertèbre qui précède, et par la facette inférieure avec la vertèbre qui suit. Ces facettes, étant horizontales, déterminent le sens du mouvement de ces articulations.

Or du milieu même de la face inférieure du corps de la vertèbre, proémine une épine aussi longue que l'épine qui surmonte le canal vertébral. Plus de deux cent cinquante vertèbres portent donc, chacune à la fois, une côte sur la base proéminente de chaque lame vertébrale, et de plus, sur le milieu même de la face inférieure de leur corps, une épine formée elle-même de deux moitiés symétriques. Ce n'est pas tout : la seconde vertèbre du *boa* porte deux de ces épines séparées, l'une derrière l'autre, sur le milieu de son corps. Et ce qui mérite d'être remarqué, ces deux épines n'y sont jamais soudées, non plus que celle de la première vertèbre. Toutes les autres épines sont soudées, au contraire, au corps de la vertèbre correspondante.

Puisque deux cent cinquante-deux vertèbres portent chacune à la fois cette épine et une paire de côtes, les deux moitiés constituant chaque épine, sont donc différentes de ces côtes.

Et comme par leur situation ces épines correspondent aux épines inférieures des poissons, on voit qu'elles ne peuvent être comparées qu'à ces pièces, qui alors ne peuvent plus être considérées comme analogues aux côtes.

Dans tous les autres serpents il existe toujours sur le milieu de la face inférieure du corps des vertèbres un éperon plus ou moins saillant, correspondant à cette longue épine des *boas*. Cet éperon est, selon les espèces, dirigé en arrière ou en avant, et souvent au-delà de l'articulation voisine.

3°. *Chez les sauriens.*

Dans les crocodiles, parmi les sauriens, les lames vertébrales restent toujours distinctes du corps dans la région cervicale.

A l'*atlas*, il y a toute la vie quatre pièces mobiles. L'arc supérieur est brisé en trois; celle du sommet, primitivement double, porte sur les deux latérales qui s'articulent au corps flanqué de deux petites côtes. L'*axis* a, bout à bout, deux corps, dont l'antérieur porte les côtes.

Les onze vertèbres suivantes ont des épines inférieures qui existent aussi au cou dans le *monitór*, où l'axis en porte même deux. Ces épines ne se soudent que fort tard dans la *sauvegarde* d'Amérique.

Enfin la plupart des vertèbres caudales des *lézards*, sont divisées verticalement en deux moitiés antérieure et postérieure, ce qui double pour chaque vertèbre le nombre de ses éléments.

La simple suture des lames avec le corps vertébral, au cou, et même au dos, établit un fait important d'organisation : c'est que la position d'une même pièce peut varier; telle, celle des côtes sur les vertèbres.

Les petites côtes cervicales des crocodiles sont fourchues à leur base; l'une des branches s'articule sur le corps, et l'autre sur la base de la lame. Dans le *caïman à museau de brochet* la première côte cervicale ne s'articule pas sur la lame, c'est sur la face postérieure du corps vertébral.

Le petit pédicule de la base de la lame, sur lequel s'articule la branche supérieure de la côte, s'allonge de plus en plus à mesure que les vertè-

bres sont plus postérieures. Ce pédicule devient
peu à peu une longue apophyse transverse, dont
le bord antérieur, coupé obliquement en dehors
et en arrière, se marque de deux facettes dans la
région dorsale. C'est sur ces deux facettes que
s'articulent les deux branches de chaque côte, à
partir de la seconde vertèbre dorsale, et même de
la quatrième chez le *cayman à lunettes*. A partir de cette vertèbre, le corps vertébral ne sert
donc plus à l'articulation des côtes, dont les deux
branches portent tout entières sur l'apophyse transverse. Autre fait de ce genre : dans toutes les tortues les lames alternent avec les corps des vertèbres dorsales.

Aux lombes et au commencement de la queue,
chez les crocodiles, les apophyses transverses conservent leur grandeur, mais elles ne portent plus
de côtes.

Or chez les mammifères, dans un fœtus de cochon d'environ trois mois, les apophyses transverses
des vertèbres lombaires existent séparées sous forme de lames osseuses elliptiques, et sont contiguës
par leur extrémité interne à une saillie de la lame
vertébrale. Cette dernière pièce déborde inférieurement le corps d'environ le tiers de son diamètre.

L'apophyse transverse est donc chez le cochon
un os distinct, à une époque où n'existent pas encore ni les apophyses épineuses, ni ces lames sus-
pendues aux apophyses transverses cervicales, et

dont la double série forme une gouttière embrassant l'œsophage. Cette gouttière existe aussi dans les rhinocéros, les chameaux, etc.

Les apophyses transverses lombaires du cochon sont à proportion beaucoup plus petites que les mêmes apophyses des lombes et surtout du dos chez les crocodiles.

Il est donc très-probable que chez les crocodiles ces apophyses forment dans l'origine un os distinct. Et comme les côtes vertébrales des crocodiles sont continues avec les côtes sternales par une baguette intermédiaire, cela fait donc un arc primitif au moins de quatre tronçons, étendu de la lame vertébrale au sternum, lequel étant lui-même divisé par segments arcboutant les vertèbres, constitue une cinquième pièce ou tronçon dans l'arc costal.

4°. Chez les mammifères.

Enfin chez l'homme même, vers le quatrième mois, la séparation des éléments des vertèbres montre à l'*axis* trois corps vertébraux bout à bout l'un de l'autre. En outre les trous dont est creusée la base de chaque apophyse transverse à la région cervicale, ont leur arc extérieur formé par un os distinct. Et comme cet arc extérieur existe aussi à l'axis, cette vertèbre a donc deux corps de plus que toutes les autres, et, de même que les cinq vertèbres cervicales suivantes, une pièce de plus pour former le trou dont est percé la base de son apophyse transverse.

Dans beaucoup de mammifères, entre autres chez les kanguroos, les félis, les cétacés, etc., il existe, articulés sous le milieu du corps de toutes les vertèbres caudales ou lombaires, des os nommés en V à cause de leur forme.

Dans les cétacés, les pangolins, les castors, etc., ces os coexistent avec de très-grandes apophyses transverses. Les deux pièces symétriques, dont ils résultent, ne sont donc pas les apophyses transverses. Ensuite dans tous les mammifères les côtes s'articulent constamment sur la base de la lame, et jamais sur le corps de la vertèbre. Cette connexion exclut donc l'analogie des côtes avec les os en V, qui ne s'articulent jamais que sur le corps seul. Et comme dans les *boas* des épines situées à la même place que les os en V, et dans un degré de développement que n'atteignent jamais ces os, coexistent avec des côtes aussi développées elles-mêmes que nulle part ailleurs; il est clair que si les os en V des mammifères peuvent être comparés à d'autres pièces dans une autre classe, ce n'est ni aux côtes, ni aux apophyses transverses, mais seulement aux épines inférieures des poissons, des crocodiles et des serpents. Or toutes ces pièces remplissent en outre le même usage dans tous les vertébrés, y compris les oiseaux, comme on va voir.

Dans les espèces de mammifères où les os en V sont très-développés, les plus postérieurs et les plus antérieurs, quoique parfaitement articulés sur le corps de la vertèbre, conservent souvent leurs deux moitiés disjointes.

Or dans les oiseaux à long cou le corps de chaque vertèbre cervicale porte également de chaque côté de la ligne médiane une épine plus ou moins longue, dirigée en arrière parallèlement à celle du côté opposé. Ces épines servent d'insertion à des muscles dont le point fixe est en arrière, comme pour les os en V des mammifères le point fixe est en avant. Ces doubles épines des vertèbres cervicales des oiseaux répondent donc aux épines impaires des serpents, aux os en V des mammifères, et aux épines inférieures tout-à-fait semblables des poissons.

Les épines vertébrales inférieures des serpents reçoivent chacune à leur sommet un petit tendon de chaque muscle cycléo-spinal collatéral. Les fibres musculaires que termine ce tendon s'insèrent sur le corps de la troisième ou quatrième vertèbre postérieure. Jamais ces fibres ne s'insèrent, ni sur les côtes, ni sur les lames vertébrales.

Il n'y a pas moins de variation, d'un genre et même d'une espèce à l'autre, dans le nombre total des vertèbres que dans celui des éléments de chacun de ces os, et dans la position respective de ces éléments. Ainsi le crapaud pipa n'a que sept vertèbres, et la plupart des serpents des genres coluber, boa, etc., en ont plus de trois cents; la couleuvre à collier de France en a, par exemple, trois cent dix-huit. Ces nombres, outre leur signification péremptoire contre certains systèmes d'unité, en ont une bien plus importante pour nous. Car chaque vertèbre, concourant au canal vertébral, répond à une paire de nerfs. Or dans tous les ovipares le canal vertébral occupe toute la longueur de la colonne. Le nombre total des vertèbres y représente donc celui des nerfs postérieurs à la tête.

L'existence des côtes articulées au sternum, sur un tronçon variable de la colonne vertébrale, détermine les régions de cette colonne dans les mammifères et les ovipares, moins les serpents et les batraciens. La région correspondante aux côtes indiquées, se nomme dorsale; l'antérieure, cervicale; l'intermédiaire, au dos et au bassin, lombaire; et la postérieure, caudale.

Quand il n'y a même pas de vestiges de bassin, les caudales suivent les dorsales; c'est le cas des serpents et des poissons; dans les monitors, et presque tous les lézards ordinaires, il y a, jusqu'au bassin en arrière du dos proprement dit, des côtes quelquefois arcboutées entre elles, et par conséquent point de région lombaire.

Une seule de ces régions, la cervicale, offre le nombre fixe de sept vertèbres dans tous les mammifères, excepté l'*unau* qui en a neuf, et dans les crocodiles, parmi les ovipares. Dans les mammifères les autres régions varient même d'une espèce à l'autre, pour la proportion numérique de leurs vertèbres; il en est de même dans les ovipares, pour toutes les régions. Cette variation donne le motif d'un caractère d'espèce très-important en zoologie (1).

Comme on a vu, la longueur d'une région ne dépend pas seulement du nombre mais de l'épaisseur des vertèbres dans le sens de l'axe. Néanmoins, excepté les vertèbres cervicales des cétacés, qui toutes ensemble sont plus minces qu'une seule du dos, les axes sont ordinairement plus longs au cou qu'au dos, et toujours chez les mammifères la longueur des cervicales est en raison inverse de la masse de la tête. Dans la classe des oiseaux, où le nombre supplée à la longueur des vertèbres, le cygne avait offert jusqu'ici la plus grande disproportion du nombre des vertèbres cervicales à celui du dos et des lombes, ayant vingt-trois cervicales et vingt-cinq dorsales et sacrées. Mais un ichtyosaure fossile, récemment découvert, le *plesiosaurus*, avait plus de trente-cinq vertèbres cervicales, et seulement vingt-une à vingt-trois dorsales et lombaires. On verra dans le chapitre suivant, les rapports de ces nombres et de ces longueurs avec le mécanisme de ces différentes régions.

(1) Pour les détails de la composition, du mécanisme, et des corrélations du squelette des mammifères, *voy.* les histoires que j'ai données de ces animaux, dans le *Dict. class. d'hist. nat.*

En résumé la colonne vertébrale se compose : 1°
d'un axe formé par la série des corps des vertèbres;
2° en-dessus, d'une double série de lames inclinées et
soudées supérieurement l'une sur l'autre, savoir les
lames vertébrales.

Ces deux ordres de séries ne manquent jamais;
elles existent seules dans les lamproies, quelques
murènes, entre autres le *murena serpens*, la sirène et le protée, etc., excepté, chez ces deux ichtyosaures, les rudiments de côtes des sept ou huit
vertèbres postérieures à l'atlas.

3°. Inférieurement de deux séries de lames soudées l'une à l'autre de manière à former par vertèbre une seule épine articulée ou soudée sur le
milieu de la face inférieure du corps, et jamais ailleurs.

4° Latéralement d'appendices formant 1° les apophyses transverses soudées sur la base de la lame,
et existant seules dans les batraciens et à la région
lombaire et caudale de tous les mammifères, sauriens, etc.; et 2° les côtes articulées, 1° soit à la fois
sur le corps et sur l'apophyse transverse, comme
au cou des crocodiles, au dos de la plupart des
mammifères, etc.; 2° soit uniquement sur l'apophyse transverse, comme au dos des crocodiles;
3° soit uniquement sur la lame, comme tout le
long du dos des serpents; soit enfin uniquement
sur le corps, pour les côtes de la première vertèbre des crocodiles, et alors la position de cette

côte peut être très-différente : 1° dans le caïman à lunettes elle est articulée sur le côté, et 2° dans celui à museau de brochet, sur la face postérieure du corps de la vertèbre.

5°. Le nombre total des vertèbres peut varier dans la proportion de 1 à 45, et le nombre partiel de chaque région de la colonne, n'est guère plus uniforme : celui des côtes varie dans la proportion de 0 à 252.

Formation.

Les deux séries, moyenne et supérieure, de pièces vertébrales sont les premières formées. Et dans ces deux séries la formation commence toujours aux parois du canal. Ainsi le corps est tout-à-fait terminé à sa face supérieure, que son bord abdominal ou inférieur n'est pas encore à moitié achevé dans les mammifères, l'homme, par exemple, chez qui, du troisième au quatrième mois de la conception, beaucoup de corps vertébraux sont séparés sur leur contour inférieur en deux lames transversales. A cette même époque les lames ne font encore que se rapprocher par leurs bords supérieurs, plus ou moins écartés, surtout au cou et aux lombes, où leur réunion est la plus tardive, et où la permanence de leur écartement constitue le spina-bifida. Mais alors même la partie supérieure existe à l'état de cartilage, dont l'ossification ne s'empare que progressivement.

Cette partie supérieure des lames en reste toujours séparée à la première vertèbre du caïman à museau de brochet, où elle forme un chevron dont les deux extrémités sont mobiles sur les deux parties inférieures.

La formation du corps de la vertèbre n'est pas uniforme dans les quatre classes de vertébrés.

1°. Dans les poissons le corps est d'abord annulaire; les couches les plus excentriques sont formées les premières, et ce n'est que progressivement que des couches, de plus en plus concentriques, effacent la cavité dont, chez quelques genres, par exemple les pleuronectes, le petit canal unissant les deux cavités coniques offre toujours des traces.

2°. Dans les mammifères, au troisième mois de l'embryon humain le corps est divisé transversalement en deux moitiés verticales par une fente long-temps apparente sur le contour inférieur de la vertèbre.

M. Béclard ni moi n'avons jamais pu voir la formation par deux rudiments symétriques collatéraux, dont M. Serre a parlé ; et l'on a vu plus haut qu'à beaucoup de vertèbres de la queue des lézards les deux moitiés verticales primitives subsistent toujours distinctes.

On voit donc que le progrès de l'ossification de la colonne vertébrale ne se dirige pas de dehors en dedans, le long de deux lignes convergentes que représenteraient les côtes, les apophyses transverses, et enfin la moitié correspondante du corps de la vertèbre; que les premières parties formées sont, au contraire, les portions du corps et des lames correspondant à la moelle épinière.

Ainsi les apophyses transverses des lombes, toutes les apophyses épineuses, et les lames œsophagiennes des vertèbres cervicales d'un cochon de deux mois et demi de conception, ne sont qu'à l'état de cartilage lorsque les corps et les lames sont presque terminés.

CHAPITRE DEUXIÈME.

DU MÉCANISME DE LA COLONNE VERTÉBRALE EN GÉNÉRAL.

L'on conçoit que la colonne vertébrale sera d'autant plus solide, 1° que les articulations latérales des vertèbres auront leurs plans moins parallèles; 2° que chaque vertèbre sera mieux arcboutée latéralement; 3° que des ligaments plus résistants uniront les bords libres et inarticulés; 4° qu'une plus grande épaisseur de muscles devra prendre des points fixes sur des régions plus ou moins étendues de sa longueur.

Qu'au contraire, elle sera d'autant plus mobile, que la réciproque des quatre conditions précédentes existera, et en outre, 5° que les surfaces par lesquelles les corps vertébraux se correspondent, auront moins d'étendue relative; 6° que ces surfaces, au lieu d'être des plans, seront, au contraire, terminées par des courbes parallèles pour les deux surfaces opposées.

De toutes ces conditions, la dernière consistant dans la figure de la surface articulaire, est seule invariable sur toute la longueur d'une même colonne vertébrale; à quelque classe qu'appartienne l'animal.

Il résulte donc de la combinaison de ces conditions contraires, deux sortes de mécanismes dans la colonne vertébrale; le premier est relatif à la locomotion, soit totale, soit partielle, des régions de cette colonne; le second, à sa solidité et à sa résistance.

Des mouvements généraux et partiels de la colonne vertébrale.

Comme on a vu plus haut, les faces articulaires de deux corps vertébraux voisins, sont écartées l'une de l'autre par une matière très-élastique disposée par cercles concentriques, et dont l'élasticité augmente du centre à la circonférence.

Il en résulte que le mouvement d'une vertèbre sur l'autre serait presque nul dans les articulations à faces planes ou double concaves, sans l'interposition de la matière élastique, et que ce mouvement dépend uniquement de la compressibilité de cette ma-

tière; qu'en conséquence le mouvement d'inclinaison est très-petit.

Ce qui limite encore la quantité de cette inclinaison c'est la grande étendue relative des surfaces
articulées, étendue dont l'influence est d'autant
plus grande sur la réduction du mouvement, que
l'axe de la vertèbre est plus court.

Et en effet dans les cétacés où les corps des
vertèbres cervicales ne représentent que des lames
très-minces, ou bien ils sont soudés l'un sur l'autre,
ou bien ils sont à peu près immobiles, leur diamètre étant de douze à quinze fois plus grand que
leur axe.

Tout étant égal d'ailleurs pour l'étendue des surfaces juxta-posées, le mouvement est d'autant plus
grand, que l'axe a plus de longueur.

En outre, les articulations latérales des vertèbres ayant leurs plans plus ou moins obliques, il
s'ensuit que deux vertèbres ne peuvent se mouvoir
l'une sur l'autre que dans le sens du plan vertical,
sur lequel sont inclinées ces articulations.

Des mouvements sur des directions perpendiculaires à ce plan, ne sont donc possibles que par l'addition, dans un nombre suffisant de vertèbres, de
toutes les petites oscillations existant dans le même
sens, entre deux vertèbres.

1°. *Dans les mammifères.*

Sur toute la longueur du corps des mammifères les flexions de la colonne vertébrale ne se
font que sur de très-petits arcs, c'est-à-dire des
arcs d'une très-petite courbure. Malgré la petite
inclinaison des vertèbres l'une sur l'autre, comme
les lames sont moins larges que les corps, il s'ensuit que, dans la flexion en bas, leurs bords s'écartant découvriraient le canal vertébral, si leurs intervalles n'étaient remplis par des ligaments élastiques, appelés jaunes à cause de leur couleur. C'est
dans les cétacés où les flexions sont les plus amples, que ces ligaments ont le plus d'étendue; c'est
le contraire dans les serpents.

Là, où les arcs de flexion ont plus de courbure,
il faut nécessairement que les vertèbres qu'ils com-
prennent aient des axes plus longs à proportion de
leurs diamètres. C'est ce qui s'observe surtout au
cou des chameaux, de la girafe, où le mécanisme est
justement l'inverse de ce qu'il est dans les cétacés,
et aux lombes de tous les mammifères, coureurs
ou sauteurs, tels que les cerfs, les antilopes, les
lièvres, les gerboises, etc.

Au dos, les vertèbres ne peuvent presque plus se
mouvoir que dans un même plan, à cause de l'obstacle que les côtes mettent au mouvement latéral.

Les hanches étant formées d'une seule pièce, il
est clair que toutes les vertèbres juxta-posées doi-

vent être immobiles latéralement, et même aussi verticalement.

Aussi les vertèbres de ces deux régions, de la dernière surtout, sont-elles constamment les plus courtes dans les mammifères dont la tête n'a pas un excès de masse, comme celle des éléphants, des morses, etc.

Les côtes à peu près inflexibles sur leur longueur, étant arcboutées en avant sur le sternum, dont l'axe est immobile, il est clair qu'il ne peut y avoir de mouvements de flexion en bas à la région dorsale correspondante au sternum. Il n'y a même dans cette région de mouvements latéraux, qu'autant que le permet le glissement des articulations costo-vertébrales et sterno-costales. Encore faut-il que les côtes soient assez écartées l'une de l'autre. Car si leurs bords se touchaient, ils s'opposeraient à toute espèce de flexion latérale; comme il arrive en partie dans les fourmiliers, où les côtes se recouvrent presque comme des tuiles.

Plus, au contraire, les côtes ont de ténuité en proportion de leur longueur, et plus elles sont écartées, plus les mouvements latéraux de flexion ont d'étendue. Celles mêmes qui ne sont pas articulées à un sternum, si les courbes qu'elles décrivent peuvent rentrer l'une dans l'autre, permettent des mouvements de flexion verticale presque aussi étendus que si elles n'existaient pas.

Tel on va voir qu'est le mécanisme de toute la

région costale de la colonne vertébrale des serpents
et des poissons anguilliformes.

Dans les mammifères à queue très-mobile, par
exemple les cétacés, les sapajous, les didelphes, les
pangolins, etc., les surfaces articulaires des corps vertébraux, de planes deviennent légèrement convexes
vers le bout de la queue, ce qui permettrait des
mouvements dans tous les sens, si les articulations
latérales, par l'obliquité de leurs plans toujours
plus ou moins convergents, ne prévenaient tout déplacement.

Mais le canal vertébral ne se prolonge que rarement au-delà du quart ou du tiers antérieur de
cette queue; et l'on verra que jamais la moelle épinière elle-même ne s'étend alors jusque-là.

2°. Dans les poissons.

C'est par des plans à proportion plus étendus
que dans les mammifères, que les corps vertébraux
des poissons s'articulent entre eux. Aussi les mouvements d'une vertèbre sur l'autre y sont-ils sous ce
rapport plus bornés que dans les mammifères.
Mais il n'y a point d'articulations latérales. Aussi,
l'addition des oscillations possibles entre un nombre donné de vertèbres, donne des flexions bien
plus étendues que dans aucune région de la colonne
des mammifères, tout étant égal d'ailleurs pour la
proportion de longueur entre les axes des vertèbres.
Mais comme les côtes faisaient obstacle aux flexions

latérales du dos des mammifères, les lames et leurs épines dans les poissons mettent obstacle à la flexion verticale, en dessus sur toute la longueur du dos. De même les épines inférieures et la baguette qui les suit empêchent la flexion en dessous, ou du moins ces flexions dans le plan vertical sont extrêmement restreintes, même en considérant toute la longueur du poisson. Ce qui y met encore obstacle, c'est que dans beaucoup de genres, les sciènes, les perches, les corps vertébraux s'arcboutent l'un sur l'autre par de petits crochets, dont les supérieurs partent du bord antérieur d'un corps, pour s'appuyer sur le bord postérieur de la vertèbre précédente, et les inférieurs du bord antérieur pour s'appuyer sur le bord postérieur de la vertèbre suivante. Dans ce cas il ne peut y avoir que des flexions latérales. Il en est ainsi de tous les poissons aplatis par la compression de leurs flancs. Dans l'espadon les crochets supérieurs arcboutent les lames de la vertèbre précédente, et forment sur la vertèbre, à qui ils appartiennent, une pièce bien séparée de la lame; au contraire, dans les salmones si agiles en tout sens, ces crochets manquent tout-à-fait, et les lames et les épines, supérieures et inférieures, sont presque linéaires.

En général les poissons à corps prismatique ne peuvent guère, avec toute la longueur de leur colonne, décrire des arcs de plus de 180 degrés.

3°. Dans les reptiles.

C'est par des surfaces courbes, parallèlement inscrites l'une dans l'autre, que s'articulent les corps de toutes les vertèbres.

Chez les serpents l'élément de cette courbe reste uniforme dans toutes les vertèbres, il varie presque d'un genre à l'autre chez les autres reptiles.

Et d'abord chez tous les serpents, c'est par des segments sphériques que les corps s'articulent. De sorte que s'il n'y avait pas d'articulations latérales, l'axe de la vertèbre pourrait, et s'incliner directement dans tous les sens, et décrire des cercles dans toutes ces inclinaisons. La circumduction en serait même plus étendue que pour le bras de l'homme, chez qui elle est limitée par les apophyses acromion et coracoïde.

Mais il y a des obstacles à cette mobilité en tout sens, de chaque vertèbre des serpents.

D'abord les articulations latérales, dont les surfaces planes sont horizontales, restreignent beaucoup l'inclinaison immédiate d'une vertèbre sur l'autre. Ensuite chez beaucoup de ces reptiles les apophyses épineuses sont presqu'aussi larges que chaque corps, et comme elles occupent au moins la demie hauteur de la vertèbre, elles arrêtent la flexion en haut que pourrait permettre la laxité des articulations latérales. La flexion en bas n'est limitée que par le seul obstacle résultant du plan de ces articulations. Et comme chez tous les serpents il existe à toutes leurs vertèbres, des épines inférieures au moins aussi longues que les supérieures dans les boas, et qui ne reçoivent que des muscles fléchisseurs, on voit que ces dernières flexions, sont d'autant plus étendues, que ces épines sont plus longues, et les articulations latérales plus lâches.

Les côtes si nombreuses des serpents ne sont pas arcboutées en bas. Leurs extrémités peuvent conséquemment décrire des arcs proportionnels à leurs intervalles, et ces intervalles sont relativement plus grands chez les serpents que partout ailleurs, parce que les côtes y sont de la plus grande ténuité. En outre, toutes les côtes n'ont pas la même courbure, de sorte que leurs courbes peuvent en général rentrer l'une dans l'autre, en se rapprochant. Le mouvement par lequel elles se rapprochent peut être continué encore de quelques degrés au-delà de leur intervalle.

Il résulte de cette double disposition, d'abord que les côtes des serpents ne limitent que très-peu les flexions en bas, et encore moins les flexions latérales. Et comme toutes les articulations latérales ont leur plan horizontal, on voit que les flexions les plus étendues et les plus faciles doivent être les dernières. Et, en effet, c'est par des ondulations horizontales que rampent tous les serpents. Enfin, c'est à cette combinaison des flexions latérales et inférieures, qu'ils doivent de pouvoir s'entortiller.

Une dernière condition facilite cette flexion latérale, c'est la concavité de la face supérieure des lames inclinées en avant pour le glissement du bord postérieur de la lame qui précède, et qui recouvre toujours un peu la suivante. Il résulte de ce recouvrement des lames l'une par l'autre, que le canal vertébral est mieux protégé, et que les parois osseuses ne laissent pas de lacunes comme dans les mammifères et les poissons.

4°. *Chez les sauriens.*

L'articulation médiane des corps vertébraux, et les articulations collatérales des lames, ne sont pas tout-à-fait uniformes pour toutes les régions de la colonne vertébrale.

Et d'abord chez les crocodiles les articulations latérales, dont le plan est parallèle à l'axe de l'animal, sont inclinées en dehors : au cou, de 50 degrés au-dessus de l'horizon; au dos, de 8 à 10 degrés de moins, ce qui étend un peu plus les mouvements latéraux; à la queue, de 65 à 70 degrés : ce qui laisse aux vertèbres le moins possible de mouvement latéral.

Dans les monitors les articulations latérales ont aussi leur plan parallèle à l'axe du corps, mais partout l'inclinaison en dehors est plus grande que chez les crocodiles.

Les têtes des corps vertébraux, d'abord demi-cilindriques à la région cervicale, augmentent de diamètre verticalement à mesure qu'elles sont plus postérieures. Leur surface est aussi partout plus étendue du côté supérieur que du côté inférieur : partout l'amplitude de l'arc transversal n'est guère plus petite qu'un demi-cercle. Cette étendue de la courbe transversale accroît d'autant la flexion latérale : la courbure plus étendue du côté supérieur facilite d'autant la flexion en haut. Ces deux mouvements sont d'autant plus étendus et faciles, qu'il n'y a d'apophyses transverses et épineuses qu'à la queue et que les côtes sont effilées comme chez les serpents.

Il en résulte que chez les sauriens les mouvements de flexion latérale d'une vertèbre sur l'autre, sont moins faciles que dans le sens vertical, ce qui est le contraire des serpents ; que chez les crocodiles l'engrenage des côtes cervicales, la grandeur des apophyses transverses et l'arcboutement inférieur des larges côtes dorsales rendent presque nulle la flexion latérale de ces deux régions ; que chez les monitors la flexion latérale est moins bornée que dans le reste de l'ordre ; qu'enfin la hauteur que donnent à la queue, dans tous les genres, les deux rangs opposés d'apophyses épineuses, en fait une sorte de rame transversalement mobile, comme dans les poissons.

5°. *Chez les tortues et les oiseaux.*

L'articulation médiane des corps vertébraux et les articulations collatérales des lames varient aussi d'une région à l'autre.

Dans ces deux classes toute la région dorsale est immobile ; les vertèbres sont soudées ensemble. Cette soudure est l'effet de leur immobilité, produite elle-même par leur enclavement entre les côtes, ou tout-à-fait fixes chez les tortues, ou susceptibles seulement d'un mouvement de flexion angulaire exécuté par le demi-coffre pectoral inférieur sur le supérieur chez les oiseaux. Ce mouvement, d'où résulte l'élévation et l'abaissement du vaste sternum des oiseaux, est commun aux deux tronçons sternal et vertébral de la côte. Les vertèbres lombaires et sacrées sont elles-mêmes enclavées par le bassin, et il n'y a qu'un mouvement obscur entre la première vertèbre lombaire et la dernière dorsale. Il résulte de cette rigidité de la colonne vertébrale des oiseaux, la facilité de garder sans fatigue, même durant le sommeil, cette station oblique qui leur est propre, à quoi se trouve aussi correspondre, et la situation très-avancée du point d'appui que donne le fémur à cette colonne dorsale, et la longueur des doigts qui agrandissent la base de sustentation, au-delà des oscillations du centre de gravité. Enfin la légèreté spécifique de la poitrine, malgré son excès de volume, et la réflexion du cou qui ramène la tête sur le dos, sont deux autres conditions de cet équilibre.

Tout mouvement latéral est prévenu, même chez le jeune oiseau, à une époque où la soudure des vertèbres dorsales n'est pas encore commencée, par une série d'éperons saillants du milieu du bord postérieur de chaque côte, et appuyés sur la large surface de la côte suivante.

Cette immobilité des régions dorsale, lombaire et sacrée de la colonne vertébrale, a pour second résultat dans la mécanique de l'oiseau, de donner des arcs-boutants plus solides au battement des ailes dans le vol.

Chez les tortues, non-seulement toutes les vertèbres dorsales, lombaires et sacrées sont immobiles, mais les côtes elles-mêmes se sont tellement élargies, que leurs bords soudés ne forment plus qu'un vaste bouclier.

Dans les tortues et les oiseaux, il n'y a donc de mobiles que les deux seules régions cervicales et caudales. La région caudale est toujours relativement très-courte, et cachée soit par la carapace des tortues, soit par les pennes de la queue des oiseaux, et par les plumes qui en sont les couvertures.

La moelle épinière dans les chéloniens et les oiseaux, comme dans la plupart des poissons, se prolonge jusqu'à l'extrémité de la colonne vertébrale.

CHAPITRE II.

MÉCANISME RELATIVEMENT A LA PROTECTION DE LA MOELLE.

C'est donc comme un cylindre plus ou moins rigide que la colonne vertébrale résiste dans la région dorsale des animaux quadrupèdes et des oiseaux; et dans toutes les autres régions chez ces animaux, ainsi que dans toute sa longueur chez les poissons et les serpents, c'est par sa mobilité et en cédant.

Là où les vertèbres sont immobiles et où tous les arcs de leur contour résistent comme des voûtes, l'épaisseur de leurs parois, les proéminences qui peuvent recevoir le choc, et la superposition des muscles qui les recouvrent, préviennent tout risque de rupture ou d'écrasement, soit par l'effet des chutes de l'animal abandonné à sa propre gravité, soit par l'effet des chocs que des mobiles même très-inférieurs à sa masse pourraient lui imprimer. Mais dans ces régions, à cause de leur rigidité même, la moelle épinière courrait les plus grands risques de rupture, de contusion, de déchirement, par contre-coup, ou par commotion, s'il n'y avait été pourvu comme on va voir.

Et comme, dans les régions où elle est mobile par construction, la colonne vertébrale prend une rigidité temporaire par la contraction des muscles antagonistes, il a dû être dans ces régions pourvu, aux mêmes risques, de la même manière; c'est aussi ce que l'on va voir.

Enfin dans les mammifères, où la queue offre à proportion beaucoup moins de masse (les cétacés exceptés) que dans tous les autres vertébrés; ou bien le canal vertébral ne s'y prolonge pas, ou bien s'il s'y prolonge, la moelle épinière n'arrive pas jusque-là.

Dans les singes à queue prenante, et dans les kanguroos, la moelle épinière ne dépasse pas le sacrum. Or les chocs auxquels cet organe est exposé dans ses mouvements, ne peuvent être nuisibles aux nerfs, dont le faisceau (queue de cheval) occupe la portion ultérieure du canal.

Enfin tel est dans tous les vertébrés, excepté les serpents et les poissons, l'enclavement réciproque des vertèbres l'une par l'autre, qu'elles ne peuvent se luxer, ni conséquemment comprimer la moelle épinière par leur chevauchement. Un pareil déplacement n'est possible qu'à l'articulation de la première vertèbre sur la seconde dans tous les vertébrés, moins les poissons, parce que l'enclavement de ces deux vertèbres est nul, ou presque nul, ou très-peu solide. Le risque de cette luxation, par exemple, serait très-imminent chez les

crocodiles, où la première vertèbre ne s'articule
avec la tête en avant et la seconde vertèbre en
arrière, que par des surfaces planes de très-peu
d'étendue. On sait que cet accident est imminent
chez l'homme, par l'effet de la simple suspen-
sion. Alors les ligaments qui fixent à l'occipal l'a-
pophyse odontoïde de l'axis, risque beaucoup de
se rompre. Cette rupture entraîne presque in-
failliblement le passage de cette apophyse au devant de l'arc antérieur de l'atlas. La rupture de
cet arc de l'atlas qui limite seul la projection de
la tête, en arrière, et celle du ligament annulaire
de l'odontoïde, qui limite seul la projection horizontale de la tête en avant, entraînent aussi presque nécessairement cette luxation et ses suites.
Car les articulations collatérales des lames, ayant
ici leurs plans à très-peu près parallèles au plan
des faces articulaires des corps, ne forment que
très-peu ou point d'obstacles à des déplacements
horizontaux; à quoi il faut ajouter qu'ici les lames
ne sont point fixées l'une sur l'autre par des ligaments jaunes.

Dans tous ces cas la moelle épinière est compri-
mée, et la mort en est la suite nécessaire.

Voici par quels moyens la moelle est préservée
des chocs, des contre-coups, des commotions, que
peut et doit même nécessairement éprouver la colonne vertébrale.

La moelle épinière ne remplit pas à beaucoup

près le calibre du canal vertébral. Elle est contenue dans un tube membraneux, qui n'est pas lui-
même appliqué aux parois de ce canal, et dont les
parois intérieures sont elles-mêmes écartées de la
surface de la moelle, de sorte que c'est à travers
deux espaces concentriques l'un à l'autre, que ces
chocs, ces commotions, devraient se transmettre.
Mais ces espaces ne sont pas vides; ils sont chacun
remplis par des substances merveilleusement as-
sorties par leurs densités pour amortir les vibrations
imprimées à la colonne vertébrale, et en empêcher
la transmission.

Mais d'abord le tube membraneux qui sépare
concentriquement la cavité de la colonne vertébrale en deux espaces cylindriques, n'est pas libre
et flottant dans le canal osseux. Il est fixé à droite
et à gauche à chaque vertèbre par les cordons des
nerfs, qui reçoivent de la membrane très-solide du
tube (ou dure-mère) une gaine transversalement
ou obliquement dirigée vers le trou inter-vertébral, où cette gaine se confond avec le perioste. Ces
gaines collatérales, renforcées à la région cervicale des quadrupèdes par des brides fibreuses tendues
entre deux gaines voisines, comme le ligament dentelé l'est entre deux faisceaux de racines nerveuses,
fixent donc assez solidement la dure-mère, et préviennent les oscillations latérales du tube. Restent
les oscillations en avant et en arrière, et dans les
arcs intermédiaires à ces directions et aux rayons

transverses. Mais ces oscillations sont empêchées par
l'adhérence filamenteuse du tube aux parois antérieures du canal, et par un autre obstacle encore,
car tout l'intervalle du tube de la dure-mère aux
parois osseuses du canal, est rempli par une sorte
de graisse demi-fluide ou suc médullaire, à peu
près semblable à celui qui remplit la cavité des os
longs. Cette couche, par sa nature, est un premier
isoloir pour les vibrations; mais comme les molécules de cette substance ne sont pas parfaitement
mobiles l'une sur l'autre, on voit qu'elles sont encore capables de transmettre des vibrations.

La moelle épinière est elle-même fixée latéralement aux parois de son tube, de la même manière que l'est celui-ci aux parois du canal. A la
face interne de la dure-mère s'attachent, par leurs
pointes, des festons fibreux, tendus le long de la
moelle, et dont la série constitue le ligament dentelé.

Si l'intervalle de la dure-mère à la moelle avait
été vide, des vibrations même assez légères fussent
parvenues jusqu'à cet organe, et les moindres suites de son ébranlement auraient pu être la rupture
de quelques attaches du ligament dentelé. Dès-lors
la situation de la moelle épinière n'eût plus été
fixe par rapport à l'axe du canal, qui n'est pas le
même que le sien. Elle eût joué nécessairement
dans toutes les directions, et la moindre secousse
du corps aurait entraîné des chocs contre les
parois du tube membraneux. Et comme les fi-

lets d'insertion des nerfs sont extrêmement mous et fragiles, la moindre déviation de la moelle hors de son axe de situation eût entraîné leur rupture. Dès-lors plus de transmission du mouvement, ni du sentiment; l'animal était paralysé.

Or jusqu'au moment où l'expérience a fait découvrir que le large intervalle, de la dure-mère à la moelle épinière, est plein d'eau dans les mammifères et les oiseaux, tous ces accidents, également funestes ou même mortels, auraient dû être des risques de tous les instants, si les choses avaient été chez ces animaux comme le croient encore tous les anatomistes et physiologistes. (1)

Dans les poissons osseux le mécanisme protecteur de la moelle n'est plus le même, le canal vertébral n'est pas divisé en deux cavités concentriques. Il n'y a pas de dure-mère, tout l'intervalle des parois osseuses à l'enveloppe archnoïdienne de la moelle, est plein d'une huile plus ou moins concrète, et cette enveloppe ne contient qu'une très-petite proportion d'eau, comparativement à celle des mammifères. Dans les raies et les squales, le canal vertébral n'est pas non plus divisé en deux cavités concentriques, mais il n'y a plus d'huile autour de l'enveloppe d'eau qui remplit seule l'intervalle de la moelle aux parois du canal. Cette eau

(1) Nous décrirons, 1re section du second livre, les rapports de l'enveloppe intérieure d'eau avec l'arachnoïde et la moelle.

est surtout très-abondante dans le crâne, dont elle occupe au moins la moitié de la capacité.

Un fluide incompressible, dont les molécules sont plus ou moins complètement mobiles l'une sur l'autre, en remplissant l'intervalle de la moelle à son enveloppe dans les mammifères, maintient donc invariable la position de la moelle par rapport à l'axe du tube, lequel à son tour conserve invariablement sa forme, puisqu'il est lui-même maintenu à distance des parois inflexibles d'un canal osseux. Des secousses, des commotions seules pourraient faire dévier l'axe de la moelle. Mais la mobilité des molécules du liquide absorbe les vibrations que la première enveloppe aurait pu transmettre; et de plus les étais latéraux, que fournissent les ligaments dentelés, soutenus par un fluide aussi dense que l'eau, acquièrent une solidité nullement en rapport d'ailleurs avec leur texture. La moelle épinière est donc mieux protégée contre les commotions, que le fœtus dans l'eau de l'amnios; et même que le vitellus dans le blanc de l'œuf, puisque le jaune n'est maintenu fixe sur le plus grand diamètre de l'œuf, qu'entre ses deux chalazes.

Cette protection contre les vibrations s'étend aussi au cerveau. Mais elle était nécessaire, à un plus haut degré, à la moelle épinière, dont la consistance est constamment moindre, et ensuite parce que le cerveau, plus éloigné du centre des mouvements de l'animal, n'en reçoit les vibrations que décomposées, à travers les articulations flexibles du cou.

Dans le même animal les conditions isolantes ont été graduées sur l'intensité des vibrations à intercepter. Cette même proportion des moyens à l'objet est observée rigoureusement, suivant la différence de densité des milieux d'existence des animaux.

Tous les animaux aquatiques ne peuvent éprouver, soit par l'effet de leur pesanteur, soit par l'effet du choc des mobiles qui les atteindraient, que des ébranlements très-petits relativement à ce qui leur arriverait dans l'air, puisque l'intensité de ces ébranlements est représentée par l'excès de la masse des mobiles ou des animaux eux-mêmes, sur la densité de leur milieu d'existence. Aussi le moyen d'isolement est-il bien moins puissant, quoiqu'aussi parfait dans son résultat, pour la moelle épinière des poissons et autres animaux aquatiques, que pour celle des animaux vivant sur terre.

Enfin parmi les animaux aériens, cette proportion se trouve encore graduée sur la différence de densité des corps, contre lesquels l'animal doit imprimer les chocs dont la réflexion lui communique l'impulsion nécessaire à sa progression.

L'air, dont la réaction sur l'oiseau lui imprime une impulsion proportionnelle à la vitesse du battement de ses ailes, agit à la fois sur tous les points de leur immense surface. Tandis qu'au contraire l'homme ou le quadrupède, courant ou sautant à terre, ne reçoit l'impulsion que par un levier d'un très-petit diamètre, qui concentre toute la réaction sur le derrière de la colonne vertébrale. Les effets sont bien plus différents encore lorsque sa gravité ramène l'animal sur le plan d'où il s'est enlevé. Dans l'air le choc est nul par rapport à l'oiseau : à terre, et en raison de la résistance du sol, le choc est si considérable pour le quadrupède et l'homme, que si la secousse n'était pas amortie par les articulations toujours fléchies alors, la commotion, transmise au cerveau, serait mortelle pour des sauts d'une hauteur assez petite. Il n'est personne qui n'ait eu occasion d'en juger, en sautant de haut sans fléchir les articulations.

Aussi la quantité d'eau est-elle à proportion bien moindre dans la dure-mère de l'oiseau, que dans celle du quadrupède (1).

(1) J'avais découvert, en 1821, chez les poissons cette invariabilité de la position de la moelle épinière, et son isolement de toute vibration imprimée au corps. C'est au milieu de 1824, qu'en incisant la dure-mère au-dessus du quatrième ventricule chez des quadrupèdes vivants, M. Magendie a découvert que la cavité de la dure-mère était pleine d'eau.

CHAPITRE III.

DES RAPPORTS DE GRANDEUR ET DE FIGURE ENTRE LA MOELLE ÉPINIÈRE ET LA COLONNE VERTÉBRALE.

La figure extérieure des vertèbres et de la colonne vertébrale, étant ainsi calculée pour des états d'équilibre et de résistance, et pour des genres de mobilité totale ou partielle, très-différents suivant la nature des animaux, il importe de savoir s'il existe aussi quelque corrélation entre la forme et les proportions de son canal et celles de la moelle épinière. Cette recherche était tout aussi neuve que la précédente. Mais nous n'avons pas été à même de la porter aussi loin; car il ne suffit pas ici d'examiner isolément le canal osseux, il faut y voir sur place et dans leur intégrité toutes les parties qu'il renferme.

Chez l'homme seulement on avait déterminé les proportions du canal vertébral dans ses diverses régions, mais sans dire le rapport de ces proportions avec celles des tronçons correspondants de la moelle, et avec les nerfs. Chez les animaux, rien absolument n'avait été observé à cet égard.

Ces corrélations, autant que nous les avons pu

étudier, se bornent réellement au calibre et à la longueur de la moelle et de son canal.

1°. La longueur de la moelle épinière ne dépend pas de celle de la colonne vertébrale, ni de celle du canal vertébral. Car chez tous les mammifères, sans exception, la moelle épinère se termine en avant ou dans la longueur du sacrum; et néanmoins chez beaucoup d'entre eux les fourmiliers, les pangolins, les singes à queue prenante, les didelphes, etc., la queue se prolonge en arrière, d'une quantité souvent égale à la longueur du corps, et alors le canal vertébral peut se prolonger dans les trois premiers quarts de cette queue (ex. les fourmiliers).

Bien plus, la moelle épinière est presque moitié plus longue dans l'homme, qui n'a aucun prolongement coccygien antérieur, que dans le hérisson, où ce prolongement est à peu près le quart de la longueur du corps.

Enfin dans plusieurs poissons, la baudroie, et le poisson lune, la moelle épinière est encore bien plus courte que dans le hérisson, où elle n'occupe pas le tiers du canal; car dans le dernier de ces poissons elle n'en occupe pas la trentième partie de la longueur.

Et chez les batraciens, dans deux genres très-voisins, le crapaud et la grenouille, la différence de longueur est de 1 à 2, celle du canal étant semblable.

Tout ce que l'on a dit sur les rapports directs

de longueur, entre la moelle et la colonne vertébrale, est donc inexact.

2°. Dans tous les cas les augmentations de calibre du canal vertébral correspondent à des augmentations constantes de calibre de la moelle. C'est
à cela que tient l'augmentation de ce calibre, dans
le bas de la région cervicale et au bas de la région
dorsale, chez l'homme, et son rétrécissement dans
les régions extrêmes et intermédiaire. Il en est de
même pour les régions interscapulaire et inter-
iliaque de l'oiseau et des tortues, opposées aux régions intermédiaire et terminales des mêmes animaux.

Partout la grandeur des trous intervertébraux
marque le volume des ganglions correspondants,
situés sur les nerfs à leur sortie, et le volume de ces
nerfs eux-mêmes. Et comme le volume de ces nerfs
croît avec leurs forces sensitives, on voit que la
grandeur des trous intervertébraux est un indice
de la sensibilité tactile des parties où se distribuent
les nerfs sortis par ces trous.

Dans les bœufs, les chameaux, chez les ruminants, chez les chevaux, etc., ces trous aux dos ne
sont pas entre deux vertèbres, mais creusés sur la
largeur de la lame à sa base.

Ainsi dans les singes à queue prenante la grandeur des quatre ou cinq premiers trous coccygiens
correspond au volume des nerfs de l'espèce de
doigt qui termine cette queue; et les trous inter-

vertébraux des lombes sont bien plus grands à
égalité de taille dans un singe, où les pieds sont
de vraies mains, que dans un chien ou un chat,
et surtout que dans un animal à sabots, un cochon, un chevreuil, un âne, où la sensibilité tactile est presque nulle.

3°. La colonne vertébrale participe aux effets
des causes perturbatrices du développement de la
moelle.

Quand les couches intérieures de la moelle ne se
forment pas, qu'il s'accumule de l'eau dans le canal
de la moelle, et qu'alors elle acquiert un plus grand
volume, l'arc supérieur des vertèbres correspondantes aux tronçons malades, ne se ferme pas; les
lames restent écartées; les apophyses épineuses ne se
forment point, et il existe alors ce que les chirurgiens
appellent *spina-bifida*. Il en est de même quand la
moelle épinière ne s'est pas formée du tout, et que
la dure-mère est remplie par un amas d'eaux qui en
distendent le calibre.

4°. Les déformations de la colonne vertébrale
n'influent guère sur la moelle épinière quand elles
ne consistent que dans de simples courbures.

SECTION II.

DU CRÂNE OU DE LA TÊTE OSSEUSE.

La tête suspendue à l'extrémité antérieure de la colonne vertébrale est un assemblage de cavités, de fosses, de trous, de conduits osseux, communiquant tous ensemble, sinon immédiatement, au moins par l'intermédiaire de quelqu'un de ces trous, de ces conduits.

La principale de ces cavités, non pas toujours à cause de sa grandeur, mais à cause de sa position au centre de toutes les autres qui y aboutissent, est la cavité cérébrale.

Cette cavité, dans les parois latérales de laquelle existent deux autres cavités plus petites, contenant l'organe de l'ouïe, constitue le crâne proprement dit.

Les orbites, contenant l'organe de la vision, les narines, celui de l'odorat, la bouche, celui du goût, conjointement avec ceux de la préhension et de la mastication des aliments, composent la face. Dans un grand nombre de vertébrés, le principal organe du toucher réside aussi à la face sur l'extrémité du

4

museau. C'est alors une trompe, un boutoir, un mufle.

Des cloisons osseuses immobiles séparent ou du moins circonscrivent ces cavités, ces fosses, ces conduits.

Tout immobiles qu'elles soient, ces cloisons n'en ont pas moins ordinairement une composition très-compliquée pour le nombre et pour la figure de leurs pièces.

On a essayé récemment de ramener à l'unité de nombre, dans tous les vertébrés, les éléments de cette composition. Par la nature des choses, cette entreprise était, comme on va voir, moins exécutable encore que celle dont on vient de démontrer l'inutilité, en exposant la construction de la colonne vertébrale. Car de même que dans une machine, l'exclusion d'un système quelconque de mouvements nécessite l'absence des rouages et des leviers qui auraient été employés à le produire, de même dans la mécanique animale il n'y a pas de pièces inutiles. Quand une fonction (c'est-à-dire un système de phénomènes combinés pour un même résultat) se trouve exclue, ses organes manquent absolument, à moins qu'ils ne soient l'instrument commun de plusieurs fonctions dont quelqu'une subsiste encore. Ceux mêmes qui ont le plus étrangement abusé de l'argumentation analogique, n'ont encore osé prétendre retrouver chez les cétacés, ni le fémur, ni le tibia et le péroné, ni aucune des autres parties, soit osseuses, soit musculaires, etc., des membres abdominaux. Il n'existe effectivement chez ces animaux d'autres traces de ces membres, que deux petits arcs osseux tendus en travers des muscles du ventre, où certes ils servent à autre chose qu'à justifier une proposition métaphysique.

Tels sont aussi les os de la tête. Leur existence ou leur absence est liée à celle de quelque phénomène sensitif, mécanique ou chimique, et par conséquent à celle de son organe. Si la tête n'est plus le siége que d'un moindre nombre de phénomènes, sa construction se simplifie ainsi que les éléments de cette construction.

Néanmoins avant de disparaître entièrement, les os, comme les organes dont ils font partie, subissent des dégradations progressives. La dernière de ces dégradations est ce qu'on a nommé *état rudimentaire*.

Les poissons et les reptiles ayant, comme on le verra, l'encéphale ou le cerveau le plus petit et réduit au moindre nombre de parties, leur crâne est nécessairement le moins compliqué, et composé d'un moindre nombre de pièces, et quand ils ne sont pas anéantis, tous les os qui en sont ainsi exclus entrent réciproquement dans la construction de parties nouvelles à la face.

Les mammifères ayant au contraire l'encéphale le plus composé, leur crâne doit admettre un plus grand nombre de pièces, et réciproquement leur face doit être d'une construction plus simple.

Par une raison semblable, la plupart des organes des sens étant à la fois plus développés chez les poissons et les reptiles, leur face est plus compliquée.

Et les mammifères ayant au contraire les organes des sens, excepté celui de l'odorat, moins développés que les deux autres classes, la face est chez eux d'une construction plus simple.

Il faut ajouter à ce dernier rapprochement que dans les poissons une mobilité particulière aux parties antérieures et latérales de la face, concourt encore à produire cette complication du mécanisme qu'on y observe.

CHAPITRE PREMIER.

DU CRANE PROPREMENT DIT.

Le crâne des poissons et des reptiles, étant le plus simple, sa composition, une fois connue, rendra plus claire celle du crâne des oiseaux et des mammifères.

C'est par la même raison que nous commencerons l'exposition de la structure de la face, par les mammifères.

Observons d'abord, que dans le plus grand nombre des reptiles, le crâne n'est pas une boîte régulièrement fermée par des parois percées seulement pour les vaisseaux et les nerfs, comme on pourrait se le figurer d'après la connaissance du crâne de l'homme. Ce n'est le plus souvent qu'une charpente à jour, où les pièces sont plutôt arcboutées par leurs pointes, que juxta-posées par tous leurs bords. Sur l'animal entier les intervalles de ces cadres sont fermés par des membranes, des cartilages, qui achèvent de déterminer, et l'amplitude, et la forme de la cavité. Il est bon d'avoir cette disposition présente à l'esprit, pour ne pas prendre à la lettre les dénominations que nous devrons employer.

En parlant des os, l'identité des termes n'exprime que des positions semblables. Car les os, étant nécessairement inertes, ne pourraient avoir d'autre caractère que leur forme; mais cette forme est essentiellement variable d'un animal à l'autre.

On a vu que l'extrémité postérieure du corps de la vertèbre, dans les reptiles, est constamment une proéminence convexe articulée dans une cavité semblable de la vertèbre suivante. Il n'y a d'exception que dans les salamandres, où toutes les vertèbres ont leur face antérieure convexe et la postérieure concave. Dans la sirène et le protée, les deux faces du corps vertébral sont faites comme dans les poissons. Il en est de même dans les *ichtyosaures* fossiles.

C'est aussi par une proéminence arrondie que le crâne de presque tous les reptiles non batraciens s'articule sur la première vertèbre.

Cette proéminence n'est pas formée par un seul os. Trois os collatéraux y contribuent chacun par une petite facette sphérique. Ces trois os sont, 1° au milieu, l'occipital inférieur ou basilaire, 2° latéralement les deux occipitaux latéraux.

Ces deux occipitaux latéraux s'inclinent l'un vers l'autre en formant un arc au-dessus du basilaire. L'anneau qui en résulte correspond à celui des vertèbres, et son usage est aussi de circonscrire la moelle épinière à son entrée dans le crâne.

En dessus ces deux occipitaux enclavent plus ou moins une quatrième pièce nommée occipital supérieur.

1° *Dans les Sauriens.*

Chez les caméléons ces quatre os forment réellement un anneau qui rappelle parfaitement la forme générale des vertèbres.

Dans ces mêmes reptiles, au devant de l'anneau occipital, le crâne n'est plus fermé latéralement. Sur le devant du basilaire, s'articule le sphénoïde, os impair et unique, en forme de croix, dont la longue branche styliforme proémine jusque sous la face. La branche transversale est très-mince d'avant en arrière. Au devant de l'occipital latéral, s'articule le rocher contenant constamment les nerfs de l'audition. En haut la voûte est formée par la partie postérieure du frontal moyen; mais le rocher reste écarté de ce frontal.

Le pariétal, ordinairement encadré par le frontal et l'occipital supérieur, est ici complètement superposé à ce dernier os, et se prolonge en arrière comme une longue épine, au-dessus du cou.

Dans le crâne des caméléons, six os seulement (trois de ces os sont pairs) forment donc les parois de la boîte cérébrale.

Le second segment du crâne ne forme donc pas un anneau complet.

Chez les monitors l'anneau occipital reste à peu près formé comme dans les caméléons, avec plus d'étendue dans le sens de l'axe. Mais le pariétal est intercalé entre les occipitaux et les frontaux moyens. Ce pariétal forme la plus grande partie de la voûte du cerveau, à laquelle le frontal ne contribue que par une petite portion. Le sphénoïde occupe sa place invariable devant le basilaire, et le rocher la sienne, devant l'occipital latéral. Sur les côtés et en avant, le crâne est largement ouvert. Mais sa limite antérieure est marquée par deux stylets verticaux et parallèles, distants l'un de l'autre d'environ le tiers du travers de la tête, et dont la pointe supérieure inarticulée regarde le pariétal. La pointe inférieure s'articule sur le ptérigoïdien interne.

Deux os de plus chez les monitors, savoir, le pariétal et ce stylet vertical, appartiennent donc aux parois du crâne.

Par leur position en dehors des parois du crâne, ces stylets, si effilés et ainsi articulés sur les
pterigoïdiens en bas, peuvent-ils correspondre à
une lame largement aplatie, qui, dans les crocodiles, ferme les côtés du crâne au devant du
rocher, en s'articulant supérieurement au pariétal
et correspondant inférieurement au sphénoïde
par un bord libre, et formant à elle seule le tiers
de toute la paroi latérale du crâne? Cette pièce,
surtout dans les crocodiles, où elle est le plus
développée, converge antérieurement vers la lame
opposée, dont elle reste écartée sur toute la hauteur du bord correspondant. C'est par cet intervalle que passe en haut le nerf olfactif; en bas, le
nerf optique. Les autres nerfs de l'œil, moins la 6e
paire qui suit un canal du sphénoïde, passent par
des trous particuliers de cette lame.

Cette lame a été nommée grande aile du sphénoïde, quoique jamais, chez les reptiles ni chez les
poissons, elle ne soit soudée ni articulée à cet os, et
qu'au contraire elle le soit presque toujours au pariétal et à la partie postérieure du frontal.

Par sa connexion si différente chez ces ovipares,
de celle qu'on lui verra chez les mammifères, cette
grande lame offre un exemple du peu de réalité
de la plupart des analogies dans le squelette.

Dans tous les genres de tortues les parois de la
cavité cérébrale sont formées par les mêmes os
que dans les crocodiles; sauf la séparation en deux

.os de l'occipital latéral, vu le développement supérieur de la cavité auditive des tortues. Ce qui forme en dehors de l'occipital latéral ordinaire, partie annulaire constante du grand trou de sortie de
la moelle épinière, un occipital extérieur, dans lequel est percée tout entière la fenêtre ronde du
labyrinthe, et qui contribue avec le rocher, par
deux échancrures correspondantes, à former la
fenêtre ovale; fenêtres dont la première, partout
ailleurs, est tout entière dans l'occipital latéral.
Dans tous ces genres la paroi latérale antérieure
du crâne est une grande lame du pariétal réfléchie
en bas, qui n'offre même jamais la moindre trace
de suture avec la voûte de ce pariétal. Il n'y a
donc pas la moindre trace d'aile sphénoïdale, soit
antérieure, soit postérieure. Et comme dans le cas
où cette grande aile paraît exister, elle est réunie par une suture au pariétal, par exemple, dans
les crocodiles, on voit que la constance de sa connexion avec la voûte du crâne, contredit ce nom
de grande aile du sphénoïde, os qui est le centre
de la base de cette boîte.

Dans la membrane cartilagineuse, formant la paroi latérale antérieure de la cavité cérébrale des lézards, est un os de forme très-variable, dont on veut
faire aussi une grande aile sphénoïdale. Cet os est
par conséquent indépendant du stylet arcboutant
le ptérigoïdien sur le pariétal, et dans lequel on a
voulu aussi voir cette aile, bien qu'il soit extérieur
à la paroi latérale du crâne.

De l'extérieur du crâne.

Tous les os dont la face interne contribue à former les parois de la boîte cérébrale, n'ont pas leur face externe libre et découverte. D'autres os peuvent les doubler en dehors en s'y appliquant par des surfaces, ou en s'y arcboutant par des bords et par des pointes. Ces os collatéraux se rejoignent, à leur tour, en dehors pour former sur les flancs du crâne, des voûtes, des fosses ou des trous, qui font réellement partie de la face. Ces agrandissements de la face sont principalement relatifs à des attaches plus larges et plus nombreuses, de muscles surnuméraires pour les mouvements de la mâchoire inférieure.

Il serait trop long et inutile au but de cette introduction, non-seulement de décrire ces agrandissements, mais même de les indiquer partout où ils existent. On en pourra prendre une idée par leur disposition chez les crocodiles et les tortues, où ils atteignent à leur maximum de proportion et d'utilité.

Trois trous s'ouvrent de chaque côté à la voûte du crâne, dans les crocodiles et la plupart des lézards.

1°. Le plus postérieur, qui est aussi le plus voisin de la ligne médiane, est formé en dedans, par le pariétal échancré, en avant, en dehors et en arrière, par le mastoïdien et le frontal postérieur, projetés l'un vers l'autre latéralement.

2°. L'autre, sur un plan un peu inférieur, est borné en dedans et en haut par la jonction précitée du frontal postérieur et du mastoïdien; en arrière, par la caisse et le temporal; en dehors et en avant, par le jugal articulé antérieurement avec la branche inférieure du frontal postérieur.

3°. Le trou antérieur est l'orbite. Nous en parlerons à l'article de la face.

Ces deux premiers trous forment, par l'élargissement des os aplatis qui les circonscrivent, la voûte de la fosse temporale.

Dans les tortues de mer et la plupart des émydes ou tortues d'eau douce, cette voûte, sans la moindre interruption, s'étend depuis l'orbite jusqu'au plan vertical de la région occipitale, occupant ainsi presque les deux tiers de la longueur de la tête. Tout le toit de cette voûte est formé par une lame repliée le long de la crête du pariétal, et toutes ses parois latérales montantes, par le frontal postérieur, le jugal, le temporal, le mastoïdien, et même la caisse, tous à peu près uniformément aplatis.

Dans les tortues terrestres, toute la lame du pariétal voûtant la fosse temporale, a disparu, et tous les os du contour latéral ont repris des formes allongées ou cubiques, de sorte que supérieurement la fosse temporale n'est marquée que par une arcade zygomatique assez étroite sur toute sa longueur; et dans les chelydes, toute cette arcade a disparu.

Les émydes ou tortues d'eau douce sont intermédiaires aux marines et aux terrestres, pour la construction de la fosse temporale.

Enfin dans toutes les tortues, mais surtout dans les tryonix, où la tête est portée par un plus long cou, la région occipitale est profondément échancrée latéralement entre une longue éminence formée par l'occipital extérieur et le mastoïdien en dehors et l'épine du pariétal au milieu. Cette épine a presque le tiers, et l'éminence occipito-mastoïdienne le quart de la longueur totale de la tête.

Dans les lézards ordinaires, les iguaniens et surtout les monitors, la fosse temporale n'est plus circonscrite que par des os de dimensions presque linéaires. Et les prolongements par lesquels, le frontal postérieur et le mastoïdien, qui se rencontrent dans les crocodiles et y séparent les deux trous supérieurs de la voûte temporale, n'existant pas, il n'y a qu'un seul trou au haut de cette partie de la tête. Ce trou est formé en dedans par l'échancrure du pariétal, en dehors par l'épine du frontal postérieur et par le temporal que le mastoïdien unit en arrière à l'occipital latéral. Dans les stellions et les iguanes le jugal vient renforcer cette arcade de la fosse temporale. En parlant du mécanisme du crâne, nous montrerons quel faible point d'appui des arcs si frêles offrent aux mouvements de la mâchoire inférieure, dont l'énergie est toujours en proportion de la masse des muscles, et de la solidité et du nombre des points fixes que ces muscles prennent sur des surfaces osseuses plus étendues, et dont le plan est plus perpendiculaire à la direction de leurs fibres.

Ainsi donc le mastoïdien, la caisse, le temporal, le frontal antérieur, et, dans les tortues, la lame saillante du pariétal, sont cinq os démembrés du crâne proprement dit, qu'ils doublent et recouvrent en dehors, et par conséquent tout-à-fait étrangers au cerveau.

2°. *Ophidiens ou serpents.*

La boîte cérébrale des serpents reste composée du même nombre de pièces que chez les sauriens. Le pariétal, comme chez les tortues, forme en se repliant en bas jusqu'au sphénoïde, la paroi latérale du crâne. La quille du sphénoïde se prolonge toujours très-loin en avant. Les frontaux intermédiaires participent aussi à cet agrandissement des pariétaux, et, comme pour ceux-ci, leurs flancs se replient en bas jusque près de la ligne médiane, où ils sont contigus à la pointe du sphénoïde.

Des quatre os articulés à demeure sur les flancs du crâne des sauriens, où ils circonscrivent les fosses et les trous, dont l'ensemble de chaque côté a plus d'étendue transversale que la boîte cérébrale, laquelle par-là n'occupe réellement que moins du tiers du travers du crâne : 1° le mastoïdien, sous forme de lame écailleuse quadrilatère, repose par une articulation mobile sur le quart postérieur de la face externe du pariétal, et se prolonge horizontalement en arrière, de manière à déborder plus ou moins l'anneau occipital; 2° la caisse sous forme de levier, toujours plus long que le mastoïdien, est suspendue à l'extrémité postérieure de cet os, et dirigée obliquement en avant et en bas.

Ces deux os forment aussi un levier coudé, dont le point d'appui est sur le pariétal. Dans les serpents à mâchoires très-dilatables, ces deux bras de leviers peuvent se redresser, et jouer sur la surface du crâne, comme le bras de l'homme sur les flancs. Et comme la mâchoire inférieure s'articule sur l'extrémité inférieure de la caisse, le centre et le point d'appui des mouvements de cette mâchoire est en définitive sur le pariétal à la partie supérieure et postérieure du crâne.

Dans les serpents à mâchoires moins dilatables, l'extrémité inférieure de la caisse s'articule sur un prolongement de l'os ptérigoïde interne qui déborde l'occipital en arrière.

Il n'y a point de temporal chez les serpents. Il résulte de l'absence de cet os et de la disposition des deux précédents, que les serpents sont les seuls reptiles où la forme du crâne représente à peu près celle de l'encéphale. Je dis à peu près, car d'abord les os supérieurs du crâne n'ont pas leurs deux faces, intérieure et extérieure, régulièrement parallèles, et de plus l'encéphale ne remplit pas toujours parfaitement le crâne.

Deux genres de serpents, les *cécilies* et les *amphisbènes*, n'ont point l'occipital articulé sur la première vertèbre par un seul condyle, mais par deux bien écartés l'un de l'autre, surtout dans les *cécilies*.

Dans ces deux derniers genres, ainsi que dans les *rouleaux* du *tortrix*, l'état rudimentaire de l'œil coïncide avec le défaut de frontal postérieur au crâne, et de lacrymal à la face. L'amphisbène a la boîte cérébrale faite comme on va voir chez les batraciens.

3°. *Batraciens* (1).

Il n'y a plus aux parois de la cavité cérébrale, dans les batraciens ordinaires, les salamandres, la

(1) J'ai extrait cet article de celui de M. Cuvier, sur la tête des batraciens. (Rech. sur les ossem. foss., nouv. éd., t. 5, 2ᵉ part., chap. 4, p. 386 et suiv.) On verra pourquoi au chapitre du cervelet. Ce n'est qu'à partir de cette feuille, que j'ai pu consulter son travail sur l'ostéologie des reptiles, les précédentes étant déjà imprimées lors de la publication de ce volume. Au reste, nous nous étions en grande partie rencontrés dans la détermination des os. Et cela n'est pas étonnant : désintéressés sur le résultat, nous procédions sans préjugés, et nous n'avions à soutenir ni de ces unités de plan et de nombre, ni de ces harmonies symboliques qui font de chaque partie de l'animal une représentation du tout;

sirène et le protce, que 1° deux occipitaux latéraux, représentant à eux seuls tout l'anneau occipital; 2° en bas, dans les premiers, un seul sphénoïde sans aucune aile, et en haut un seul os rectangulaire, uni postérieurement aux occipitaux et aux rochers, et replié en bas latéralement par deux lames qui n'atteignent pas au sphénoïde. Dans les jeunes individus il est divisé longitudinalement en deux, et ce n'est que dans les jeunes têtards que l'on sépare une partie postérieure de forme ronde, d'une antérieure allongée. Cet os unique des adultes n'est donc réellement qu'un pariétal. Dans la sirène surtout, ce pariétal occupe la même étendue que dans les crapauds et grenouilles, mais il est toujours divisé en deux moitiés. Il en est de même chez les salamandres, où il est le plus petit. 3° En avant de ce pariétal, un os unique, en prisme triangulaire, dont une face est supérieure, les deux autres latérales, s'appuie par une arête inférieure sur la pointe du sphénoïde, et ferme verticalement le crâne en avant, où il donne passage aux nerfs olfactifs, et latéralement à la branche ophtalmique de la cinquième paire.

systèmes, où la connaissance des choses est remplacée par de pures abstractions. Et, il faut le dire, ces abstractions, par leurs conséquences et leurs principes, sont tout-à-fait étrangères aux phénomènes de la vie, qui sont l'objet unique de la science de l'organisation.

La face externe de cet os n'occupe pas dans le crapaud perlé (Cuv., *loc. cit.*, pl. 24, fig. 5) plus de la centième partie de la surface du crâne, où elle est inscrite, de sorte que s'il représente le frontal principal unique des serpents, le pariétal serait immédiatement articulé dans cette espèce avec les frontaux antérieurs. Dans les salamandres il n'y a aussi que le frontal principal, mais divisé toujours en deux moitiés.

Le sphénoïde en forme de croix, dont la tête double en dessous la suture des deux occipitaux, porte à l'extrémité de ses branches transverses le rocher, ayant le pariétal en dessus, l'occipital en arrière, et formant avec celui-ci, auquel il se soude de bonne heure, la fenêtre ovale et la cavité du labyrinthe. L'espace qu'occuperaient les ailes du sphénoïde est fermé d'une membrane par où passent le nerf optique, les autres nerfs de l'œil, et la cinquième paire.

Il manque donc à la boîte cérébrale des batraciens, 1° deux pièces de l'occipital, 2° les frontaux postérieurs, 3° les ailes du sphénoïde, et 4° le frontal principal présumé ne recouvre même pas le cerveau. Outre les quatre os qu'on a déjà vu en être démembrés dans les autres reptiles, comparés aux mammifères, les batraciens manquent donc de 7 à 8 pièces, la plupart paires à leur boîte cérébrale. Nous verrons en parlant du cerveau à quel

5

déficit de parties cérébro-spinales correspond cc déficit dans la composition du crâne.

4°. *Poissons.*

Comme celui des serpents, le crâne des poissons a sur les flancs des pièces mobiles. Mais cette mobilité n'est plus seulement relative à l'agrandissement de la dilatation des mâchoires. Outre cet usage, les pièces battantes sur le côté de la tête des poissons servent à la fois, et d'arcboutants aux mâchoires, et de parois protectrices et de machines de pression aux organes respiratoires, c'est-à-dire aux branchies. Cette utilité fait déjà soupçonner que ces pièces latérales se divisent en deux groupes. En effet, le premier groupe, composé des mêmes pièces que chez les serpents, sert de point d'appui et de levier accessoire à la mâchoire inférieure : c'est le panneau temporal. Le deuxième groupe, qui n'a rien de comparable dans le reste des vertébrés, se compose de 4 ou 5 pièces que l'on ne peut pas considérer comme des démembrements du crâne, qui n'en présente pas moins ici d'autres pièces surnuméraires dans ses parois. C'est le panneau de l'opercule. Ces deux systèmes de pièces dépendant réellement de la face, seront décrits avec elle.

La boîte cérébrale, proprement dite, résulte du même assemblage d'os que chez les reptiles, où elle est plus complète. Ainsi l'anneau occipital est formé de ses quatre pièces. Le deuxième segment résulte des pariétaux, constamment plus courts qu'aux reptiles, jamais soudés ensemble, et de plus constamment séparés l'un de l'autre en arrière par un os appelé inter-pariétal à cause de sa position. Cette inter-position d'un os médian entre les deux pariétaux, toujours en outre élargis transversalement, a pour objet l'agrandissement transversal de la voûte du crâne, dont les bords doivent servir de point d'appui aux larges panneaux ou battants de la cavité branchiale.

Suivant les genres, le deuxième segment est complété latéralement par la grande aile sphénoïdale, seule ou réunie au rocher. Cette grande aile ne se soude jamais au sphénoïde, mais elle ne se soude jamais non plus au pariétal.

Inférieurement le sphénoïde, semblable à celui des reptiles, en dépasse de beaucoup les proportions. Quelquefois, chez les cyprins par exemple, il déborde en arrière le basilaire, auquel il forme alors une gaine, et se prolonge au-dessous de la première vertèbre articulée sur lui. En avant il se prolonge au-devant du bord antérieur des orbites.

Les grandes ailes sphénoïdales ne sont jamais rapprochées sur la ligne médiane en avant Leur intervalle est complété par des membranes et des cartilages.

Au devant des pariétaux une partie des frontaux contribue à former la voûte du cerveau. L'étendue ou le défaut absolu de cette portion du

frontal dans la boîte cérébrale, dépend de l'existence ou de l'absence du lobe olfactif.

Le rocher ne contient jamais ni les nerfs, ni les
canaux demi - circulaires de l'organe de l'ouïe.
Toujours solide, il ferme en dehors plus ou moins
cette dilatation de la cavité cérébrale, où sont lo-
gées à la fois tous les organes de l'audition. Il
est toujours situé entre l'occipital latéral, en arrière, et la grande aile en avant. Quelquefois il ne
répond plus du tout à la cavité cérébrale; l'occipital latéral et la grande aile rapprochés l'ont rejeté
alors au dehors. Dans tous les cas, c'est toujours
sur lui que repose la caisse, point d'appui et centre du mouvement à la fois de l'opercule par sa
branche postérieure, de la mâchoire et de la grande
arcade branchiostège par sa branche antérieure.

5°. *Oiseaux.*

Comme dans le plus grand nombre des reptiles,
l'anneau occipital a quatre pièces, et est articulé,
avec la première vertèbre, par un seul condyle résultant également de trois facettes sphériques, dont
la médiane représente les deux tiers du condyle.
L'anneau occipital, plus étendu d'avant en arrière
que dans pas un reptile, l'est surtout davantage en
haut, où l'occipital supérieur répond en effet, comme on le verra, à un plus grand cervelet.

Le deuxième anneau ou segment du crâne a son

arc supérieur formé de deux pariétaux rectangulaires, dont la plus grande dimension est toujours transversale, et dont le contour est à peu près demi-circulaire. Cet arc est continué inférieurement par le rocher et la grande aile sphénoïdale, laquelle est pour la première fois soudée au sphénoïde. Selon que le rocher s'étend plus ou moins en avant, suivant les genres, il empêche ou n'empêche pas le pariétal de s'articuler avec le frontal postérieur. Enfin un sphénoïde unique à longue épine antérieure, complète en bas ce segment, à la voûte duquel le frontal moyen contribue pour une petite partie de son étendue, comme chez les poissons.

Dans les oiseaux comme dans les serpents et les poissons, la mâchoire inférieure ne s'articule pas directement sur le crâne. C'est par l'intermédiaire d'un levier très-peu mobile, formé par un os quadrilatère, qui répond à la caisse des serpents. Cet os carré ou caisse s'articule par son condyle supérieur sur les bords de l'entrée circulaire d'une fosse que circonscrivent l'occipital latéral, le rocher et le sphénoïde.

Ici, encore pour la première fois, le crâne est complétement fermé en avant par la soudure des deux grandes ailes sphénoïdales sur leurs bords antérieurs.

Même avant la naissance, la soudure des grandes ailes ensemble, et avec les frontaux, existe déjà.

A cette époque, il n'y a que les pariétaux qui soient libres par tous leurs bords, ainsi que les occipitaux, qu'on peut séparer très-tard les uns des autres, ainsi que le sphénoïde du basilaire.

Au fond de la fosse, sur l'entrée de laquelle s'articule la caisse, s'ouvrent, comme dans les reptiles, les fenêtres ronde, ovale, et les cellules occipitales, mastoïdiennes et pariétales, suivant les genres. Dans les oiseaux de nuit, ces cellules se propagent même dans l'épaisseur de tous les os de la tête où sur l'animal vivant la section du diploé ne verse de sang que dans le trajet des vaisseaux. Ce fait explique comment il ne se forme pas d'injection sanguine dans le diploé des oiseaux, où l'on a dernièrement prétendu qu'elle résultait de l'action spécifique de différentes substances sur telle ou telle partie du cerveau.

Il n'y a donc que deux segments à la boîte cérébrale ou au crâne proprement dit des vertébrés ovipares. Le premier ou occipital, formé de deux os seulement dans les batraciens, la sirène et le protée, où, comme on le verra, ce déficit de l'anneau protecteur coïncide avec celui de plusieurs des parties contenues, et de quatre os dans tous les autres. Le deuxième, ou sphéno-pariétal, est formé du sphénoïde et du pariétal, admettant ou non pour compléter leur contour, le rocher et l'aile du sphénoïde; et, de plus, dans la plupart des poissons, un os surnuméraire, l'inter-pariétal.

6°. *Mammifères.*

L'anneau occipital est formé comme à l'ordinaire, mais avec un élargissement d'avant en arrière, proportionné dans toutes les pièces aux dimensions du cervelet.

Le second anneau ou segment est formé supérieurement par les pariétaux, enclavant en arrière un inter-pariétal chez quelques genres (par exemple dans les rongeurs); le temporal continue cet arc sur les côtés, et se soude ordinairement en bas avec le mastoïdien, la caisse et le rocher. La grande aile du sphénoïde, ou aile temporale, étant toujours soudée à la partie de cet os qui répond au basilaire, il en résulte un premier sphénoïde distinct de l'antérieur, long-temps après la naissance. Dans la plupart des mammifères, la plus grande dimension du rocher étant transversale, ce n'est que par un angle plus ou moins aigu qu'il s'enclave entre le sphénoïde postérieur et l'occipital inférieur.

Un troisième segment s'ajoute aux deux autres, qui existent seuls chez les ovipares. Ce segment est formé en haut par les frontaux, en bas par le second sphénoïde ou antérieur, et par ses ailes, appelées d'ingrassias ou orbitaires.

Ce troisième segment est nécessité par l'agrandissement du cerveau des mammifères, formé, comme on le verra, d'un plus grand nombre de parties que celui des ovipares (1). Il y a plus, c'est que par la même raison, les deux segments postérieurs ont aussi à proportion, dans les mammifères, plus d'amplitude en tout sens que dans les ovipares.

Ce troisième segment est fermé en avant par l'ethmoïde, dont il n'existe à la boîte cérébrale des oiseaux qu'une lame verticale enclavée par son bord postérieur entre les grandes ailes rapprochées du sphénoïde. Ici l'ethmoïde est constamment, ailleurs que dans les cétacés, formé de trois parties ; deux latérales constituant chacune un assemblage de lames ou de cornets repliés de manière à intercepter un grand nombre d'anfractuosités ; l'autre médiane, est une lame verticale servant de cloison à la partie postérieure des narines.

Dans quelques genres de mammifères, plusieurs rongeurs, et surtout parmi les insectivores, les chauves-souris, les hérissons, les taupes, etc., l'ethmoïde forme l'arc inférieur d'un quatrième segment dont le devant des frontaux et les os du nez forment l'arc supérieur.

Tous les os de la voûte du crâne des mammifères s'étalent en lames d'autant plus larges, et ces lames déploient deux faces d'autant plus parallèles, que le cerveau a plus de volume proportionnel,

(1) Les parties cérébrales nouvelles, auxquelles correspond ce troisième segment, sont principalement les corps striés et les circonvolutions correspondantes.

Réciproquement ils occupent moins d'espace, débordent davantage l'un sur l'autre et augmentent d'épaisseur à mesure que le cerveau se rapetisse. C'est ainsi que dans l'homme et les singes, tous les os du crâne, excepté la caisse ou tympanal, donnent des parois au cerveau. Ces os surnuméraires dans les parois du cerveau, sont : 1° l'ethmoïde; 2° le second sphénoïde et ses ailes; 3° le temporal, et 4° le mastoïdien.

De la cavité auditive.

L'organe de l'ouïe consiste essentiellement dans ses nerfs et les membranes tubulaires qui les enveloppent. Mais ces tuyaux membraneux si minces et si flexibles, contenant tous des liquides où baignent les nerfs, avaient besoin d'être soutenus dans leurs formes et dans leur arrangement. La position de ce sens devait donc être plus profonde que celle des autres, et tout-à-fait circonscrite par son enveloppe solide. Voilà pourquoi les cavités auditives sont tout entières dans l'épaisseur de la base ou des côtés du crâne. Les os qui forment cette enveloppe varient d'une classe à l'autre.

1°. Dans les *mammifères*, le rocher, partie du temporal, à laquelle est ordinairement soudée la caisse, contient l'appareil nerveux de l'ouïe; et la caisse renferme un tambour ou réservoir d'air dans lequel s'étend, depuis la membrane du tympan

Jusqu'aux fenêtres du rocher, une chaîne de quatre osselets.

Chez la plupart des mammifères les cellules qui s'ouvrent dans la partie postérieure de la caisse, communiquent avec d'autres cellules dont est creusée l'épaisseur du mastoïdien.

Dans les genres où la caisse est très-développée elle reste toute la vie séparée du rocher et du temporal ; tels sont, par exemple, les chauves-souris. Dans ce cas, le rocher, la partie zygomatique du temporal et même le sphénoïde y concourent aussi.

Dans les cétacés où l'oreille paraît peu active, la caisse et le rocher à parois très-épaisses forment un os suspendu au crâne par des ligaments.

2°. Chez les *oiseaux*, 1° l'appareil nerveux ou le labyrinthe est situé dans l'épaisseur du rocher et de l'occipital latéral, et 2° le tambour à air est situé entre l'occipital latéral et le temporal en arrière, et l'échancrure postérieure de la caisse en avant. C'est sur cette échancrure et une semblable du temporal qu'est encadrée la membrane du tympan.

Le tambour a trois prolongements de cellules ; le 1er, dans les occipitaux latéral et supérieur, où les cellules d'un côté s'adossent à celles de l'autre ; le 2e, dans le rocher sous le labyrinthe osseux ; le 3e, en avant dans l'épaisseur du sphénoïde jusques à la ligne médiane de la base du crâne. Chez plusieurs oiseaux de nuit, entre autres l'effraye, toutes ces cellules règnent dans toute l'étendue du contour du crâne.

Il n'y a dans le tambour des oiseaux qu'un seul osselet à deux branches, étendu de la membrane tympanique à la fenêtre du vestibule.

3°. Dans les *reptiles* non batraciens (ex. les crocodiles), 1° la caisse communique avec de grandes cellules des occipitaux latéral et supérieur. Celles-ci sont communes aux deux caisses et réunissent les deux organes; 2° quant au labyrinthe, le grand sac du vestibule et les canaux demi-circulaires sont enfermés par le rocher, l'occipital latéral et le supérieur. La cloison entre le labyrinthe osseux et la caisse est percée de deux fenêtres que sépare un filet mince (Cuv., loc. cit., p. 82.). La supérieure répondant à l'ovale, mieux dite vestibulaire, est fermée partie par le rocher, partie par l'occipital latéral; l'autre, ou cochléaire, est tout entière dans cet occipital.

Il n'y a dans le tambour qu'un seul osselet en forme de platine elliptique appliquée à la fenêtre vestibulaire.

Dans les *tortues*, la caisse au maximum de grandeur, forme deux tambours, séparés par un rétrécissement de l'os dont en outre une branche inférieure verticale reçoit le condyle de la mâchoire. Par le trou de ce rétrécissement passe l'osselet auditif en forme de trompette, étendu depuis le tympan jusqu'à la fenêtre vestibulaire située, ainsi que la cochléaire, comme dans le crocodile. Le second tambour est complété en-dedans par le

rocher, les occipitaux, le sphénoïde et un cartilage.

Le labyrinthe est enclavé par le rocher, l'occipital latéral et le supérieur.

Dans les *lézards* ordinaires, le tambour et le
labyrinthe sont comme dans le crocodile. Seulement la fenêtre cochléaire s'ouvre à côté d'un autre
trou donnant dans le crâne, au fond d'une ouverture commune.

Dans les *batraciens*, il y a une sorte de chaîne
auditive formée de trois pièces. L'intermédiaire est
une tige osseuse tendue entre deux lentilles carti-
lagineuses; ce qui est nécessité par la plus grande
distance des cadres du tympan à la fenêtre du labyrinthe (Cuv.).

4°. Enfin, dans les *poissons*, une dilatation latérale de la boîte cérébrale fermée seulement du
côté du cerveau par un adossement de membranes,
forme la cavité auditive. Cette cavité est circonscrite dans les poissons osseux par le pariétal en
haut, les occipitaux en arrière, l'aile sphénoïdale
en avant, le sphénoïde en bas, le rocher, et médiatement la caisse en-dehors. Dans le merlan ces deux
cavités s'adossent, sans autre cloison que leurs
membranes, sur la base du crâne, où le sphénoïde
est renflé en une sorte de tambour. C'est ainsi que
les cellules occipitales ou sphénoïdales s'adossent
chez les oiseaux et la plupart des reptiles.

Dans le seul cycloptère lump une sorte de tambour extérieur sous forme de cul-de-sac s'étend sur une longueur de deux pouces à travers les os jusque sous la peau, depuis l'embranchement antérieur des canaux demi-circulaires.

Dans les raies et les squales une sorte de vestibule commun situé à la nuque réunit les conduits cartilagineux où flottent les canaux membraneux demi-circulaires supérieurs.

CHAPITRE II.

DE LA FACE.

Dans le précédent chapitre, nous avons dit quelles cavités sont creusées dans la face, et pourquoi nous commencerions par décrire celle des mammifères. Par la même raison, nous commencerons par ceux des mammifères où elle est moins composée.

Des trois ordres de cavités creusées dans la face et étagées l'une sur l'autre chez l'homme et les singes, il n'y a dans les autres vertébrés que les narines qui soient constamment situées au-dessus de la voûte de la bouche. L'orbite s'y trouve souvent dans le même plan que les narines, et quelquefois elle descend au-dessous du plancher de ces cavités. Toujours elle leur est postérieure ou latérale. Les orbites, adossées au crâne dans tout leur contour supérieur, réclament d'abord notre attention.

1°. *Dans les mammifères.*

Les orbites forment les cavités protectrices de l'œil. Par leurs parois, par les graisses, les glandes et les muscles qu'elles contiennent, elles circonscrivent toujours au moins l'hémisphère postérieur de cet organe. Néanmoins, dans le plus grand nombre des mammifères, cette cavité est très-superficielle sur le squelette. On ne peut donc lui assigner une forme générale dans cette classe.

La face externe du frontal forme constamment la plus grande paroi de l'orbite. Le sommet ou fond de l'orbite est marqué par le trou optique, passage du nerf du même nom, à travers le sphénoïde antérieur. Par conséquent, l'orbite se trouve toujours sur le troisième segment du crâne.

Chez les taupes, les scalopes, les chrysochlores, etc., il n'existe pas de cavité en dehors du troisième segment du crâne. La surface extérieure de ce segment se continue sans rétrécissement en avant, avec la face en arrière, avec la surface du second segment, et la surface de celui-ci se confond aussi avec celle du précédent. De sorte que tout le crâne forme une carène renversée, dont la courbure est partout, à peu près, régulière.

Ainsi il n'y a point au frontal d'apophyse orbitaire, ni d'arcade surcilière. Le maxillaire supérieur ne représente pas une voûte proéminente en dehors des narines, le lacrymal n'existe pas, et l'os jugal est un stylet presque sans épaisseur, étendu en arrière vers l'apophyse zygomatique du temporal.

Il n'y a donc pas d'orbites dans ces animaux, où réciproquement l'œil est réduit à un petit globule de matière noire, dans lequel on ignore encore si pénètre le petit filet nerveux, qui se dirige vers lui. Il n'existe pas non plus de glande lacrymale à laquelle correspond constamment l'os lacrymal.

Mais à mesure que l'orbite se forme, le frontal s'échancre et se voûte en dehors de son articulation avec le maxillaire; l'extrémité postérieure de cette échancrure se relève en une saillie proéminente en bas et en dehors; l'apophyse montante du maxillaire supérieur s'agrandit ainsi que l'os lacrymal. Le jugal occupe dans la face un étage plus élevé, et s'élargit horizontalement en dedans. Un arc plus ou moins saillant proémine de son bord supérieur vers l'apophyse orbitaire du frontal, et cet arc s'élargit en dedans en une lame qui tend toujours à se plus rapprocher du frontal en haut, du sphénoïde en dedans, et du maxillaire en bas à mesure que l'on passe, des ruminants aux rongeurs, des rongeurs aux carnivores, et de ceux-ci aux singes et enfin à l'homme, où l'orbite a quatre parois complètes formées en haut par le frontal, en dedans par l'ethmoïde, le lacrymal et le maxillaire, en bas, par le jugal, le maxillaire et le palatin, en dehors, par le jugal et l'aile orbitaire du sphénoïde.

Il faut observer toutefois que le nombre des os qui entrent dans l'orbite, n'est pas en rapport direct et nécessaire avec la grandeur de l'œil. Ce nombre dépend à-la-fois et de la grandeur de cet organe et de celle de la glande lacrymale, dont le volume ne dépend pas de celui de l'œil, et de la grandeur relative des narines et de la bouche; enfin, de celle de la fosse temporale et ptérigo-maxillaire, destinées à des insertions musculaires très-différentes suivant les divers mécanismes de la mâchoire inférieure.

Des narines. Devant ou entre les deux orbites, et au-dessus de l'arc de la mâchoire supérieure, s'ouvrent les fosses nasales, sur les parois desquelles s'étend une membrane où s'épanouissent les nerfs de l'odorat.

Dans l'homme et les singes, où ces cavités sont les plus petites, leurs parois sont formées en bas et d'arrière en avant par l'inter maxillaire, le maxillaire et le palatin; en dedans, par le vomer et la lame verticale de l'ethmoïde; latéralement, par les maxillaires, le cornet inférieur et le palatin; supérieurement, par les os du nez, les masses latérales de l'ethmoïde, et le plafond qui les réunit à la lame verticale.

Dans les fourmiliers, outre tous ces os, les fosses

nasales sont circonscrites postérieurement par l'aile interne très-élargie de l'apophyse ptérigoïde, qui continue le plancher des palatins, de sorte que l'orifice des arrière-narines se trouve sous le basilaire (1).

De la bouche. Cette cavité est circonscrite en bas, 1° par les deux branches du maxillaire, latéralement et en arrière par l'hyoïde, en haut par l'inter-maxillaire, le maxillaire et le palatin, et dans les fourmiliers, par la partie horizontale des lames internes des apophyses ptérigoïdes. En général, le nombre des os de la base du crâne qui répondent à la bouche, varie selon la position plus ou moins reculée de la ligne qui joint les deux articulations de la mâchoire au crâne. Ainsi tous les os de la base du crâne y répondent chez les cétacés. Tous les contours des os formant le plafond de la bouche, sont articulés. Les deux inter-maxillaires sont toujours, excepté dans les cétacés ordinaires, le dugong, les tatous, etc., antérieurement percés près de leur bord interne, ou échancrés sur ce bord. Leur double échancrure forme un trou unique, de grandeur variable pour laisser anastomoser des vaisseaux du nez et de la bouche. Ce trou se nomme incisif. Il est double quand chaque inter-maxillaire est

(1) Les baleines ont les narines osseuses construites sur un plan particulier dont j'ai donné le premier la description aux mots *baleine* et *évents*, du *Dict. classiq. d'hist. nat.*

6

percé, par exemple, chez les ruminants, les chevaux et les cochons.

La fosse temporale n'est séparée de la face que dans l'homme et les quadrumanes. Au-delà, elle est plus ou moins continue avec l'orbite, à mesure que les apophyses orbitaires du frontal et du jugal se raccourcissent, et, par conséquent, s'écartent l'une de l'autre.

Cette fosse est d'autant plus grande que l'arcade zygomatique est plus convexe en dehors, et que les parois du crâne sont moins écartées de l'axe de la tête. Sa grandeur mesure le volume des muscles élévateurs de la mâchoire.

    2.° *Dans les oiseaux et les reptiles.*

Des narines. Dans ces deux classes, moins les crocodiles, les narines s'ouvrent dans la bouche au-devant des palatins, entre le bord antérieur de ces os en arrière, l'inter-maxillaire en avant, et les maxillaires en dehors. Le vomer unique chez les oiseaux et les tortues, double dans les moniteurs et les lézards, sépare les deux trous de cette ouverture.

Chez les crocodiles, c'est derrière le bord postérieur du ptérigoïdien interne, et chez les batraciens, entre les palatins et les vomériens eux-mêmes, que les narines s'ouvrent dans la bouche.

Dans les crocodiles et les tortues, l'inter-maxillaire ne donne pas de branche inter-nasale à l'ouverture antérieure des narines. Cette branche inter-nasale ou montante est commune au reste des ovipares sans exception, que l'inter-maxillaire soit double comme dans les oiseaux et les batraciens, ou bien qu'il soit unique et impair comme dans les monitors, les iguanes et tous les lézards ordinaires, les serpents et plusieurs oiseaux.

Plus la branche inter-nasale ou montante de l'inter-maxillaire acquiert de grandeur et surtout d'épaisseur, plus le nasal et le maxillaire supérieur perdent de leurs proportions, et plus les narines sont déjetées latéralement et tendent à devenir superficielles en perdant leur voûte osseuse. On verra au chapitre du nerf olfactif que ce nerf est généralement développé en raison inverse de cette branche inter-nasale de l'inter-maxillaire.

Dans les oiseaux et les reptiles, le contour des narines est formé supérieurement, et au milieu, par l'épine inter-nasale et le nasal double ou unique, quelquefois même, par exemple, les chélydes, par une double épine des frontaux principaux séparant les os du nez; latéralement par ces mêmes os quelquefois très-larges, par exemple, chez les tortues et par les portions faciales du maxillaire et de l'inter-maxillaire.

Ces parties faciales n'existant pas dans les monitors, où l'épine nasale unique n'est qu'un stylet grêle, les narines n'ont pas de plafond osseux. On verra que dans les poissons, elles n'ont même aucune paroi osseuse.

Dans les oiseaux, l'épine inter-nasale de l'inter-maxillaire se porte entre les nasaux jusqu'à l'ethmoïde intercalé aux frontaux antérieurs.

Le plancher des narines est formé par la partie palatine des seuls inter-maxillaires, dans les batraciens et quelques oiseaux; des inter-maxillaires et des maxillaires, des cornets et des vomériens inférieurs dans les moniteurs et les serpents; par tous ces os et de plus par les palatins et les ptérigoïdiens internes dans les crocodiles. Il n'existe de trou incisif qu'aux narines des crocodiles, où il est très-petit et unique, et à celles de quelques oiseaux, les canards, par exemple. Il manque aux tortues, aux batraciens, aux serpents, et au plus grand nombre des lézards et moniteurs.

La cloison des narines est formée par un double vomer supérieur dans les moniteurs, les lézards, les batraciens et les serpents. Dans les crocodiles, la portion additionnelle des narines a ses deux tubes séparés par une cloison résultant, en arrière de deux hautes arêtes qui se répondent verticalement et prolongent dans ce sens le plafond et le plancher du ptérigoïdien, et, en avant, d'un demi-cylindre que projette l'arête supérieure, pour former le plafond et la paroi interne de la portion de narine, dont le palatin forme le plancher.

La lame verticale de l'ethmoïde, qui n'existe que dans les oiseaux, ne donne de cloison nasale que par son bord antérieur.

Des orbites. L'orbite des oiseaux et des reptiles a pour paroi supérieure l'arcade des trois frontaux que borde antérieurement dans les oiseaux et une espèce de crocodiles un os appelé sur-orbitaire, articulé avec le frontal principal dans les oiseaux, avec le frontal antérieur dans les monitors. Mais dans beaucoup de lézards il y a jusqu'à trois sur-orbitaires le long du bord de cette arcade.

Dans les tortues, le grand évasement du nasal lui fait occuper, dans la paroi antérieure et moyenne de l'orbite, la place du frontal antérieur qui n'existe pas. Ou bien c'est le nasal qui manque, si l'on fait de cet os un frontal antérieur, avec M. Cuvier. (*Loc. cit.*)

Antérieurement, le lacrymal qui n'existe que dans les oiseaux, les crocodiles, les lézards ordinaires; inférieurement, le maxillaire, le jugal, et en arrière le frontal postérieur, achèvent le cadre de l'orbite, excepté chez les serpents qui n'ont ni jugal, ni frontal antérieur, mais seulement un lacrymal, et chez les batraciens qui n'ont pas de lacrymaux et où le jugal ne contribue pas au cadre de l'orbite. Son plancher, quand il existe, par exemple chez les monitors et les serpents, est formé par le palatin et les deux ptérigoïdiens interne et externe.

La cloison inter-orbitaire n'est complète que dans les oiseaux, qui la doivent à la lame verticale de l'ethmoïde manquant chez tous les reptiles, où ce qui existe de cloison n'est formé que par le devant des ailes sphénoïdales.

De la bouche. La bouche règne sous tous les os de la base du crâne chez les reptiles et les oiseaux, où le jugal même, entre dans son contour. Dans les monitors trois os de plus que dans les oiseaux contribuent à la voûte du palais; ce sont les cornets et les vomériens inférieurs, et les ptérigoïdiens externes. De ces trois os les cornets sont de moins dans la bouche des serpents.

Le palais se prolonge jusque sous les occipitaux dans les serpents et les crocodiles.

Il existe des dents à tout le contour des inter-maxillaires et des maxillaires chez les crocodiles, les monitors et les lézards et les serpents sans crochets venimeux; de plus il y en a tout le long du palatin et de la moitié antérieure du ptérigoïdien interne dans tous les serpents; vers le milieu de la longueur de ce ptérigoïdien, dans la plupart des lézards ordinaires; aux vomers inférieurs dans les batraciens. Les tortues, les oiseaux et quelques batraciens n'ont pas le moindre vestige de dents. Leurs mâchoires sont garnies de lames de cornes.

Dans les serpents à crochets venimeux, où il est bien plus allongé que dans les serpents ordinaires, le ptérigoïdien externe, à qui le nom de *transverse*, juste ailleurs, ne peut convenir, puisque cet os est ici parallèle à l'axe de la tête, porte à son extrémité le maxillaire supérieur, à peu près cubique et mobile en charnière dans une gorge formée par le lacrymal en avant, et le frontal postérieur en arrière. De plus, dans tous les serpents, les lacrymaux, les nasaux, les inter-maxillaires, maxillaires, palatins, cornets et ptérigoïdiens, sont plus ou moins mobiles l'un sur l'autre. Il y a aussi dans la région ptérigo-palatine des monitors un peu de cette mobilité, qui y existe chez les oiseaux. Tous les autres reptiles ont les os de la face immobiles (1).

De la fosse temporale. On a vu au chapitre du crâne par quel démembrement de la boîte cérébrale, telle qu'elle existe dans les mammifères, était formée la fosse temporale des reptiles.

Dans les oiseaux, il n'y a que la caisse qui soit démembrée et mobile hors du crâne. La partie zygomatique, mastoïdienne et le rocher du temporal, continuent, comme chez la plupart des mammifères, de ne former qu'un seul os dans la paroi latérale et inférieure du crâne, entre l'occipital, le pariétal, le frontal postérieur et le sphénoïde. En

(1) Les oiseaux, les lézards et les serpents, ont le jugal seul ou avec le ptérigoïdien externe écartés du ptérigoïdien interne et du palatin, et ces deux derniers os, plus le maxillaire, écartés du sphénoïde et du vomer. Ils ont donc au palais deux arcades osseuses de chaque côté.

outre, la fosse temporale des oiseaux n'a pour parois, que la face supérieure de la caisse, l'inférieure
de l'apophyse orbitaire du frontal postérieur, et
une petite partie de l'aile sphénoïdale. Ni le pariétal,
ni les frontaux principal et antérieur, ni les trois
autres parties du temporal, ni les occipitaux, n'y
contribuent donc plus comme ils le font dans la plupart des autres reptiles, et chez les mammifères.

3°. *Dans les poissons.*

Les *fosses nasales* manquent à la face des poissons, et les quatre groupes distincts d'os pairs,
dont on va voir formé chacune de ses deux moitiés, sont, séparément, plus ou moins mobiles sur
une longue et forte quille, composée par le sphénoïde, le vomer et l'ethmoïde.

Ce dernier os exclusivement affecté à servir
de point d'appui aux inter-maxillaires, a une position plus antérieure que dans les autres classes. Il
repose très-peu sur le sphénoïde et presque entièrement sur le vomer toujours unique, et s'appuye
quelquefois en arrière et en haut sur la pointe du
frontal principal ou des frontaux antérieurs. Sa
crête supérieure est toujours la partie la plus proéminente de la face, quand la branche montante
des inter-maxillaires est peu ou point développée.

Dans tous les poissons la moitié antérieure du
crâne, formée par les frontaux principal et anté-

rieur en haut, l'épine du sphénoïde en bas, l'ethmoïde et le vomer en avant, représente en général
une pyramide à trois faces, dont la pointe est au
museau, et la base au-devant de la cavité cérébrale.

A droite et à gauche de cette pointe, formée par
le vomer en bas, l'ethmoïde en haut, sont fixés, par
des ligaments, les inter-maxillaires. Ces os ont deux
branches toujours distinctes et quelquefois séparées, la frontale, ou montante et la dentaire, ou palatine, horizontale. S'ils sont très-protractyles, la
branche montante peut avoir les quatre cinquièmes de la longueur de la tête, et porter sa pointe
dans l'état de repos jusque sur le bord antérieur
de l'occipital supérieur après avoir glissé d'abord
sur la crête de l'ethmoïde, puis dans une cale longue et profonde des frontaux et des pariétaux. Tel
est le cas du zeus-faber, du sparus insidiator, etc.

Quand l'inter-maxillaire est peu protractyle, par
exemple chez les gades, les murènes, la branche
montante n'est qu'articulée sur la branche dentaire, et toutes deux sont séparément mobiles. La branche montante est même quelquefois divisée en deux
tiges parallèles. Cet excès de parties à l'inter-maxillaire est encore plus grand dans le zeus-faber déjà
cité; l'inter-maxillaire, unique de chaque côté, y
est formé de quatre branches séparées par de profondes échancrures.

Quand l'inter-maxillaire a ses deux branches

séparément mobiles, la dentaire seule est bien déve·oppée, et alors a son point d'appui seulement sur le vomer.

Quand le museau n'est plus du tout protractyle, par exemple dans les silures, le maxillaire et l'inter-maxillaire manquent tout-à-fait , et la mâchoire inférieure n'est unie, avec le plafond de la bouche, formé par le vomer très-large en avant, et par l'arcade ptérigo–palatine, très-large en arrière, que par un ligament tendu entre le milieu du bord du maxillaire inférieur et le bord du vomer.

Dans le cas de très-grand développement de l'inter-maxillaire, tel qu'au zeus-faber, les deux pièces qu'on a prises pour le nasal et le cornet inférieur n'existent pas. Ces pièces ne sont autre chose que la branche montante démembrée.

La branche dentaire très-développée s'articule par son extrémité postérieure sur la mâchoire inférieure; exemple, les murènes, et forme ainsi à elle seule le cadre supérieur de la bouche.

Le maxillaire supérieur ne porte jamais de dents. Il s'articule, ou sur le côté du vomer, ou sur le devant du palatin, ou même seulement sur la branche dentaire de l'inter-maxillaire, quand celle-ci est le plus développée, chez les murènes, par exemple. Son extrémité postérieure, ou bien reste inarticulée, ou bien s'articule sur le post-mandibulaire du maxillaire inférieur.

Dans un grand nombre de genres , l'extrémité

antérieure du vomer, élargie inférieurement en forme de disque, porte des dents appelées vomérien-
nes à cause de leur position.

C'est sur le contour antérieur de cette sorte de
disque que l'arc dentaire des inter-maxillaires s'appuie dans l'état de repos là où il est protractyle.

Sur les éminences ou apophyses orbitaires du
frontal moyen unique, s'articulent en dehors un
ou deux petits os quelquefois cubiques : ont peut
en faire les frontaux antérieurs.

La grande narine des poissons du genre *murena* est recouverte sur toute sa longueur par
une lame osseuse. Mais cette lame existe indépendamment des os dont on vient de parler. Elle est
partout inarticulée, et surtout est fort distincte des
frontaux.

Les *orbites* situées tout-à-fait latéralement, de
sorte que leurs axes sont en général sur le prolongement d'une même droite comme dans les oiseaux, ne sont très-souvent circonscrits supérieurement que par l'échancrure des os frontaux. Il n'y
a pas de trace de lacrymal, et les maxillaires n'en
font jamais partie. Mais dans un grand nombre de
genres, une chaîne de cinq à huit ou dix petites
lames osseuses, articulées l'une derrière l'autre, décrit un demi-cercle entre le frontal antérieur
en avant, et l'apophyse orbitaire du frontal postérieur en arrière. Il n'y a évidemment rien de semblable à ces os dans aucun animal des autres clas-

ses, si ce n'est l'arc sur-orbitaire des lézards, dont la situation est justement inverse. On verra plus loin pourquoi cet arc osseux est rompu par plusieurs articulations, au lieu d'être d'une seule pièce.

Inférieurement l'orbite est formée par un panneau résultant de l'expansion commune du jugal et du temporal aplatis, panneau que la caisse continue en haut et en arrière vers le pariétal.

La *bouche* des poissons, encore plus grande à proportion que celle des serpents, s'étend jusques au bord postérieur de l'occipital, et son palais se meut tout entier sur la base du crâne et sur l'axe solide de la face.

L'état presque toujours rudimentaire du maxillaire ne laisse réellement que deux arcades au palais, au lieu de quatre que nous y avons vus dans les serpents, les monitors et les oiseaux.

La chaîne du palatin et des deux ptérigoïdiens contigus l'un à l'autre et articulés en avant sur le palatin, et en arrière sur l'extrémité antérieure du préopercule seulement, ou en même-temps sur le jugal, forme de chaque côté l'*arcade ptérigo-palatine.*

Selon que le museau est plus ou moins allongé, la tête du palatin s'articule ou seulement avec une saillie inférieure du frontal moyen, correspondante au pilier frontal des sauriens, ou bien le palatin dépasse beaucoup l'extrémité du frontal, et, prolongé parallèlement au vomer, il s'appuie sur

le côté de cet os à une distance variable de son extrémité ou sur cette extrémité même. Alors l'arcade ptérigo-palatine s'arcboute deux fois sur la
base du crâne, par son extrémité antérieure sur le
vomer, et en arrière sur le frontal, par le ptérigoïdien externe. Tel est le cas du brochet.

Toujours cette arcade est séparée par un intervalle
plus ou moins grand de la quille osseuse du crâne,
c'est-à-dire du sphénoïde et du vomer sur lesquels
elle peut toujours jouer à cause de cet écartement.

Le ptérigoïdien externe existe plus constamment
que l'interne à cette arcade. Toujours aussi il est le
plus développé. L'interne le borde, quand il existe.

Les palatins seuls portent des dents dans un
grand nombre de genres. Les ptérigoïdiens n'en
portent jamais. Dans les reptiles, au contraire, où
l'arcade palatine porte des dents, elles s'implantent
seulement sur les ptérigoïdiens, excepté les serpents où les palatins en ont aussi.

Le jugal seul dans quelques genres, et dans
d'autres, le jugal et le préopercule ensemble, servent
d'arc-boutant à l'arcade ptérigo-palatine. Ce jugal
en bas, la caisse en haut et le temporal entre deux,
forment un seul panneau appuyé et mobile supérieurement sur le pariétal. Dans le cas de presqu'immobilité de la face, chez les silures par exemple, ce panneau est soudé avec l'arcade ptérigo-palatine.

Le maxillaire inférieur s'articule en dessous de

l'angle antérieur du jugal, tout près de l'articulation de l'arcade ptérigo-palatine qui se fait au
côté supérieur de cet angle. Les deux branches de
la mâchoire inférieure sont le plus souvent séparément mobiles, comme dans les serpents.

Enfin l'*opercule* forme le long du bord postérieur du panneau temporal, un autre battant toujours mobile d'environ douze à quinze degrés d'écartement latéral. Quatre pièces le composent ; la
principale et quelquefois l'unique est le préopercule, articulé tout le long du bord postérieur du
panneau précédent, sur lequel il n'est que très-
peu mobile ; le mouvement dépendant presqu'uniquement de l'élévation et de l'abaissement de la
caisse.

Des quatre pièces formant au complet ce
grand panneau qui occupe souvent plus de la
moitié de la face latérale de la tête, on a voulu
faire la représentation des quatre osselets de l'oreille interne des mammifères. Mais l'on ne s'est
pas aperçu que l'invariabilité des connexions des
os, principe plus général encore que celui de
leur existence d'après le même système, contredisait cette détermination. Car partout, dans les mammifères, c'est d'un point intérieur de la caisse à
un point extérieur du rocher que s'étend la chaîne
de ces osselets. Or, le préopercule, duquel des
quatre osselets qu'on en veuille faire le représen-

tant, s'articule à-la-fois le long de la caisse, du temporal, du jugal, et sur le condyle du maxillaire inférieur.

Ensuite on vient de voir un osselet auditif unique dans les reptiles et les oiseaux, sans que de ce déficit des autres, résultât l'existence réciproque de trois os surnuméraires, aux environs. Si ces trois osselets ne sont suppléés par rien dans les deux premières classes d'ovipares, pourquoi dans la troisième seraient-ils reproduits hors de leur place? Or, pour les os l'identité, ou bien, l'analogie, peut-elle être ailleurs que dans la position? Enfin comme les os des branchies, ainsi que je l'ai montré le premier (*Voy.* Branchies, *Dict. class. d'hist. nat.*), ne résultent ni d'une transposition ni d'une transformation des pièces du larynx, de la trachée et des bronches, puisque ces os coexistent avec le larynx et la trachée dans la sirène et le protée, et puis qu'ils sont ainsi des os particuliers; de même l'opercule qui les recouvre en dehors est coordonné avec l'organisation qui a nécessité ces os propres des branchies.

La moitié postérieure de la face des poissons, offre donc un large panneau répondant à leur poitrine située tout entière sous le crâne; et la moitié antérieure, une espèce de châssis dont les ouvertures correspondantes à celles de l'autre côté font de cette moitié antérieure une sorte de cage où sont situés les yeux, les narines membraneuses, et la bouche inférieurement.

Voici le mécanisme de toutes ces parties :

1^{b}. Tous les mouvements de l'inter-maxillaire s'exécutent sur la pointe de la pyramide qui termine le crâne proprement dit.

2°. Les mouvements de la mâchoire inférieure dans son élévation sont transmis, en avant à la pointe de cette même pyramide par le maxillaire ou l'inter-maxillaire articulés à peu près sur la moitié de la longueur de cette mâchoire, en arrière à l'arcade ptérigo-palatine, et, par cette arcade, encore à la pointe de la pyramide du crâne en avant, et postérieurement aux flancs du crâne par le panneau temporal.

3°. L'arcade ptérigo-palatine a un autre mouvement alternatif qui lui est imprimé lors de l'élévation et de l'abaissement de l'opercule, dont elle est réellement l'arc-boutant inférieur, la caisse en étant plutôt le levier.

4°. La chaîne sous-orbitaire est mise en mouvement alternatif par l'arcade ptérigo-palatine; et la multiplicité des pièces écailleuses de cette chaîne facilite son soulèvement par l'œil qui se trouve pressé contre elle dans l'élévation de l'arcade ptérigo-palatine, plancher constant de cet organe.

5°. Enfin l'opercule dont l'écartement alterne

avec l'élévation de la mâchoire inférieure et réciproquement, a, par l'intermédiaire de la caisse que
termine supérieurement un vrai condyle, son
point d'appui principal et son centre de mouvement dans une cavité que circonscrivent le frontal
postérieur en avant, le pariétal en haut, le mastoïdien en arrière, le rocher et le sphénoïde en
bas. C'est au mastoïdien que sont fixés les muscles
moteurs de l'opercule ; aussi le mastoïdien est-il
d'autant plus développé que l'opercule a plus de
largeur.

CHAPITRE II.

MÉCANISME DU CRANE EN GÉNÉRAL.

Considéré sous le rapport mécanique, le crâne
résiste et se meut. Sa résistance peut comme ses
mouvements être partielle ou de totalité. Par sa
résistance il protège contre les chocs extérieurs,
les organes des sens et le cerveau, qu'il maintient
aussi dans des positions fixes et constantes. Par ses
mouvements de totalité sur le cou, il est un organe
puissant d'attaque, d'impulsion et de défense chez
un grand nombre d'animaux, et chez tous, par
les mouvements qu'exerce sur sa base une fois

fixée, la mâchoire inférieure, il contribue à opérer la partie purement mécanique de la digestion.

1°. *Mécanisme du crâne dans ses mouvements de totalité, et dans ceux de ses diverses régions.*

Dans tous les vertébrés en général, le crâne représente un levier dont la puissance est placée à l'extrémité postérieure à-peu-près dans un même plan, vertical, oblique ou horizontal, que le point d'appui, et dont la résistance est située à l'extrémité libre ou antérieure. Ce plan est celui de l'occiput.

La direction verticale ou horizontale du plan de l'occiput, dans lequel se trouvent à la fois la puissance et le point d'appui, influe beaucoup sur la proportion de puissance nécessaire à mouvoir la même masse.

Dans l'homme et le chimpanzé, par exemple, où ce plan est à peu près horizontal, le point d'appui étant peu postérieur à la direction de la ligne passant par le centre de gravité, une très-faible portion de la puissance des muscles cervicaux suffit à maintenir en équilibre la tête, qui par la position et la forme de son articulation, tomberait en avant. Aussi les surfaces musculaires de l'occiput y sont-elles le plus petites possible.

Dans les autres singes, ce plan est à-la-fois incliné à l'horizon et perpendiculaire à la colonne cervicale, attendu l'attitude ordinairement oblique de ces animaux. Il en résulte que la tête pèse plus au bout de son levier, que par conséquent son équilibre exige plus de puissance, et que les surfaces où s'applique cette puissance doivent avoir plus d'étendue. Et comme cet agrandissement des surfaces musculaires doit tout entier se faire au-dessus du point d'appui, on voit que les insertions des muscles doivent s'étendre à des parties supérieures de l'occiput, qui dans l'homme sont tout-à-fait libres et dégagées.

Enfin ce plan est vertical dans les autres mammifères marcheurs, nageurs ou voiliers, direction qui, indépendamment de la plus grande masse de leur face, nécessite des forces motrices encore plus énergiques, et, par conséquent, de plus grandes surfaces osseuses. Mais cet agrandissement des surfaces, sans beaucoup changer l'aire ou la circonférence du plan de l'occiput, résulte essentiellement de cavités et surtout de reliefs très-proéminents. Car il est évident, dans un même plan, que l'accroissement des surfaces est proportionné au nombre et à la nature des courbes génératrices de ces surfaces.

La figure extérieure des os compris dans le plan de l'occiput, est donc relative à la somme des forces motrices de la tête.

Cela posé, la puissance des muscles et par con-

séquent l'étendue des surfaces occipitales de leur
insertion doit croître en proportion de la masse
du crâne et de la répartition de cette masse vers
l'extrémité antérieure ou vers la face. Or toutes ces
éminences, ces creux et ces saillies qui hérissent la
face externe des os compris dans le plan de l'occiput,
rendent nécessairement leur épaisseur très-inégale,
car la face interne ne suit nullement l'externe dans ses
variations. Cette face interne dans les mammifères, les
oiseaux et quelques reptiles, ophidiens surtout, est
déterminée par la figure du cervelet et des extrémités du cerveau. Les courbes qui engendrent cette figure sont peu excentriques et sans ondulations. Par
conséquent, lorsque les saillies des os de l'occiput
sont prononcées, l'épaisseur doit être très-grande :
et par conséquent l'étendue de la surface interne des
os peut n'être qu'une très-petite fraction de l'externe.
Et comme la figure n'est pas moins différente, on
voit que la forme externe de ces os ne peut rien ap-
prendre ni sur le volume ni sur la figure des parties
cérébrales qu'elles renferment. Cette fraction peut
être moindre que le vingtième : telle est, par exemple, la proportion dans les crocodiles, la plupart
des sauriens, dans presque tous les batraciens. Elle
n'est guère plus avantageuse dans les éléphants,
les rhinocéros, les baleines et cachalots, les morses,
les bœufs et les felis, parmi les mammifères, et dans
tous les poissons osseux.

Dans tous ces animaux, ces os ont presque tous

léur plus grande dimension en épaisseur, et leur face externe n'a aucun rapport avec l'interne. Par conséquent, le contour de leur assemblage ne peut indiquer ni l'amplitude ni même la figure de la cavité circonscrite par leurs surfaces internes.

Or, dans tous ces animaux, où la plus grande circonférence du crâne est justement dans le plan vertical passant par le trou occipital, le cervelet, dont on a voulu faire l'organe, ou bien excitateur, ou bien modérateur des mouvements, est nécessairement très-petit à proportion. Il est même tout-à-fait nul dans les batraciens, dont plusieurs sont si agiles, qui tous sont si ardents à s'accoupler, et qui, pourtant, d'après ces systèmes, devraient être, et si lents, et si apathiques.

Or l'étendue des surfaces musculaires de l'occiput, (les mastoïdiens y sont compris, dans les mammifères, les temporaux et la caisse dans les reptiles, et en outre le pariétal unique dans les monitors, les caméléons et les lézards, double dans les tortues, etc.), est en rapport direct et constant d'une part avec la longueur et la masse de la face, et d'autre part avec l'énergie des chocs et des pressions que sa base doit éprouver de la part de la mâchoire inférieure.

Or, ces deux conditions mécaniques de la face, savoir, 1° sa longueur et sa masse, et 2° sa solidité et sa résistance, sont toujours en raison inverse l'une de l'autre. Voici pourquoi :

Plus la face osseuse, et, par conséquent, la mâchoire inférieure, est longue, plus la résistance augmente au bout des leviers qu'elles représentent, plus forte doit être la puissance et plus solide le point d'appui.

Mais 1° la résistance se compose de deux éléments. C'est d'abord le poids de la mâchoire même qui croît comme le carré de la longueur, et ensuite le poids, l'adhérence, ou le contre-effort de tout ce qui doit être soulevé, emporté ou brisé par l'animal ; c'est enfin la résistance d'une proie qui s'échappe, d'un ennemi qui se défend. 2° La puissance, ce sont les muscles temporo-maxillaires dont la masse doit croître dans le même rapport que la résistance : ce qui, si les deux éléments de la résistance sont combinés, nécessiterait des muscles énormes. 3° Enfin le point d'appui, ou la solidité, pris sur le cou, dépend de la masse des muscles cervicaux.

Or, jamais la longueur et le poids du levier ne se trouvent combinés avec le second élément de la résistance, c'est la combinaison contraire qui a constamment lieu. De sorte que, quand la face, et, par conséquent, le crâne, sont très-longs, constamment l'énergie de la pression ou du serrement de la mâchoire contre leur base est au *minimum*.

Le crâne n'a pas alors besoin de prendre sur le cou un point d'appui qui conserve à cette pression toute son efficacité, et, par conséquent, la puissance qui agit du cou sur le crâne n'est employée qu'à produire l'équilibre de celui-ci. Or, on conçoit que cette puissance peut être d'autant moindre qu'à égalité de longueur le crâne aura moins de masse. On peut s'en faire une idée en comparant les proportions inverses de l'occiput dans les baleines et les cachalots, opposés aux fourmiliers, aux pangolins parmi les mammifères ; dans les serpents venimeux à face si courte, opposés aux crocodiles à face si allongée et si massive chez les crocodiles ; aux fistulaires et aux orphies, opposés aux gades et aux silures chez les poissons ; enfin, aux aigles, aux vautours, opposés aux bécasses, aux courlis, etc., chez les oiseaux.

Réciproquement, selon que pour une longueur donnée du crâne, le second élément de la résistance équivaudra à deux ou trois fois la proportion du premier sans lui, c'est-à-dire, si la dureté des corps à briser, le poids de ceux à emporter, etc., équivaut à deux, trois, quatre fois l'effet de la longueur sans le second élément de résistance, le crâne pourra être deux, trois, quatre fois plus court à proportion qu'un autre, et avoir un occiput deux, trois ou quatre fois plus grand à proportion.

Les exemples s'offrent en foule dans tous ces genres de résistance : tels sont les lions, les hyènes chez les carnivores, l'éléphant, le rhinocéros, le sanglier, la plupart des rongeurs, opposés aux ruminants, aux chevaux et aux tatous, etc., chez les mammifères.

La grandeur des surfaces d'insertion musculaire prises sur *l'anneau* ou *segment occipital*, mesure donc l'énergie avec laquelle les muscles cervicaux agissent sur la tête dans tous les vertébrés, soit pour la mouvoir, soit pour la fixer. Et l'on a vu que cette surface croît d'autant plus que l'interne est plus petite, ou, ce qui est la même chose, que le cervelet est moindre et même n'existe plus (1).

Dans le *second anneau* du crâne formé en haut par les pariétaux, en bas par le sphénoïde postérieur et ses ailes, les surfaces extérieures ont une étendue et une figure relatives à la force des muscles de la mâchoire inférieure. Telle est, à cause de cela, dans presque tous les carnivores, l'opposition de la face interne à la face externe des os formant la partie supérieure de cet anneau, que, là où le crâne a le plus de diamètre extérieur, il en a le moins en dedans, et réciproquement.

Le fond de la fosse temporale du tigre, du lion, du loup, etc., répond à la partie latérale la plus

(1) On montrera plus loin combien certaines personnes qui font du cervelet, l'une, l'excitateur spécial, l'autre, le modérateur et le balancier des mouvements, sont en contradiction avec les faits et la nature des choses. On en peut déjà juger par le simple résultat précédent.

saillante du cerveau, et la partie latérale la plus saillante de leur crâne, l'endroit du temporal d'où part l'arcade zygomatique si excentrique de ces animaux, répond justement à la partie la plus rétrécie de la cavité cérébrale; de sorte que, sur le diamètre d'une arcade zygomatique à l'autre, cette cavité n'occupe guère plus du quart ou du tiers.

La dépression du pariétal et de la partie écailleuse du temporal d'une part, et d'autre part l'écartement de la partie zygomatique de ce dernier os et de son arcade d'autre part, mesurent directement par l'aire de la fosse temporale qu'ils circonscrivent la masse des muscles temporal et masseter, et, par conséquent, l'énergie du mouvement de la mâchoire inférieure. Au contraire, dans les fourmiliers, les pangolins et les baleines, la fosse temporale est presque effacée; aussi, les mouvements de la mâchoire inférieure édentée, y sont-ils d'une infiniment petite énergie, puisqu'ils n'ont plus pour objet que de fermer simplement cette mâchoire sans la serrer contre celle d'en haut.

Le *troisième anneau* du crâne, formé par la partie postérieure des frontaux, et par le sphénoïde antérieur et ses ailes, n'a point d'usage particulier dans les mouvements chez les mammifères. Il contribue plus ou moins à l'agrandissement de la fosse temporale.

Enfin une paire de lobes très-importante, les

olfactifs dont personne n'avait encore parlé, occupent dans un *quatrième segment* du crâne,
chez plusieurs mammifères , quelquefois le quart
ou même le tiers de la cavité cérébrale.

Or, il ne peut y avoir, excepté chez plusieurs
rongeurs , par exemple les hamsters, campa-
gnols, etc., aucun indice extérieur de la grandeur
ni de la figure de ces lobes, parce que la cavité de
ce quatrième segment s'engage entre les deux orbites, dans le haut de la face, et qu'en cet endroit
l'amplitude du crâne peut dépendre de plusieurs
autres causes, par exemple, la grandeur des alvéoles des incisives, des sinus frontaux, etc.

Les os de ce quatrième anneau, c'est-à-dire, les
frontaux antérieurs et l'ethmoïde, mesurent assez
bien par leur étendue la mobilité de la partie maxillaire de la face des poissons, on a vu que ces os
ont une proportion démesurée dans le crâne du
zeus faber , du sparus insidiator, à museau le plus
protractile parmi les poissons.

C'est du panneau temporal et de la quille sphé-
no-vomérienne des poissons que partent les muscles moteurs des inter-maxillaires, maxillaires supérieurs et inférieurs.

On a vu dans le chapitre précédent le détail de
ce mécanisme particulier de la face des poissons.

Ainsi donc, plus énergiques sont les mouvements,
plus solide est le point d'appui de la tête sur le cou,
plus énergiques aussi sont les mouvements de la

mâchoire sur la tête, et plus la forme extérieure du crâne diffère de celle de la cavité cérébrale dans les trois premières classes de vertébrés et réciproquement.

Mais comme dans le cas de ces relations réciproques ou inverses de la forme extérieure à la forme intérieure du crâne, de nouvelles causes s'opposent encore à la correspondance parfaite du volume et de la figure du cerveau avec le volume et la figure extérieure du crâne, nous allons examiner en quoi consistent réellement ces correspondances de la prétendue constance desquelles dérive la cranioscopie.

Correspondance de la forme du crâne avec celle du cerveau.

On vient de voir que la condition la plus favorable à cette représentation de la forme du cerveau par celle du crâne, c'est chez les mammifères l'application des plus petites forces motrices, du cou à l'occiput, et des tempes à la mâchoire. Dans ce cas, les surfaces du crâne, relatives à cette application, ont le moins d'étendue possible. Et, comme chez les mammifères l'ossification est plus lente que dans les ovipares, qu'en conséquence la voûte du crâne est plus long-temps membraneuse ou cartilagineuse; comme le cerveau de tous ces animaux remplit exactement, à une mince couche de liquide près, la cavité du crâne, dont les parois le pressent tout en se dilatant pour lui céder, on voit que tant que les parois du crâne seront flexibles, elles se mouleront sur la forme du cerveau. Et comme la table extérieure des os ne donne attache à aucun muscle, qu'en outre aucune prolongation de cellules, soit auditives, soit olfactives, ne s'interpose entre cette table et l'intérieure ; ces deux tables se tiennent à une distance à peu près uniforme sur tout leur contour. Dans toute son étendue, la forme du crâne représente donc celle du cerveau.

Mais partout où des prolongements des cavités olfactives et auditives s'interposent entre ces deux tables (et ces prolongements peuvent circonscrire tout le crâne, par exemple, chez les cochons et les buffles, pour l'organe de l'odorat, parmi les mammifères; chez les oiseaux de nuit, pour le sens de l'ouïe, etc.), alors la table extérieure est nécessairement écartée très-inégalement de l'interne dans tout son pourtour. Car ces cellules peuvent, suivant les espèces et même selon les individus, varier beaucoup pour les espaces et les épaisseurs qu'elles occupent. A plus forte raison, quand tout le crâne est circonscrit par ces cellules, l'écartement irrégulier des deux tables peut-il être tel que sur quelque diamètre de la cavité cérébrale que passe une coupe du crâne, l'aire de section de la cavité sera douze ou seize fois, etc., plus petite que l'aire de la section du crâne. (*Voy.* pour le buffle du Cap, et pour le sanglier, mes histoires des genres bœuf et cochon, *Dict. classiq. d'hist. nat.*)

Dans tous les cas, la forme du cerveau n'est donc représentée que par celle de la cavité du crâne chez les mammifères, et il en est de même chez les oiseaux par les mêmes raisons.

Mais dans la plupart des reptiles et dans tous les poissons, le volume du cerveau est quelquefois moindre que le tiers et même que la moitié de la capacité du crâne. L'intervalle est rempli par de l'eau à la surface du cerveau, et plus en dehors par une couche d'huile à demi-concrète chez les poissons osseux. Dans les raies et les squales, il n'y a que de l'eau. Or, il faut bien que les mouvements d'expansion du cerveau, n'influent pas sur la forme de la cavité du crâne, par la pression des épaisses couches d'eau et d'huile interposées. Car la forme de cette cavité ne répond réellement pas à celle du cerveau. Dans toutes ces classes, la forme de la cavité du crâne ne représente donc pas celle du cerveau. Or, cependant chez les raies et les squales, l'état cartilagineux et même membraneux de la voûte du crâne, devrait se prêter à recevoir l'empreinte du cerveau si elle lui était réellement transmise par les couches de liquide interposées.

Pour que les parois intérieures du crâne se moulent sur le cerveau, le contact ou la juxta-position presqu'immédiate d'une part, et d'autre part l'état de flexibilité de ces parois, sont donc nécessaires. Et cela arrive seulement dans les mammifères, et aussi dans les oiseaux, où les progrès de l'ossification, quoique bien plus prompts que chez les mammifères, y sont pourtant encore devancés par le développement du cerveau.

Et comme le cerveau est formé de plusieurs renflements ou lobes séparés, ayant chacun une figure et un volume déterminés chez les espèces, leur empreinte moulée sur les parois juxta-posées permettra de juger ainsi le volume et les proportions respectives. Et le moulage est si exact, que les sillons de chaque lobe, et à plus forte raison les rainures séparant les lobes entre eux, sont marqués en relief sur leur enveloppe. J'ai le premier, dans mes histoires des mammifères (*Dict. class. d'hist. nat.*), déterminé, par cette corrélation, les prédominances des sens les uns sur les autres, et les rapports des organes de ces sens avec le cerveau proprement dit, c'est-à-dire, avec l'organe de l'intelligence.

Mais ces reliefs, ces lignes onduleuses qui représentent sur la table interne du crâne des mammifères et des oiseaux les sillons et les rainures de la surface du cerveau, n'ont rien qui les représente extérieurement, même dans le cas du parallélisme des deux tables du crâne chez les quadrumanes et chez l'homme. On ne peut donc, même chez eux, connaître par la face extérieure du crâne, la configuration de chacune des parties du cerveau, ni même les proportions respectives de ces parties, à moins que l'une d'entre elles ne soit beaucoup en-deçà ou beaucoup au-delà des limites propres à l'espèce. Ainsi, dans les idiots de naissance, le déficit du plus grand nombre des convolutions des différents lobes du cerveau proprement dit, est indiqué par l'excès de rétrécissement et de compression de la surface correspondante du crâne.

Enfin, comme le contact ou la juxta-position très-voisine des parties cérébrales à leurs parois osseuses, est nécessaire au moulage des unes sur les autres, on voit qu'il ne peut y avoir de correspondance entre la forme et la figure d'une partie cérébrale profondément située ou recouverte par d'autres, et aucune portion soit intérieure, soit extérieure des surfaces du crâne. Par exemple, chez l'homme et les singes, aucune correspondance de figure ou de grandeur ne peut être aperçue entre un endroit quelconque du crâne, et les lobes optiques, les couches optiques, les corps striés, la voûte à trois piliers, etc.

Chez les singes et l'homme lui-même, l'influence du rapport entre la forme du crâne et la quantité du mouvement appliquée au crâne et à la mâchoire, se fait encore sentir en comparant les âges entre eux. Tout le monde est frappé de la prédominence du crâne sur la face, dans les nouveau-nés. Or cette petitesse de la face dépend

surtout de l'état de germe où sont alors les dents.
Il n'y a pas de mastication, et tout le mécanisme de la mobilité de la tête consiste à la tenir
dans son équilibre. Aussi alors la fosse temporale
est-elle à proportion très-petite comme les muscles
moteurs de la mâchoire, et par conséquent l'occiput a peu d'étendue, et le cou peu de masse. A la
vérité, cette petitesse de l'occiput et du cou coïncide
aussi avec celle du cervelet. Mais la disproportion
du volume actuel au volume définitif du cervelet
est bien moindre que celle de la fosse temporale de
l'enfant à celle de la fosse temporale de l'adulte. Et,
comme on a vu que la plus grande dimension relative de l'occiput coïncide chez les reptiles avec la
plus extrême petitesse et même la nullité du cervelet, on voit qu'il n'y a aucune probabilité que chez
l'homme la petitesse de la nuque soit liée à celle du
cervelet. La démonstration en est péremptoire dans
les cynocéphales, les guenons et les gibbons, où le
cervelet est à proportion plus petit que dans l'homme, et où l'occiput grandit comme la fosse temporale et la proéminence de la face.

On ne peut donc trouver à l'extérieur du crâne
de mesure fixe, soit de la grandeur, soit de la forme du cerveau, ni par conséquent aucun signe
général et spécial de telle ou telle faculté intellec-
tuelle ou instinctive.

Il n'en est pas de même des relations que les cavités de la face ont avec les organes des sens.

La grandeur des cavités nasales, oculaires et auditives, celle des trous et des conduits qui y transmettent les nerfs, mesurent directement la grandeur et le volume de ces nerfs et des organes de ces sens. Et comme chacun de ces organes et le nerf qui en est la partie la plus essentielle, correspondent à un organe cérébro-spinal qui leur est toujours proportionnel ; comme nous prouverons ailleurs que cet organe a d'autres fonctions que celles relatives au sens qui y correspond, qu'il est lié nécessairement aux instincts, aux penchants des animaux ; on voit que les signes extérieurs de ces facultés se trouvent partout ailleurs que là où M. Gall les a placés.

La quantité dont se renflent à la base du crâne le rocher et la partie contigue du sphénoïde, mesure directement dans les poissons le développement de l'organe de l'ouïe ; ces os forment le fond de la cavité qui contient le sac des pierres et la partie inférieure du labyrinthe membraneux, c'est-à-dire, les ampoules des canaux demi-circulaires.

2°. *Mécanisme du crâne et de la face pour résister, et pour protéger le cerveau et les organes des sens.*

Dans les mammifères et tous les reptiles, moins les serpents, le crâne et la face ne forment qu'un seul et même système mécanique pour la résistance et le mouvement. Par conséquent, sur quelque

8

point du système qu'un choc arrive, il tend à se
répartir sur toutes les pièces qui servent à en-
claver l'os frappé. Et, selon le groupement de ces
pièces, l'effort se transmet au sommet de la courbe
opposé à l'endroit frappé, si cet endroit est à la
surface du crâne proprement dit. Et si le choc a
frappé la face, le mouvement peut se transmettre
à la fois au sommet opposé, à la voûte et à la base
du crâne.

Ainsi, dans un coup sur le vertex de l'homme,
le choc se transmet à droite et à gauche jusqu'à la
base du crâne, en se décomposant suivant les courbures des os, et le nombre et le plus ou moins de
solidité de leurs articulations.

Ainsi, encore dans le choc des dents par le rapprochement des mâchoires, le mouvement parvient
au sommet du crâne le long des piliers convergents
que représentent, entre la voûte du palais et l'é-
chancrure nasale des frontaux, les apophyses montantes des os maxillaires et inter-maxillaires. Le
choc imprimé aux molaires d'en haut, aboutit par
les palatins aux apophyses ptérigoïdes, véritables
arc-boutants, qui le rendent au sphénoïde, sommet de la courbe inférieure du crâne. Une autre
partie de ce choc parvient au même endroit par
les arcades zygomatiques et le temporal. Or, on
voit justement la masse et la solidité de ces piliers,
de ces arc-boutants, croître comme l'énergie des
chocs et des pressions de l'extrémité de la mâ-

choire inférieure contre la supérieure dans les carnassiers et les rongeurs.

Dans les oiseaux et les serpents c'est un mécanisme tout contraire. A mesure que croît l'effort
de la mâchoire ou du bec inférieur sur le supérieur, à mesure diminue la proportion de mouvement transmise au crâne.

Sur les trois directions, dans lesquelles on vient
de voir cette transmission s'opérer, la jonction de
la face avec le crâne ne se fait plus par de larges
surfaces, mais seulement par des bords, ou des
pointes, dont l'aire totale n'est pas la vingtième
partie des surfaces d'union que comporterait la
base de la face. Et en outre les articulations de ces
bords et de ces pointes sont toujours mobiles, par
glissement ou par élasticité. Ainsi l'arcade ptérigo-
palatine des oiseaux et des serpents glisse toujours
au milieu de sa longueur, sur le côté de l'épine
du sphénoïde, en arrière sur la caisse, et par la
caisse sur le crâne. Le vomer des oiseaux glisse à
son tour sur la pointe de l'épine du sphénoïde.
D'un autre côté, l'arcade zygomatique des oiseaux
glisse sur la caisse et par la caisse sur le crâne.
Enfin, le bord d'union de la face avec le crâne,
formé par le pilier inter-nasal résultant des os nasaux et des branches montantes des inter-maxillaires, et par les deux piliers latéraux résultant
des branches latérales des inter-maxillaires et des
maxillaires tout entiers, est élastiquement mobile

par une sorte de ressort. Et comme toute la longueur de la cloison des orbites formant au moins
le quart de la longueur de la tête, sépare cette
articulation de la boîte cérébrale, on voit que très-
peu de mouvement doit se transmettre au crâne,
proprement dit, à travers cette distance et ces dé-
compositions multipliées.

Dans les poissons, comme on l'a déjà vu, aucun choc ne peut être transmis au crâne par
la face, dont les cinq groupes d'os sont séparément mobiles l'un sur l'autre, soit par glissement,
soit par ginglimes.

Cette mobilité de tous les groupes des os de la face,
l'un sur l'autre, paraît d'abord contraire au libre
exercice des fonctions des sens. Mais il faut observer que, chez tous les poissons osseux, hors les
murènes, l'organe de l'odorat est toujours rudimentaire, et toujours situé superficiellement à l'extérieur de la face. Il n'y a réellement que l'œil
situé dans une cavité de la face. Or, dans ces animaux, l'œil est toujours plus petit que la cavité
dans une proportion plus forte que chez les autres
animaux, et la limite à laquelle s'élève l'arcade
ptérigo-palatine, qui forme toujours le plancher de
l'orbite, n'est jamais telle que l'œil puisse être
comprimé. Les graisses, fluides qui l'entourent,
débordent alors inférieurement sur la membrane
palatine, et soulèvent à l'extérieur l'arcade sous-
orbitaire, d'autant plus mobile qu'elle n'est pas

d'une seule pièce, mais brisée quelquefois en une douzaine de petites lames imbriquées, comme celles de la mentonière d'un casque.

Quand le cadre de l'orbite est complété par cette chaîne, il donne une mesure directe de la grandeur de l'œil.

LIVRE DEUXIÈME.

SECTION PREMIÈRE.

DU SYSTÈME CÉRÉBRO-SPINAL EN GÉNÉRAL.

J'appelle système cérébro-spinal l'ensemble du grand appareil d'organes médullaires ou nerveux, formant l'axe de tous les animaux vertébrés, et constamment enfermé dans l'étui osseux du crâne et de la colonne vertébrale, où il reçoit l'embranchement de tous les nerfs des sens et du mouvement.

Ce système comprend donc la continuité des parties nervo-médullaires, étendues de l'extrémité antérieure de l'encéphale à l'extrémité postérieure de la moelle épinière.

Ainsi déterminé, le système cérébro-spinal n'existe réellement que dans les animaux vertébrés.

Cette détermination exclut l'équivoque et l'erreur de la plupart des anatomistes qui appellent cerveau dans les mollusques, et moelle épinière dans les anélides et les insectes, des parties dont la structure et la composition moléculaire n'ont aucune analogie prouvée ni même probable avec le système cérébro-spinal des vertébrés, système qui n'est même pas constamment semblable sous ces deux rapports.

CHAPITRE PREMIER.

ENVELOPPES MEMBRANEUSES DU SYSTÈME CÉRÉBRO-SPINAL.

J'ai, dans le premier livre, décrit la composition et le mécanisme de l'enveloppe osseuse du système cérébro-spinal. Et comme chez les mammifères et les deux premières classes d'ovipares, la dure-mère ou le périoste interne des os du crâne, prolongée dans le canal vertébral sous forme de tube, adhérent seulement au contour de l'atlas, et écarté des parois du canal dans tout son trajet ultérieur, constitue la plus extérieure des enveloppes membraneuses du système cérébro-spinal; j'ai dû décrire cette membrane en même temps que l'enveloppe osseuse.

J'ai dit que l'intervalle de la dure-mère à la surface du système cérébro-spinal était rempli d'eau. Or la face interne de la dure-mère est continue, sur toute son étendue, au feuillet extérieur très-mince d'une autre membrane, formant un double tube et appelée arachnoïde, à cause de sa ténuité. En commençant par l'arachnoïde la description des deux membranes dont nous avons à parler, nous suivrons l'ordre de leur superposition.

1.º *De l'arachnoïde.*

Tout le système cérébro-spinal ainsi que le poumon, le cœur et tous les organes mobiles dans une
cavité, est enveloppé par une membrane à deux
feuillets repliés l'un dans l'autre comme les doubles d'un bonnet de nuit. On a appelé séreuses
ces membranes, parce que l'intervalle des feuillets
est susceptible de contenir une certaine quantité
de sérosité. L'arachnoïde en tout semblable à ces
membranes, en diffère parce qu'il ne s'exhale jamais de liquide dans sa cavité, et parce que son
feuillet interne au lieu d'adhérer à la surface de
l'organe qu'elle enveloppe, ainsi que cela est pour
le péritoine, la plèvre, etc., par rapport aux in-
testins, au cœur, etc., en est écarté tout le long
de la moelle épinière, et est seulement contigu
aux convexités de l'encéphale.

Son feuillet externe est seul adhérant à la paroi correspondante, c'est-à-dire à la dure-mère. Déjà Bichat
avait reconnu que le feuillet interne n'adhérait pas
à la moelle, mais il l'y supposait appliqué, et croyait
que c'était dans la cavité arachnoïdienne qu'existaient les hydropisies du canal vertébral. Mais en
ouvrant avec précaution la dure-mère du canal
vertébral, et, par conséquent, le feuillet externe
de l'arachnoïde qui y adhère, sur un animal vivant
ou mort récemment, il est facile de reconnaître
que le liquide que l'on voit alors entourer la moelle

est encore contenu dans une membrane mince et transparente. Et comme il n'y a qu'un feuillet membraneux libre entre la dure-mère et la surface de la moelle, c'est-à-dire le feuillet interne ou spinal de l'arachnoïde, c'est donc ce feuillet qui renferme l'eau circonscrite à la moelle épinière. M. Magendie, qui a découvert cette disposition des deux feuillets arachnoïdiens, et la distension du feuillet interne par l'eau circonscrite à la moelle, a reconnu de plus, qu'une série de brides membraneuses analogues pour le mécanisme aux ligaments dentelés latéraux, divisait verticalement en deux moitiés l'espace occupé par le liquide, et s'étendait de la surface dorsale de la moelle à la dure-mère.

Au-dessous du trou occipital, dans les mammifères et les oiseaux, le feuillet interne de l'arachnoïde est juxta-posé à la convexité de l'encéphale, mais n'en pénètre pas les anfractuosités quand les surfaces cérébrales sont sillonnées. Le feuillet arachnoïdien est tendu du sommet d'une circonvolution à l'autre, et c'est en-dessous de lui, c'est-à-dire entre lui et la pie-mère qui tapisse toutes les surfaces cérébrales, qu'existe la mince couche d'eau circonscrite au cerveau. Ce n'est que dans l'état de maladie que cette couche pénètre dans les anfractuosités cérébrales.

Bichat a bien décrit comment les prolongements coniques de l'arachnoïde autour des nerfs et des vaisseaux qui sortent ou entrent dans la moelle et le cerveau, sont contenus aussi-bien que le systeme cérébro-spinal, en-dehors du feuillet interne de cette membrane.

Dans les poissons osseux les deux feuillets de l'arachnoïde sont tout-à-fait libres. L'externe n'est que contigu à l'enveloppe cylindrique de graisse fluide, qui remplit l'intervalle du tube arachnoïdien aux parois osseuses du canal et du crâne. Car il n'y a pas de dure-mère ou de périoste interne dans ces animaux. L'arachnoïde, dans cette classe de vertébrés, sépare donc de la couche huileuse externe l'enveloppe cylindrique d'eau circonscrite au système cérébro-spinal.

2°. *De la pie-mère.*

Vu dans son ensemble, le système cérébro-spinal se compose de deux faisceaux de fibres nerveuses, sécrétées collatéralement à l'axe dans la cavité d'un tube formé par une membrane vasculaire à réseaux très-fins, appelée *pie-mère*. La séparation de ces deux faisceaux, toujours plus ou moins apparente à tous les âges, dépend d'un pli profond et plus ou moins ample, de la membrane du tube, sur toute la longueur de la face dorsale. Ce pli est formé suivant un plan vertical passant par l'axe du système. Le sinus de ce pli forme un canal central susceptible de se dilater en sacs latéraux ou médians plus ou moins amples, pour tapisser les cavités ou ventricules des lobes pairs ou impairs développés sur les différents points de la longueur du système.

Il ne se dépose jamais de matière nerveuse sur aucun point de la face de la pie-mère correspondante à la cavité de ce pli. Cette cavité se dilate ou s'oblitère entre des points déterminés de la longueur de l'axe pour les diverses classes et pour les différents âges de chaque espèce dans chaque classe. Ainsi dans l'homme et les autres mammifères la cavité du sinus longitudinal de la pie-mère est d'autant plus libre et plus superficielle, qu'on l'observe dans un âge plus rapproché de la naissance et même de la conception. Dans tous les mammifères, sans exception, à l'état de fœtus, du 3e au 4e mois, par exemple, chez l'homme, le sinus du pli est ouvert depuis l'extrémité postérieure de la moelle jusqu'à l'extrémité antérieure de l'encéphale. Et ce pli est d'autant moins profond, que le degré de formation est moins avancé. De sorte que l'on peut sur les grands mammifères, trouver un instant où ce pli n'existe pas et où le tube formé par la pie-mère est cylindrique.

Un réseau très-délicat de terminaisons artérielles et d'origines veineuses forme la pie-mère. La ténuité de ce réseau tient à ce que les vaisseaux capillaires ont leurs parois réduites à la seule tunique interne des artères et des veines. Les troncs artériels et veineux perdent ces tuniques en pénétrant dans l'étui osseux du système cérébro-spinal.

Quatre troncs artériels d'un calibre proportionné à la masse totale de l'encéphale, apportent le sang dans toute la pie-mère du crâne. Ces quatre troncs ne laissent pénétrer dans le canal vertébral que deux très-petits vaisseaux appelés artères spinales, distinguées par leur position en inférieure et supérieure. Tout le long du canal, chacune d'elles s'anastomose avec de petites artères pénétrant par les trous inter-vertébraux : ces petites artères sont des divisions des inter-costales, des lombaires, etc.

C'est presque à angle droit que les artères spinales se réfléchissent de leurs troncs dans le canal vertébral. Et comme cette direction réfléchie les rend parallèles aux troncs primitifs d'où elles émanent, on voit combien dans ce trajet rétrograde le cours du sang y doit être ralenti, et combien ce ralentissement doit s'accroître avec la distance à parcourir.

On peut sur la *planche* XI se faire une idée de la formation de la pie-mère en examinant, n°s 20, 20', 20'', les ramifications d'un rameau de l'artère basilaire dans le plexus choroïde de la tortue terrestre. Ici la quantité proportionnelle de vaisseaux est très-augmentée parce que le plexus choroïde résulte d'un double feuillet de la pie-mère plusieurs fois repliée sur elle-même.

Les veines où aboutissent des innombrables veinules sorties de la pie-mère, forment à la face supérieure de la moelle, deux gros troncs parallèles communiquant l'un avec l'autre par des canaux transverses ou anastomoses. En outre, de vertèbre en vertèbre, chaque tronc communique par des anastomoses alternes, relativement aux précédentes, avec les veines inter-costales.

Il résulte de ces communications si larges et si nombreuses des veines du corps et surtout des parois de la poitrine et du ventre avec celles du canal vertébral, que le refoulement du sang hors de ces deux cavités et dans l'inspiration prolongée ou accélérée de l'air, et lors d'une réplétion considérable de l'estomac, accumule ce liquide dans les veines du canal vertébral, et par ces veines dans celles du cerveau. D'où résultent pour le système cérébro-spinal des compressions qui peuvent être fort graves; c'est à ce refoulement alternatif que tient le jet par saccades de l'eau contenue entre la moelle et l'arachnoïde, quand on ouvre cette enveloppe sur un animal vivant.

Ainsi organisée la pie-mère exhale par la face interne de toute la partie de son tube qui n'est pas repliée, et par la face externe de son grand repli (face qui est réellement interne par rapport au tube), des couches nerveuses successivement concentriques par rapport au sinus, et excentriques par rapport au reste du tube. La déposition commence toujours par les parois non repliées du tube. Les dernières couches de la déposition con-

centrique opérée par la face externe du repli, oblitèrent la cavité du sinus dans tous les points où
le tube ne doit pas offrir de dilatations correspondantes à des lobes, soit médians, soit latéraux.
Dans ce dernier cas, la cavité du repli ou sinus persistant, développe des espaces ou ventricules dont
l'amplitude est proportionnée en général au volume
des lobes correspondants. On verra que selon les
classes, les genres et même les espèces, il peut se
développer de ces ventricules, ou, ce qui est la
même chose, de ces lobes sur toute la longueur de
l'axe cérébro-spinal (1).

L'évidence de cette formation de l'axe cérébro-
spinal est permanente chez les poissons, ou l'état
fœtal perpétué par la respiration branchiale dans
un milieu liquide, laisse également toujours distincts les éléments du système osseux ailleurs réunis deux à deux, trois à trois, etc.

Comment la pie-mère correspondante à chaque
partie du système cérébro-spinal forme-t-elle cette
partie? On a cru l'expliquer récemment en disant
que la formation d'une partie cérébrale dépend de
l'existence de l'artère correspondante, et que si
cette artère manque cette partie ne sera pas for-

(1) Cette disposition de la pie-mère, et cette formation du
système cérébro-spinal par des couches, les unes excentriques,
et les autres concentriques, celles-ci déposées par les replis
intérieurs de la pie-mère, n'avaient encore été bien obser-
vées par personne.

mée. Cette explication ne résout aucunement le problème et ne recule même pas la difficulté. Car on peut tout aussi bien dans cette coïncidence de deux déficits, dire que le premier dépend du second que le second du premier.

Il est d'ailleurs certain que l'absence d'une artère n'entraîne pas nécessairement le déficit de la partie où elle se serait rendue. La seule anatomie des différents organes de l'homme montre que l'origine et même l'existence de plusieurs artères n'est pas constante. Et comme le nom des artères dépend uniquement du point de leur embranchement, de leur terminaison, on voit que ces noms d'artères cérébrales, cérébelleuses, etc., sont tout-à-fait indifférents. Car physiquement une artère vertébrale ou carotide hors du crâne, ne diffère pas d'une artère de la jambe ou du pied, et elle ne contient pas d'autre sang. La formation des parties ne dépend donc pas nécessairement et directement des artères, mais de là force à laquelle dans le lieu où doit se former chaque organe, est soumis le fluide qui parcourt cette artère. Tout ce que montrent de particulier les artères cérébrales et spinales, indépendamment de ce qu'elles n'ont que la tunique interne de ce système, c'est l'épanouissement de leurs dernières divisions en une membrane si ténue qu'on n'en connaît pas de plus fine. Peut-être ce mécanisme est-il la cause de la déposition dans la seule cavité de cette membrane, des molécules cérébrales que l'on sait aujourd'hui exister, toutes formées dans le sang. Mais alors pourquoi les organes, formés par le dépôt de ces molécules, ne sont-ils pas partout homogènes ? cela dépend-il de variations correspondantes dans le calibre des réseaux circonscrits ? Et, quand malgré l'existence des artères et de la pie-mère, certaines parties, par exemple, les hémisphères du cerveau, ou l'encéphale entier, ne se forment pas quoiqu'il y ait eu des fluides exhalés, n'est-il pas prouvé alors que le défaut de formation tient soit à quelque cause dans la cohésion ou l'état chimique des fluides exhalés, soit à quelque perturbation dans la force qui détermine cette exhalation.

On verra d'ailleurs dans l'anatomie du cervelet que les artères cérébrales n'ont pas cette fixité de direction que leur attribue le même système.

CHAPITRE II.

RÉFUTATION DE QUELQUES OPINIONS RELATIVES AU SYSTÈME CÉRÉBRO-SPINAL.

Les anatomistes ont long-temps débattu la question de savoir si la moelle épinière était un prolongement sorti de l'encéphale, ou si l'encéphale était le couronnement, l'épanouissement des fibres de la moelle épinière. D'autres se sont occupés de fixer la limite de ses extrémités supérieure et inférieure.

Et d'abord Hippocrate, Vesale, Willis, Varole, Haller, Zinn, Winslow, Sabatier, Portal, Chaussier, Cuvier, ont considéré la moelle épinière comme naissant du cerveau, ou comme une continuation, de la substance médullaire du cerveau et du cervelet.

D'un autre côté, Gall, Tiedemann et Serres ayant reconnu que dans l'ordre de formation, la moelle épinière précède l'apparition des lobes de l'encéphale; le premier surtout ayant observé que dans les monstres acéphales, l'absence de cerveau était primitive, et non l'effet d'une maladie qui aurait détruit l'organe préexistant, ont prouvé que la moelle épinière n'était pas une production du cerveau.

Ensuite Serres et Tiedemann ont conclu de la succession ascendante des formations, que les parties supérieures étaient une production des inférieures, et que la moelle épinière était l'origine de l'encéphale qui en était, pour ainsi dire, l'efflorescence.

Et Gall se fondant sur une analogie mal observée pour assimiler à la moelle épinière le double chapelet de ganglions des insectes et des anélides, a conclu que dans le plan général de l'organisation

9

la moelle épinière n'était pas même en relation nécessaire avec l'encéphale, puisqu'elle existait dans des classes entières d'animaux dépourvues de cerveau.

Et comme cette prétendue moelle épinière des anélides et des insectes, est formée d'une double série de petits ganglions ou renflements (supposés par M. Serres analogues aux ganglions inter-vertébraux des mammifères et des reptiles), comme cette moelle serait alors le type originel de celle des animaux vertébrés, Gall en a conclu que chez ces derniers la moelle épinière était réellement formée de la même manière (pag. 38, in-fol., Anat. et Phys. du syst. nerv.). Il n'y a, dit-il, entre elles aucune différence essentielle : seulement (dans les vertébrés) les ganglions sont ordinairement plus rapprochés, de sorte qu'ils semblent ne se renfler en nœuds distincts que dans les endroits où naissent les nerfs plus forts, par exemple, les nerfs des extrémités. Mais lorsqu'on examine la chose avec attention, on voit clairement que dans l'intervalle d'une paire de nerfs à l'autre, il y a toujours alternativement des rétrécissements et des renflements plus ou moins sensibles. Mais si plusieurs paires de nerfs presque également fortes sont rangées très-près les unes des autres, la différence entre les rétrécissements et les renflements devient moins frappante.

Ce dernier raisonnement n'est pas logique. Pour

été conséquent, il aurait dû dire que la différence devenait au contraire plus frappante. Mais la conclusion eût été trop évidemment contraire au fait. Car, dans la réalité, lorsque par la loi du développement des lobes cérébro-spinaux, des lobes ou renflements se produisent, la figure et la séparation de ces lobes, sont d'autant mieux déterminées que les nerfs juxta-posés sont plus volumineux. (Voy, *pl.* VII, les trois premiers nerfs cervicaux des trigles et leurs cinq lobes, etc.) La démonstration de cette loi serait ici prématurée.

Or, on a vu dans ce que j'ai dit de la double formation par couches excentriques, provenant de l'exhalation du pourtour de la face interne de la pie-mère, et par couches concentriques provenant de l'exhalation de la face externe du repli longitudinal de cette membrane, que les fibres nerveuses dans chaque couche et dans chaque ordre de couches sont formées à la fois sur toute leur longueur. Et lorsqu'il n'existe pas de cause particulière du contraire, l'épaisseur de ces couches reste uniforme sur tout leur prolongement. Cela est manifesté : 1° dans la moelle épinière du fœtus de tous les mammifères, pour la première moitié de la vie utérine, époque où ni l'une ni l'autre des formations excentrique et concentrique n'est achevée, et pendant toute la durée de la vie des serpents et même des sauriens, chez qui la formation concentrique reste toujours plus ou moins incomplète.

De sorte que dans ces deux ordres, comme chez plusieurs poissons, le canal de la moelle y conserve toujours à peu près le même calibre qu'il a du troisième au quatrième mois du fœtus de l'homme. Or, dans tous ces cas, la continuité des fibres nerveuses sur toute leur longueur est manifeste, et nulle part les parois du tube nerveux, dont elles forment l'épaisseur, ne s'amincissent et à plus forte raison ne s'interrompent de la plus petite quantité. Partout cette épaisseur et cette continuité restent uniformes.

Or, dans les anélides, les insectes et surtout les mollusques, il en est des ganglions comme de ceux du nerf grand sympathique, chez les mammifères. Chacun est isolément développé à sa place, et même suivant les espèces, ne communique pas avec celui qui le précède ou avec celui qui le suit. Et ces communications varient encore pour le nombre de filets, par lesquels elles s'établissent. Ensuite ces ganglions sont de véritables ganglions, c'est-à-dire, formés d'une matière compacte, homogène, dont les molécules ne sont pas alignées en fibres, et qui change de nature dans les filets de communication, ou s'y enveloppe de substances nouvelles.

Il n'y a donc aucune analogie entre la moelle épinière des vertébrés, et les ganglions des mollusques, des insectes et des anélides.

Il est en outre démontré par le mécanisme de

cette formation de la moelle épinière qu'elle naît à sa place, qu'il n'y a pas de raison pour qu'elle diminue de haut en bas en proportion des nerfs qui étaient censés en sortir; et que les rétrécissements et les renflements qui peuvent réellement existér sur tous les points de sa longueur, ont une cause locale inhérente au segment du système, qui se trouve ainsi plus ou moins développé.

Il est démontré enfin que les parties supérieures ne sont pas des productions sorties des parties inférieures qui se seraient prolongées pour les former, mais que chaque partie est formée à sa place par la face correspondante de la pie-mère, en même temps ou après que les parties qui lui sont continues sont déposées à la leur de la même manière.

Or, on verra plus loin que des causes perturbatrices, en s'opposant à l'exhalation de la substance nerveuse dans tel ou tel segment de la pie-mère, peuvent empêcher la formation de telle ou telle partie du système cérébro-spinal, sans que les parties voisines en soient affectées. Seulement il paraît, d'après les observations, que ces causes agissent d'autant plus aisément et plus souvent qu'on se rapproche de l'extrémité antérieure du système. En outre elles peuvent agir encore après l'achèvement de la partie spinale du système, parce que l'épaisseur des lobes encéphaliques à former, ou,

ce qui revient au même, le nombre de couches à
déposer, exige une durée porportionnée à ce nombre et à cette épaisseur.

Quant aux limites et au mode de terminaison
de la moelle épinière, on ne s'était occupé généralement que de son extrémité supérieure. Pour
l'inférieure, jusqu'à M. Serres, on ne l'avait observée que chez l'homme, où depuis Achillini et
Sœmmering on lui assignait la première ou la seconde vertèbre lombaire pour limite. M. Serres
a le premier reconnu les variations de cette limite
inférieure suivant les périodes de la formation et
de l'accroissement dans le même animal, ainsi que
d'un animal à un autre. Mais on verra qu'il a trop
généralisé des observations faites sur un trop petit
nombre d'espèces, en disant que plus la moelle
épinière s'élève dans le canal vertébral, plus le
prolongement caudal (c'est-à-dire la queue) diminue; et que plus elle se prolonge et descend
dans son étui, plus la queue augmente de dimension.

Varoli, Willis, Bartholin, comprenaient dans la
moelle épinière, les parties qu'on désigne chez les
mammifères sous le nom de moelle allongée, de
pont de varole, de cuisses du cerveau, de couches
optiques et de corps striés. Haller, Sœmmering,
Bichat et Gall, limitent la moelle épinière au grand
renflement ou collet formé par les fibres commu-
niquantes des hémisphères du cervelet (Voy. *pl.* VIII,

sur l'homme). Gall donne pour raison de cette détermination, qu'à cet endroit la fissure antérieure
de la moelle épinière est interrompue, que la moelle
nerveuse se renfle d'une manière frappante dans
l'homme, et bien plus encore dans les mammifères; qu'on y aperçoit très-visiblement les premiers
rudiments des nerfs nommés cérébraux, du cerveau et du cervelet.

L'on voit que tous ces auteurs, excepté les plus
anciens, ont été prévenus de l'idée qu'il y avait des
séparations réelles entre telle partie du système
cérébro-spinal et telle autre. Ils n'ont point compris
l'unité anatomique et physiologique de ce grand appareil. C'est au point que tout récemment M. Chaussier supposa que la rainure superficielle qui se
trouve sur le bord postérieur de la grande commissure du cervelet était une fente profonde, produite par l'interruption des faisceaux nerveux de la
moelle, faisceaux dont il ignorait la continuité et la
prolongation à travers les différents étages de cette
commissure.

Il serait inutile de réfuter toutes ces manières de
voir. Leur appréciation résultera de l'exposition
suivante.

CHAPITRE III.

DE LA LOI DE FORMATION DES LOBES PAIRS OU IMPAIRS, SUR LA LONGUEUR DE L'AXE CÉRÉBRO-SPINAL.

Quand une paire de nerfs, destinée à un organe sensitif, acquiert un certain excès de développement relatif au degré de perfection et d'énergie du ens correspondant, constamment alors le segment de l'axe cérébro-spinal où se fait l'insertion de cette paire de nerfs, se renfle en un lobe simple ou double. Et si l'excès de développement du même nerf sensitif devient encore supérieur dans quelque autre espèce, alors, outre l'accroissement simultané du volume proportionnel des lobes d'insertion, ces lobes se creusent des cavités d'autant plus amples, eu égard à l'épaisseur des parois; ces parois elles-mêmes développent des lames, des feuillets, des canelures à surfaces d'autant plus étendues que le nerf adjacent est plus développé, et que l'organe du sens, et partant le sens lui-même, est plus parfait. Or, on conçoit qu'il peut et qu'il doit même exister des organes sensitifs sur tous les points de la longueur du corps. Des lobes ou des parties cérébro-spinales, ayant un volume, une figure et des limites déterminées, peuvent donc se développer sur tous les points de la longueur du système cérébro-spinal.

Les lobes du cerveau proprement dits, et ceux du cervelet, sont seuls hors de cette règle. Il y a plus, c'est que même ils sont d'autant plus développés que l'ensemble des nerfs sensitifs et par suite leurs appareils cérébro-spinaux le sont moins. Cela est évident chez l'homme, et ne cesse pas de l'être en passant par les singes, les carnassiers, les ruminants, les rongeurs, etc., où ces deux paires de lobes vont en diminuant de proportion, à mesure que croît celle des lobes annexés aux nerfs sensitifs, et celle de ces nerfs eux-mêmes. Enfin, dans les reptiles et les poissons, ces deux paires de lobes ne sont plus que rudimentaires par le grand excès de développement des divers appareils sensitifs.

Et comme le nombre des sens n'est pas uniforme dans les animaux; comme de ceux qui sont communs au plus grand nombre, il n'en est que deux qui ne manquent chez aucun des vertébrés, savoir, l'ouïe et le toucher; comme il en est enfin qui sont exclusifs à tel ou tel animal, et que le même sens peut avoir plusieurs nerfs, juxtaposés chacun à un segment particulier du système, il se développe alors autant de paires de lobes qu'il y a de paires de nerfs, ou même quelquefois autant de paires de lobes que chaque nerf a de racines [par exemple (*pl.* VII), les cinq paires de lobes correspondant aux trois nerfs du toucher des trigles].

Le système cérébro-spinal ne se compose donc pas, tant s'en faut, d'un nombre uniforme de parties.

Or, jusqu'ici l'on avait admis ou plutôt l'on ne connaissait en anatomie et en physiologie d'organes distincts, dans le système cérébro-spinal, que 1° la moelle épinière, 2° le cervelet, 3° les tubercules quadri-jumeaux ou lobes optiques, et 4° les lobes ou hémisphères du cerveau.

Au contraire, le système cérébro-spinal, considéré dans l'ensemble des vertébrés, se compose : 1° de la moelle épinière, 2° de lobes tout à fait analogues pour le mode de formation aux tubercules ou lobes optiques, et qui peuvent exister à des distances variables en arrière du quatrième ventricule; 3° des lobes correspondant au nerf pneumogastrique parvenu au maximum de grandeur, et développés, soit dans le fond, soit sur les parois du quatrième ventricule; 4° de ce quatrième ventricule lui-même, ou plutôt du lobe où cette cavité est formée, 5° du cervelet, composé lui-même de trois parties susceptibles de manquer ensemble ou séparément; 6° des lobes optiques qui paraissent ne jamais manquer; 7° des lobes cérébraux susceptibles de degrés de développement, plus nombreux que tous les autres, et qui peuvent même s'anéantir; et 8° des lobes olfactifs.

Il y a donc bien loin de la réalité à cette métaphysique unité du cerveau, calquée sur une prétendue indivisibilité de ses fonctions que l'on croyait toutes aboutir à un centre commun, à un sensorium commun, placé par chacun au gré de son imagination. On verra que justement la plupart des parties, dont les physiologistes formaient ce centre commun, n'existent pas chez le plus grand nombre des animaux. Ce qui aurait impliqué ou que le centre commun était tantôt ici et tantôt là, ou bien qu'il n'y avait pas de centre commun chez tous ces animaux. L'observation anatomique, tout aussi bien que la recherche expérimentale, résolvent ce problème. Mais il faut le dire : ou bien l'on ne faisait ni observations, ni expériences ; ou, si l'on en faisait, ce n'était qu'en conséquence d'idées de pure invention, qui toutes avaient pour but des systèmes *à priori* relatifs, soit à l'unité d'organisation, soit à l'unité des phénomènes.

L'on va voir que d'une classe à l'autre, et même d'un genre, et, ce qui pourra paraître contradictoire aux métaphysiciens et même aux zoologistes, d'une espèce à l'autre, le nombre des parties du système cérébro-spinal peut varier dans le rapport de trois à huit.

L'ordre suivant lequel ces différentes parties s'ajoutent les unes aux autres, et se compliquent elles-mêmes davantage, exige de commencer notre exposition par les poissons.

SECTION II.

CHAPITRE PREMIER.

DU SYSTÈME CÉRÉBRO-SPINAL DES POISSONS.

Les couches fibreuses se déposant dans la cavité du tube de la pie-mère d'abord sur les parties les plus éloignées de l'axe, il en résulte pendant la première période deux faisceaux distincts. Avec les progrès ultérieurs du développement, les nouvelles couches déposées, soit en dehors, soit en dedans des premières, les débordent toujours davantage en largeur, de sorte que, vu leur courbure transversale, elles tendent à se rapprocher de celles de l'autre côté par le bord inférieur et par le bord supérieur. Mais, comme chez les poissons, le sillon de la face abdominale de la moelle épinière est tout-à-fait nul ou presque superficiel, comparativement au sinus de la face dorsale, le peu d'obstacle que ce sillon pouvait opposer à la réunion des deux faisceaux est bientôt surmonté. Il en résulte que les deux faisceaux sont bien plus tôt réunis à la face abdominale qu'à la face dorsale, où d'ailleurs il n'y a jamais réunion véritable, mais seulement agglutination. Car, toujours ils y sont séparés par la double épaisseur de la pie-mère du grand sinus, dont le fond, resté libre, forme en tout temps le contour du canal central.

1°. *De la moelle épinière.*

On nomme moelle épinière, cette partie du système cérébro-spinal, où s'embranchent tous les nerfs du tronc et des membres, et qui occupe la totalité ou seulement une partie de la longueur du canal vertébral.

Suivant l'amplitude primitive du repli de la pie-mère, le fond en reste plus ou moins libre; et alors, suivant que la déposition concentrique des couches a été plus ou moins nombreuse, le canal persistant a son contour circulaire, chez la torpille, par exemple, ou bien sa courbe est festonnée par quatre rayons propagés dans l'épaisseur des lames comme chez l'esturgeon, *pl.* V. Dans la torpille, le canal a ses parois écartées de manière que son diamètre est presque le tiers de celui de la moelle même. Dans l'esturgeon, et presque tous les autres poissons, quelle que soit la coupe que présente le canal, le calibre en est effacé, et ses parois sont partout contiguës l'une à l'autre, au moins après la mort.

Chaque faisceau nerveux latéral est lui-même formé de deux cordons, l'un supérieur ou dorsal, l'autre inférieur ou abdominal. Leur séparation est extérieurement marquée par une rainure, le long de laquelle s'insère le ligament dentelé. (V. *pl.* IV, sur l'homme.) Chacun de ces cordons paraît jouir, comme on le verra, de propriétés bien distinctes, au moins dans les mammifères et les oiseaux.

Dans tous les genres de poissons osseux ou cartilagineux que j'ai examinés, moins les *lophius* et les *tétrodons*, la moelle épinière occupe toute la longueur du canal vertébral, et ce canal toute celle de la colonne vertébrale. Chaque paire de nerfs se rend donc à un segment de moelle épinière qui lui est propre. Le calibre de la moelle épinière ne diminue qu'au-delà de la nageoire anale et près de la caudale, là où la masse des muscles a presque disparu.

Dans la baudroie, *lophius piscatorius* [et ce n'est pas une exception individuelle, Arsaki (1) a constaté la généralité des faits que je vais rapporter], la moelle épinière ne conserve son calibre que jusqu'au-delà de la troisième paire cervicale. A partir de ce point, elle se rétrécit tout-à-coup, dans la même proportion que la moelle épinière de tous les quadrupèdes à la région lombaire, et avant la huitième vertèbre elle a disparu complétement. Au-delà, il n'y a plus qu'un faisceau de filets nerveux, tous pourvus d'enveloppes d'arachnoïde, maintenus ensemble par un tissu à filaments

(1) *De piscium cerebro et medulla spinali, Halle,* 1813, in-4°.

très-fins, et divisés en deux grands écheveaux, renfermant .chacun soixante - quatre filets, représentant les deux racines de trente-deux nerfs. A partir de la troisième vertèbre, où la moelle épinière se rétrécit, jusqu'à la huitième où elle n'existe plus, il ne s'insère guère plus de quatre ou cinq paires de nerfs; environ à un pouce de distance l'une de l'autre. Les racines ou filets d'insertion de ces paires sont les plus petites de toutes. En effet, ce sont celles qui sortent par les trous des quatre ou cinq dernières vertèbres caudales. Ces filets ont de trois pieds à trois pieds et demi à parcourir dans le canal vertébral, avant de parvenir à leurs trous de sortie. Tout le reste des racines nerveuses, c'est-à-dire celles des vingt-six paires de nerfs intermédiaires aux trois premières cervicales et aux quatre ou cinq dernières caudales, s'insèrent sur une étendue de moelle épinière, qui n'a pas plus d'un pouce de long, qui, par conséquent, n'occupe que l'espace annulaire d'une seule vertèbre.

Il est évident qu'ici le tronçon du système cérébro-spinal d'une seule vertèbre sert d'aboutissant à vingt-six paires de nerfs.

La moelle épinière n'existe donc chez les baudroies que pour les huit premières vertèbres du canal vertébral, qui en occupe trente-deux.

Dans le *tétrodon mola*, sur deux individus d'environ deux pieds de diamètre, où le canal vertébral a au moins vingt pouces de longueur, le grand écheveau fermé par les doubles filets d'origine des seize paires de nerfs spinales de ce poisson, vient prendre toutes ses insertions au pourtour inférieur et latéral du quatrième ventricule, dont le lobe même a une étendue bien moindre que ne le comporte l'animal. Car, le tronçon que représentent les parois de ce ventricule n'a pas neuf lignes de long et deux de diamètre dans sa plus grande largeur (Voyez *pl.* V). Les deux cordons latéraux de la moelle se terminent comme un petit cylindre à extrémité arrondie, une demi-ligne derrière la fente du ventricule. Les soixante-quatre filets d'origine d'une ténuité presque capillaire, et beaucoup moindre que celle de la quatrième paire dans l'homme, se pressent au pourtour inférieur et latéral des trois quarts postérieurs de ce ventricule.

Et comme les parois du quatrième ventricule forment un organe constant et distinct dans tous les vertébrés, aboutissant du nerf pneumo-gastrique en arrière et de la cinquième paire en avant, il suit que la moelle épinière dont il manque déjà plus des trois quarts dans la baudroie, manque entièrement dans les tétrodons.

Il suit encore que les mêmes paires de nerfs ne s'insèrent pas nécessairement à des segments toujours homologues, et que l'insertion d'une ou de plusieurs paires de nerfs peut se faire sur des points ou même des organes très-différents.

Dans tous les poissons, excepté les raies, le calibre de la moelle est régulièrement le même sur les cinq sixièmes antérieurs de sa longueur ; il ne devient conique que dans le dernier sixième vers la queue. La position si variable des deux paires de nageoires, quel qu'en soit le développement, ne change rien à ce calibre. L'exocet volant est celui de tous les poissons osseux dont les nageoires pectorales sont le plus développées, et le calibre de la moelle n'offre pas le moindre renflement dans le segment correspondant aux nerfs de ces espèces d'ailes.

On croyait la moelle épinière de tous les poissons régulièrement formée de deux couches concentriques, l'une de matière grise, l'autre de matière blanche. Arsaki avait signalé, à cette prétendue loi, une seule exception dans la torpille. Cette exception, dont il avait cherché une cause bizarre, est précisément la règle même. Chez aucun poisson des *trente genres*, dans chacun desquels j'ai souvent étudié quatre ou cinq espèces, il n'y a pas au système cérébro-spinal de matière grise ou cendrée en arrière et au-delà du quatrième ventricule.

2°. *Du lobe qui contient le quatrième ventricule.*

Chez tous les poissons, sans exception, le calibre de la moelle se renfle entre les nerfs pneumo-gastriques et ceux de la cinquième paire ; et ce renflement, l'écartement des cordons, et l'espace vide intercepté par cet écartement, sont d'autant plus grands que l'une de ces deux paires de nerfs ou toutes deux ensemble ont plus de développement. Dans le cas contraire, par exemple, chez les orphies (*belone*), vue par en bas ou par en haut, la moelle épinière offre à peine une augmentation de diamètre en cet endroit. Ses deux cordons supérieurs restent presque en contact, de sorte que le calibre de la moelle est sensiblement uniforme jusqu'au cervelet. Le diamètre vertical est seul un peu accru à l'insertion du nerf pneumo-gastrique.

Mais dans tous les autres poissons, les deux cordons de la moelle s'écartent plus ou moins l'un de l'autre dès le premier nerf spinal et surtout depuis le pneumo-gastrique. Ici, le sinus dorsal de la pie-mère a conservé ou même accru son amplitude primitive, et toujours jusqu'à une distance plus ou moins reculée, le canal central, qui n'est que la continuation du fond du quatrième ventricule, est plus ample que dans la partie ultérieure de son trajet; dans ce premier intervalle aussi, les cordons supérieurs ne sont même pas agglutinés. Le lobe du quatrième ventricule lui-même offre des états et des configurations très-variables suivant les espèces.

Dans les raies, les squales, les esturgeons, par exemple, les deux cordons dorsaux de la moelle se relèvent en bords plus ou moins épais, dessinent des courbes et des replis plus ou moins amples selon les espèces, avant que les fibres constituant le bord libre de ces cordons se réfléchissent derrière le cervelet pour former la commissure du quatrième ventricule. Mais dans tous les cas, chez ces deux premiers grands genres de poissons, le quatrième ventricule par la proportion du développement de ses parois (Voy. *pl.* I, *fig.* 1, et *pl.* III, *fig.* 4, sur la raie bouclée; *pl.* III, *fig.* 1, 2 et 3, sur le squalus galeus; *pl.* IV, *fig.* 1, sur le sq. catulus; *pl.* V, *fig.* 2 et 3, sur la torpille; et *fig.* 4, sur l'esturgeon), représente le quart, le tiers ou même la moitié de l'étendue et même du volume de l'encéphale. Dans toutes les espèces de ces genres, chez l'esturgeon surtout, le quatrième ventricule est fermé par une valvule de matière grise très-remplie de vaisseaux, et qui paraît la continuation de la pie-mère de ses parois (Voy. cette valvule sur la tortue d'Europe, *pl.* XI, *fig.* 4, et en section, *fig.* 5). En outre chez les squales, du fond de ce ventricule, c'est-à-dire de la surface de ses cordons inférieurs, s'élèvent cinq, six ou même sept paires de petits tubercules à droite et à gauche de la ligne médiane (Voy. *pl.* III, *fig.* 1, 2 et 3, sur le sq. galeus. Dans la torpille, où les parois même du ventricule ne sont pas à proportion autant développées que chez les autres raies, les squales et l'esturgeon, il s'é-

lève du fond de cette cavité une paire de lobes qui
sont justement les plus volumineux de tout l'encéphale (Voy. *pl.* V, *fig.* 2 et 3).

Dans les poissons osseux, excepté chez la seule
carpe, *pl.* I, *fig.* 2, parmi les cyprins, le lobe du
quatrième ventricule n'approche jamais de cet excès
de développement. Les parois en sont rarement
assez écartées pour que son diamètre surpasse du
double celui de la moelle épinière dans le milieu
du dos. Dans les divers degrés du développement
que je viens d'indiquer, les bords du ventricule
sont quelquefois mammelonnées sur tout leur
pourtour, par exemple, dans le surmulet (mullus
surmuletus), où en outre une valvule recouvre
le ventricule, comme chez les raies, les squales et
l'esturgeon. Cette valvule se fixe en avant sur la
commissure du quatrième ventricule.

Dans la carpe, *pl.* I, *fig.* 2, au lieu d'un simple plafond de matière cendrée plus ou moins traversée par un réseau verticulaire, c'est une paire
de lobes à double paroi, de matière grise en-dedans
et blanche en-dessus. Elle encadre par son bord
antérieur un tubercule impair, solide, subjacent
mais non adhérent au cervelet, et continu aux bords
mitoyens des deux cordons inférieurs. En avant
la double voûte du quatrième ventricule se termine
par un rebord ou bride de substance nerveuse
blanche, qu'une fente transversale de plus d'une
ligne de longueur et d'une demi-ligne de largeur

sépare du cervelet. Les lobes latéraux de cet appareil, sont les seuls où j'aie vu des scissures qui
rappellent les circonvolutions du cerveau des mammifères supérieurs. Ces lobes sont creux intérieurement.

Dans tous les autres poissons où le nerf pneumo-
gastrique n'offre qu'un développement médiocre,
les cordons ne se renflent pas sensiblement en s'é-
cartant pour former le quatrième ventricule, mais
constamment des fibres plus ou moins nombreuses
de leur bord libre se réfléchissent en-dedans pour
former la commissure de ce ventricule. (Voy. cette
commissure, *pl.* VII, *fig.* 2, sur le trigla cuculus
ou rouget, où les lobes optiques et le cervelet, que
l'on voit sur le trigla hirundo ou perlon, *fig.* 3,
ont été enlevés.) Toujours aussi cette commissure
est séparée du cervelet par une fente dont la longueur égale le travers du ventricule même, et dont
la largeur, c'est-à-dire l'intervalle du cervelet à la
commissure, égale au moins le diamètre de cette
même commissure. Puis donc que dans tous les
poissons osseux cette commissure est séparée du
cervelet, elle n'en fait pas partie et ne peut ni ne
doit être confondue avec lui.

Sous cette commissure se continue le canal général du système cérébro-spinal.

D'après Arsaki, cette commissure très-élargie
dans le caranx scomber-trachurus, y formerait
une sorte de pont, échancré en avant et en ar-

rière, où se trouvent deux ouvertures donnant dans le quatrième ventricule (1).

Dans les poissons osseux la partie intérieure seulement est de matière grise, dans les poissons cartilagineux, presque toute l'épaisseur du quatrième ventricule, excepté tout le fond formé par les cordons inférieurs de la moelle et la surface du reste de son pourtour qui est blanche, sont composés de matière grise, ou même jaunâtre dans les quatre cinquièmes extérieurs.

Dans tous les poissons, *pl.* I, *fig.* 1; et *pl.* III, *fig.* 4, chez la raie bouclée; *pl.* II, *fig.* 1; sur la raie ronce; *pl.* III, *fig.* 1 et 2, sur le sq. galeus; *pl.* IV, *fig.* 1 et 2, sur le sq. catulus; *pl.* V, *fig.* 2, sur la torpille; et *fig.* 4, sur l'esturgeon; parmi les gades chez la lotte, *pl.* VII. *fig.* 5; chez les muges, *pl.* VI. *fig.* 4; etc., une ou plusieurs branches de la cinquième paire prennent naissance ou insertion sur les parois du quatrième ventricule. Il n'y a même chez les raies et les squales qu'une seule et la plus petite des quatre branches qui s'insère sur le côté de la moelle au-dessous du pédoncule latéral du cervelet. Dans tous les cas aussi, la moi-

(1) Arsaki (*op. cit.*) a généralisé aux cyprins pour le quatrième ventricule ce qui est particulier à la seule carpe, et aux spares ce qui l'est au seul sparus boops. Et puis il a confondu les lobes solides et intérieurs de cette cavité dans la torpille avec les lobes creux, extérieurs et latéraux qui en forment la voûte dans la carpe; puis enfin, ces deux genres de lobes, avec les cinq paires de renflements qui répondent aux trois premières paires de nerfs spinaux des trigles.

tié postérieure au moins des parois extérieures du quatrième ventricule donne insertion aux racines plus ou moins nombreuses du nerf pneumo-gastrique, dont les plus antérieures correspondent constamment à la commissure (Voy. *pl.* VII, *fig.* 2, sur le trigla cuculus). Aussi, dans le cas de développements de lobes par le prolongement des bords des cordons supérieurs repliés en dedans, comme chez les cyprins et le surmulet, ou de lobes et de tubercules élevés de son fond par l'accroissement des cordons inférieurs, comme dans les raies et les squales tous ces développements appartiennent-ils au segment d'insertion du nerf pneumo-gastrique. Dans le barbeau, *pl.* XI, *fig.* 1, où un tubercule impair qui rappelle celui des carpes, saille du fond du ventricule; dans les silures où les bords du ventricule sont mammelonnées en avant de la commissure jusque vers le pédoncule latéral du cervelet, ces développements ne correspondent pas aux racines du pneumo-gastrique, mais à l'une ou plusieurs des branches de la cinquième paire (1).

Le quatrième ventricule est donc constamment en connexion avec la huitième paire, jusque et y compris la commissure, chez tous les poissons, et

(1) Pour le silurus glanis (Voy. la *pl.* V, *fig.* 30 de Weber), *de aure et auditu hominis,* etc., Lips., 1820, in-4°. Dans le silurus bagre, dont je n'ai pu faire graver le dessin faute d'espace, cette corrélation est beaucoup plus prononcée que sur le sil. glanis.

avec la cinquième paire en avant de cette commissure, excepté les cartilagineux, où la commissure appartient au contraire à la cinquième paire,
par exemple, *pl.* V, *fig.* 4, dans l'esturgeon; *pl.* I. III
et IV, dans les raies et les squales. Arsaki avait déjà
reconnu une partie de ces rapports.

Le lobe du quatrième ventricule n'a aucun rapport nécessaire d'existence ou de proportion avec
aucune autre partie de l'encéphale, car :

Il est au maximum de proportion quand le cervelet manque chez les esturgeons, les lamproies,
pl. VI, *fig.* 2, les batraciens, *pl.* V, *fig.* 5, etc.

Dans l'amphisbène, *pl.* V, *fig.* 6, où les lobes
optiques sont rudimentaires, il est aussi développé
que dans les serpents à sonnettes, *pl.* V, *fig.* 7.

Dans les raies et les squales son maximum coïncide avec l'absence de lobes cérébraux.

Dans les tétraodons, *pl.* V, *fig.* 1, sa proportion
moyenne coïncide avec l'absence des lobes olfactifs et de la moelle épinière.

3°. *Du cervelet.*

Au-delà de la commissure des bords du quatrième ventricule, les cordons supérieurs ou dorsaux de la moelle, diminués de toutes les fibres
qui se sont réfléchies pour la former (et cette
proportion est quelquefois très-grande, par exemple, la torpille, *pl.* V, *fig.* 2 et 3), se continuent presque entièrement dans le cervelet, dont

ils forment ainsi les pédoncules extérieurs ou latéraux. L'autre origine du cervelet proémine chez les poissons osseux, les cyprins, par exemple (Voir *pl.* X, *fig.* 1, sur le barbeau), sous forme d'un cône un peu contourné, d'autant plus volumineux que le cervelet est lui-même plus gros et son pédoncule externe plus petit. L'on voit cette double réciprocité d'états inverses dans la carpe, *pl.* I, *fig.* 2, et dans le barbeau. Dans les squales et les raies (moins la torpille), où la commissure du quatrième ventricule est relativement plus petite, la majeure partie des fibres des cordons supérieurs de la moelle s'épanouit dans le vaste cervelet de ces poissons, lequel, en outre, se continue en avant avec la voûte des lobes optiques sans diminuer d'épaisseur.

Dans aucun poisson osseux la surface du cervelet n'est creusée du moindre sillon, de la moindre rainure. Au contraire, dans les raies et surtout dans les squales, *pl.* III, *fig.* 1, 2 et 4, *pl.* IV, *fig.* 1, le cervelet est sillonné de circonvolutions dont les anfractuosités se dessinent à la face interne de l'organe par des creux alternant avec les reliefs de la face externe. Dans ces deux grands genres, le cervelet se projette presqu'autant au-dessus des lobes optiques en avant qu'au-dessus du quatrième ventricule en arrière. Dans les silures (Voy. la figure citée de Weber), le cervelet aussi gros à proportion que le cerveau dans l'homme, se dirige tout entier en avant jusque au milieu des lobes cé-

rébraux, comme il se dirige tout entier en arrière
dans les autres poissons osseux. Cette double direction du cervelet dans les cartilagineux ; cette
direction inverse du même organe chez différents
poissons osseux, prouvent d'abord que la direction des artères cérébelleuses n'est pas constante,
et que s'il existe une force directrice de ces vaisseaux, cette force est étrangère à la nature des
organes qu'ils doivent former. Jamais, non plus
que chez les poissons osseux, le cervelet des
raies et des squales n'est solide. La cavité pro-
pagée jusqu'au sommet des circonvolutions extérieures est tapissée comme tout le fonds du
quatrième ventricule, dans les poissons cartilagineux, par une lame de substance blanche qui n'est
pas pour plus d'un cinquième dans l'épaisseur
des parois. Les quatre autres cinquièmes sont de
matière grise. La cavité ou ventricule du cervelet
s'ouvre perpendiculairement dans le canal général
de l'axe cérébro-spinal, immédiatement derrière
les lobes optiques. Cette cavité cérébelleuse dans
les raies se bifurque antérieurement et postérieurement dans les deux paires de prolongements cérébelleux correspondants.

Dans les poissons osseux, c'est immédiatement
devant la fente qui sépare l'arcade du cervelet de
la commissure du quatrième ventricule que s'ouvre inférieurement la cavité cérébelleuse. La substance blanche y est en-dehors, et la substance grise

en-dedans. L'épaisseur de la substance blanche est ici la même que celle de la substance grise chez les cartilagineux.

Ce que l'on a pris dans les poissons pour les lobes latéraux du cervelet (erreur qui de plus implique contradiction puisque ces animaux n'ont pas de protubérence annulaire) n'est autre chose que le repli formé par les parois du quatrième ventricule là où ces parois se recourbent en-dedans pour former la commissure de ce ventricule. L'on voit sur les planches que ce repli ou lobule est toujours proportionné à l'amplitude du ventricule, ou, ce qui revient au même, au développement de la huitième et de la cinquième paire. Ainsi, chez les trigles (*pl.* XIX, *fig.* 1 et 2), il n'y a pas de renflement collatéral en arrière du cervelet, parce que la cinquième paire et le nerf pneumo-gastrique y sont moins développés que chez le plus grand nombre des poissons osseux. En général, j'ai observé que les poissons qui habitent des fonds vaseux, comme les raies, les squales, l'esturgeon, les murènes, etc. , ont un grand excès de développement du nerf pneumo-gastrique et du quatrième ventricule, comparativement aux poissons saxatiles et qui vivent dans les eaux très-limpides.

4°. *Des lobes optiques.*

Les fibres restantes des cordons dorsaux et toutes celles qui forment le côté externe et supérieur des cordons abdominaux de la moelle, sont tout entières employées dans les raies et les squales à former les lobes optiques dont l'épaisseur est pour les quatre cinquièmes extérieurs formée de matière blanche, et pour le cinquième intérieur de matière grise en lame aussi mince que l'est la matière blanche dans le cervelet et le quatrième ventricule des mêmes poissons. La voûte des deux lobes se continue sur la ligne médiane, sans plus d'apparence de fibres transversales ou de commissures que pour les deux cavités du cervelet médian des poissons osseux. L'épaisseur totale des parois de ces lobes est d'autant plus grande qu'ils sont plus petits à proportion de l'encéphale. Il y a réciprocité à cet égard entre le sq. galeus, *pl.* IV, *fig.* 3, et le sq. catulus, *pl.* III, *fig.* 1, la raie bouclée, *pl.* I, *fig.* 1, et la torpille et l'esturgeon, *pl.* V, *fig.* 2 et 4; ils sont solides dans la torpille et sans la moindre cavité, quoique plus gros relativement que dans l'esturgeon où ils sont creux, mais où leurs parois ont une grande épaisseur relative. Dans tous les poissons cartilagineux, les parois des lobes optiques sont formées d'un seul feuillet.

Dans les poissons osseux, des fibres analogues forment aussi les lobes optiques. Mais elles ne sont seules à les former que dans le cas de leur plus petit développement, par exemple, dans les silures, l'echeneïs, les murènes, les pleuronectes, etc., où, pour la constitution des parois et même de la base de leur cavité, ces lobes ne diffèrent guère de ceux des poissons cartilagineux. Mais dans tous les poissons osseux à appareil optique bien développé, et où le degré de développement se mesure assez bien sur la proportion de volume des lobes optiques relativement au reste de l'encéphale, ces lobes ont une structure qui n'a rien de comparable avec celle du reste du système cérébro-spinal des poissons des trois autres classes.

Et d'abord excepté à leur base où il y a un peu de matière grise, principalement dans les pédoncules du cervelet, ces lobes sont tout entiers formés de substance blanche intérieurement. Ensuite leur épaisseur n'est pas compacte et homogène, mais formée de deux feuillets.

Les fibres du feuillet externe sont le prolongement de celles que j'ai dit venir de la moelle ; elles s'épanouissent plus ou moins complètement en se contournant sur la voûte du lobe. Chez la carpe, par exemple, et surtout chez le barbeau, *pl.* X, *fig.* 1, ce feuillet n'occupe que le pourtour inférieur du lobe. Partout ailleurs ce feuillet y forme une voûte complète. La substance en est toujours grise.

On a vu tout-à-l'heure que le cervelet avait ses racines ou pédoncules antérieurs plus ou moins proéminentes dans la cavité des lobes optiques.

Au fond de la cavité commune de ces deux lobes et sur la ligne médiane, en devant des prolongements cérébelleux, s'ouvre l'entonnoir qui conduit dans la glande pituitaire, et dans les lobes mamillaires accessoires. En avant et en arrière de cette ouverture sont deux stries transversales blanches, pour lesquelles Arsaki a proposé le nom de commissures antérieure et postérieure.

De ces deux stries et du contour de l'orifice de l'entonnoir (infundibulum), naissent une ou plusieurs lames contournées et enroulées en une seule volute, laquelle, renforcée par les lames plissées du nerf optique qui viennent s'y ajouter au moins en partie, forme sur la base de la cavité un ou deux replis à contours plus ou moins excentriques. La lame la plus inférieure de toutes celles qui naissent du contour de l'entonnoir n'entre pas dans la volute générale. Elle tapisse d'abord tout le pourtour inférieur de la cavité, puis elle se replie contre ses parois en haut vers la voûte. A partir de son dégagement de dessous la volute, cette lame est cannelée sur tout le reste de son trajet par des stries nombreuses qui en multiplient les surfaces. Elle parvient ainsi sur le milieu de la voûte, où les cannelures sont moins sensibles, et où elle se réunit à celle du côté opposé. Cette lame ne passe pas sous le pédoncule du cervelet, qui (comme on le voit *pl.* X, *fig.* 1, sur le barbeau, où par la raison indiquée le feuillet interne est à découvert), adhère toujours à la base du lobe en arrière, c'est-à-dire au cordon inférieur de la moelle.

Cette lame, par sa face extérieure, n'est que juxtaposée au feuillet externe du lobe, dont on peut la séparer sur toute son étendue. En outre, les lames dont se compose la volute, peuvent être aussi successivement déroulées.

Outre cette volute et le feuillet cannelé, dans les cas du plus grand développement de l'appareil optique, tel qu'on l'observe sur le zeus faber, la volute moins composée à la vérité que dans les spares, les scombres, etc., est surmontée d'une sorte de coquille, dont les lames séparées l'une de l'autre seraient décroissantes sur la concavité de la coquille. Par leur bord antérieur les lames de cette coquille se continuent avec les plis du nerf optique (1).

(1) Arsaki a bien décrit le mécanisme général de ces appareils; mais, ayant rédigé en Allemagne des observations recueillies à Naples, il s'est évidemment trompé, comme en beaucoup d'autres points de ses curieuses recherches, sur la détermination des espèces qui en sont le sujet. Ainsi, par exemple, il cite le muge céphalus et le zeus faber comme exemple de la forme la plus simple de ces mécanismes, qui y sont justement au plus grand degré de complication. J'ai vérifié sur le bord même de la mer, au Havre, ce qu'il dit et ce qu'il a représenté, des spares et des scombres.

5°. *Des éminences mamillaires et de là glande pituitaire.*

Dans les poissons osseux, la direction de la tige et la position du corps pituitaires sont justement l'inverse de celles des poissons cartilagineux. Dans les raies et les squales (Voir *pl.* II, *fig.* 1, sur la raie ronce), la tige pituitaire est dirigée d'avant en arrière sous' la rainure qui sépare les deux éminences mamillaires, et se réunit au corps de ce nom sur le bord postérieur de ces éminences, de manière à cacher l'origine de la troisième paire quand on regarde le système cérébro-spinal par la face inférieure, et alors l'insertion des nerfs optiques dans la rainure qui sépare ces éminences des lobes optiques est à découvert.

Dans les poissons osseux, au contraire (Voir *pl.* VIII, *fig.* 1), sur le cyclopterus lumpus; *pl.* VII, *fig.* 4, sur la morue; *pl.* IX, *fig.* 1; sur la carpe, etc.), la tige pituitaire toujours dirigée dans la rainure qui sépare les éminences, se porte en avant, et le corps pituitaire répond à l'insertion même des nerfs optiques qu'il recouvre quand on regarde le système par la face inférieure. Les différences les plus extrêmes s'observent dans le volume de la tige. Dans les cyprins et les gades, elle surpasse plus de la moitié du corps pituitaire même en volume, et est sphérique comme lui. Dans le cycloptère, le corps pituitaire est à lui seul

aussi volumineux que les éminences mamillaires.
Il en est à peu près ainsi dans le turbot, *pl.* XI,
fig. 1, dans le requin et le squal. glauque. Dans les
raies le corps pituitaire représente environ le quart
de la masse de ces éminences, *pl.* II, *fig.* 1. Par
la comparaison de toutes ces figures on voit qu'il
n'y a pas de rapport constant entre la grandeur du
corps pituitaire et celle d'aucune partie du système cérébro-spinal. Ce corps est toujours en plus
grande partie, surtout dans les poissons osseux,
formé de matière grise. Dans les squales et les
raies, il est flanqué de deux sortes d'ailerons membraneux formés par des prolongements très-fins
de la pie-mère.

Mais partout le développement proportionnel de
cet organe, devenu un véritable lobe, est de beaucoup supérieur au degré qu'il atteint dans le reste
des vertébrés. Dans le turbot, par exemple, *pl.* XI,
fig. 1, et dans le congre, *pl.* XII, *fig.* 2 et 3, ce lobe
est aussi gros que le cervelet ou que l'un des lobes
cérébraux.

Il en est de même des éminences mamillaires qui
ne manquent jamais. Quoi qu'en ait dit Arsaki
elles sont dans la baudroie, à proportion plus
développées que dans pas un animal des autres
classes de vertébrés. A la vérité elles y sont moindres, à proportion de l'encéphale, que dans le reste
des poissons. Elles ne manquent pas non plus à
la lamproie (*pl.* VI, *fig.* 1), où je n'affirme pour-

tant pas que la tige et le corps pituitaire existent.

Arsaki les dit tout-à-fait solides et pleines dans le tetrodon mola, l'uranoscopus scabrus, la scorpène rascasse, la vive, l'espadon et les spares, et creuses dans le zeus faber, la sphyrène spet, la cœpola tœnia, le brochet et les cyprins. J'ai vérifié qu'elles le sont aussi dans les raies et les squales.

Les éminences mamillaires n'ont pas, plus que le corps pituitaire, de correspondance constante de développement avec une autre partie quelconque du système cérébro-spinal.

D'après la proportion de ces éminences chez la raie bouclée, *pl.* III, *fig.* 4, chez les trigles, *pl.* VI, *fig.* 5, chez les gades, *pl.* VII, *fig.* 4; sur la morue et *pl.* IX, *fig.* 5, sur le merlan, chez le turbot, *pl.* XI, *fig.*; on voit qu'elles constituent dans l'encéphale des poissons une paire de lobes beaucoup plus importante que le cerveau proprement dit, et à laquelle on ne retrouvera rien de semblable dans les autres classes. Comme les lobes optiques, ces éminences ou lobes mamillaires ont presque toute leur épaisseur, excepté une couche superficielle, composée de fibres blanches. Une petite partie de ces fibres se continue avec les fibres des cordons inférieurs de la moelle dont les faisceaux externes se sont en partie continués dans les lames des lobes optiques, et dont ce qui reste de fibres centrales va se terminer en rayonnant dans la masse grise qui forme le lobe cérébral des poissons. A plus forte raison ne peut-on dériver de la moelle les fibres du lobe pituitaire lui-même. L'abondance de la pie-mère autour de ces parties explique assez qu'ainsi que toutes les autres elles ont été formées à leur place.

La cavité des lobes mamillaires toujours petite à proportion, communique par un orifice unique avec celle des lobes optiques, et se prolonge même dans la tige pituitaire chez la plupart des squales.

La forme de ces éminences est plus que demi-sphérique, de sorte qu'une rainure règne tout autour de leur continuité avec la moelle et avec la base des lobes optiques sous lesquels elles sont situées. C'est le long de cette rainure que passent les faisceaux des cordons inférieurs de la moelle qui vont se terminer dans les lobes cérébraux.

La quatrième paire de nerfs insérée dans tous les autres animaux vertébrés à la face supérieure du système, sur la ligne médiane, dans la rainure qui sépare les lobes optiques du cervelet, s'insère dans tous les poissons osseux, sans exception, à l'autre extrémité du diamètre vertical du système, au milieu de la rainure qui sépare en arrière les éminences mamillaires, des cordons inférieurs de la moelle (1). (Voy. *pl.* VII, *fig.* 4, sur la morue; *pl.*

---

(1) Il est bon d'observer que ce fait si important, de l'insertion de la quatrième paire à l'extrémité inférieure du diamè-

VIII, *fig.* 1, sur le cycloptère lump; *pl.* XI, *fig.* 1, sur le turbot; *pl.* XII, *fig.* 2, sur le congre.)

C'est dans la partie latérale de cette rainure que s'insère la troisième paire de nerfs dans tous les poissons osseux ou cartilagineux sans exception. Enfin, c'est sur le contour antérieur de ces éminences et dans la partie antérieure de la rainure qui les sépare des lobes optiques, que se dirigent les fibres ou les lames des nerfs optiques. Les plus inférieures de ces fibres et de ces lames des nerfs optiques se continuent visiblement chez un grand nombre de poissons avec les fibres supérieures des lobes mamillaires.

6°. et 7°. *Des lobes cérébraux et des lobes olfactifs.*

Dans tous les poissons osseux, le peu de fibres moyennes et internes des cordons inférieurs de la moelle qui ne sont pas terminées dans les lobes optiques ou dans les éminences mamillaires, se prolongent au-dessus de l'insertion des nerfs optiques sous forme de deux courts et minces filets,

tre vertical de l'encéphale, a échappé à M. Serres. Mais ce qui est inexplicable, c'est que ce savant anatomiste supposant que cette insertion est la même dans les poissons osseux que dans les poissons cartilagineux, dans les oiseaux, dans les reptiles et dans les mammifères, fasse de cette fausse supposition le principe fondamental de la détermination de l'encéphale de ces mêmes poissons osseux. (Voy. Serres, *Anat. comp. du cerveau*, tom. I, pag. 200 et suiv.)

jusqu'à la base de deux tubercules solides de matière grise dans laquelle ils s'enfoncent. En y pénétrant ils communiquent entre eux par une commissure dont la blancheur tranche sur la couleur de ces deux tubercules, qui sont par leur place les analogues des couches optiques ou noyaux postérieurs de ces lobes cérébraux chez l'homme et les mammifères. Car, comme les lobes cérébraux dans les mammifères sont l'assemblage de fibres nerveuses de trois origines différentes, savoir, les unes venant de la moelle par les pyramides, les autres des couches optiques, les dernières des corps striés, il est évident que par lobe cérébral on ne peut entendre chez les poissons osseux un organe composé comme chez les mammifères. En effet, ce tubercule des poissons osseux n'a pas une fibre blanche, il est seulement l'aboutissant des fibres les plus longues de la moelle. Or, dans les mammifères, la partie du lobe cérébral la plus voisine des lobes optiques, celle qui ne forme qu'une masse de matière grise, et qui est unie avec son analogue par une commissure blanche, laquelle à travers la substance grise va joindre les fibres venant de la moelle, c'est la couche optique.

Le lobe cérébral des poissons osseux ne représente donc que la seule couche optique de ce lobe, tel qu'il existe chez les mammifères, les oiseaux et même la plupart des reptiles.

Au devant du lobe cérébral et ne lui adhérant

que peu ou point, existe dans la plupart des poissons osseux, moins les cyprins, les gades, les silures, etc., une autre paire de lobes également
solides et formés de matière grise. Un petit ruban
de fibres blanches étendu sous les lobes cérébraux
sans y adhérer le plus souvent, mais toujours
s'en distinguant par sa couleur blanche, unit chacun de ces lobes à la commissure des lobes cérébraux, ou, pour mieux dire, des extrémités terminales de la moelle enfoncées dans ces lobes. On
voit en dessous ces deux rubans, *pl.* XII, *fig.* 2,
sur le congre; et en dessus sur le mugil cephalus,
pl. VI, *fig.* 4.

Parmi les espèces de poissons osseux que j'ai
étudiés, sur le seul congre, où les lobes olfactifs forment la plus volumineuse des paires de lobes encéphaliques, le ruban d'insertion ou le pédoncule
de ces lobes à la moelle, envoie un petit filet blanc
dans les lobes cérébraux. Ce filet ne se voit qu'en
regardant de côté quand on écarte le lobe cérébral du ruban subjacent. Le lobe olfactif du congre communique donc avec deux parties différentes de l'encéphale. Cette double connexion est
comparable à celle du ruban par lequel le nerf optique se continue d'une part avec la couche optique et la partie centrale blanche du lobe cérébral
même, et d'autre part avec le tubercule quadri-ju-
meau antérieur, chez l'homme et la plupart des
mammifères.

Je ne connais pas d'autre exemple de double communication d'organes encéphaliques dans les poissons.

Dans les cyprins, *pl.* I, *fig.* 2, chez la carpe ; *pl.* X, *fig.* 1, chez le barbeau; dans les gades, *pl.* VII, *fig.* 5, chez la lotte; dans les silures; dans les tetrodons, *pl.* V, *fig.* 1, etc., les lobes cérébraux terminent l'encéphale en avant. Les lobes olfactifs sont hors de la cavité cérébrale, et leurs pédoncules ont quelquefois une longueur double ou triple de l'encéphale. Ces pédoncules, formés par deux ou trois filets semblables à ceux par lesquels les nerfs spinaux s'insèrent à la moelle chez l'homme et les mammifères, se terminent à la petite commissure des lobes cérébraux. Ces filets passent, sans y adhérer, sous les lobes cérébraux qu'on en peut écarter pour les voir.

Quand le lobe olfactif est situé ainsi contre la narine loin du cerveau, il constitue un ganglion grisâtre bien plus consistant que le lobe olfactif ordinaire. Et comme dans ce dernier cas, et lors même de son plus grand développement, par exemple, dans les murènes, *pl.* XII, *fig.* 1 et 2, ce lobe a la même consistance, la même couleur que dans les gades, silures, etc.; comme enfin dans les muges, spares, etc., le pédoncule du lobe olfactif se prolonge en avant du cerveau d'une ou deux fois le diamètre de ce lobe; il suit qu'il n'y a entre le lobe olfactif des gades, cyprins, etc., et celui

des autres poissons osseux, il n'y a d'autre différence que la longueur de ce pédoncule, ou, ce qui
est la même chose, l'inégalité de la distance au
cerveau.

En conséquence, la longueur du pédoncule du
lobe olfactif, quelle qu'elle soit, n'implique pas
que le lobe terminal ne soit pas l'analogue du
lobe olfactif, que l'on verra chez l'homme et les
mammifères ne communiquer aussi avec le cerveau
que par un ruban double ou triple de la longueur
même du lobe.

L'existence simultanée d'une paire de lobes, où
aboutissent les nerfs olfactifs, et d'une autre paire
de lobes, intermédiaire à celle-là et aux lobes optiques, est la seule règle pour déterminer les lobes
cérébraux, qui forment alors cette paire intermédiaire.

Or dans ce cas, le volume du cerveau, relativement à la masse totale de l'encéphale, ne varie pas,
quelle que soit la grosseur des nerfs et des lobes olfactifs. Au contraire, les lobes olfactifs grandissent
ou diminuent constamment comme les nerfs olfactifs eux-mêmes. Le cerveau n'est donc lié par aucun rapport de volume, ni avec les nerfs olfactifs,
ni avec leurs lobes.

Or dans les dauphins, où le cerveau est parfaitement déterminé par sa seule composition et par sa
grande ressemblance avec celui de l'homme, il n'y

a ni nerfs ni lobes olfactifs. Et ce cerveau est pourtant à proportion presqu'aussi volumineux que celui de l'homme. Le plus grand développement possible du cerveau, peut donc coïncider avec l'absence totale et de lobes et de nerfs olfactifs.

Dans le tetrodon mola, *pl.* V, *fig.* 1, le nerf olfactif est réduit à un état rudimentaire absolument capillaire sur toute sa longueur, qui égale trois fois celle du système cérébro-spinal entier; et il y a au devant des lobes optiques une paire de lobes, en proportion ordinaire avec l'encéphale des poissons. Le rudiment de nerf olfactif ne se termine pas dans ces lobes, mais, dans leur commissure. Ces lobes, qui d'ailleurs précèdent les lobes optiques, sont donc les lobes cérébraux.

Le défaut de lobes olfactifs coïncide ici avec l'état capillaire du nerf, dernier degré d'existence qui en précède l'anéantissement.

Jamais le nerf olfactif n'est continu avec le cerveau, mais seulement avec son propre lobe particulier, dont la communication avec le cerveau ou plutôt avec l'extrémité antérieure des cordons inférieurs de la moelle, ne se fait que médiatement et par un pédoncule, chez tous les poissons osseux. Dans le cas d'état rudimentaire, le nerf olfactif n'a pas de lobe et se rend directement à la com missure des lobes cérébraux.

Le nerf olfactif ni son lobe ne dépendent donc

du cerveau , ni pour les connexions anatomiques,
ni pour les rapports de développement et de structure chez les poissons.

Quand donc il n'y a qu'une seule paire de lobes
au devant des lobes optiques, si cette paire est immédiatement continue avec les nerfs olfactifs, et si
elle grandit et diminue comme eux, cette paire de
lobes n'est pas le cerveau , mais les lobes olfactifs
(Voy. *pl.* I, *fig.* 1, pour la raie bouclée; *pl.* II,
fig. 1, pour la raie ronce; *pl.* III, *fig.* 1 et 2, pour
le sq. galeus; *pl.* IV, *fig.* 1 et 2, pour le sq. catul.;
pl. V, *fig.* 2, pour la torpille).

Le cerveau manque donc alors.

Or ce cas arrive chez les squales et les raies. Ces
animaux manquent donc de cerveau.

Comme dans le cas de l'existence des lobes cérébraux, chez les poissons osseux, la communication des lobes olfactifs avec la moelle, se fait au-
dessous des premiers, il suit encore que l'absence
de lobes cérébraux , chez les raies et les squales,
ne change pas les rapports d'insertion des nerfs olfactifs et optiques.

C'est dans les raies et les squales que les lobes
olfactifs parviennent au plus grand développement
connu chez tous les animaux à vertèbres. Ces lobes, quoique solides et soudés en une seule masse
dans les raies, y représentent au moins le tiers de
toute la masse encéphalique. Dans la seule torpille ils sont comparativement rudimentaires quoi-

que supérieurs à tout ce qui existe dans les poissons osseux, moins les murènes.

Dans les squales ils sont constamment plus développés que chez les raies ; dans la roussette
(*pl.* IV, *fig.* 1), où ils sont sillonnés de nombreuses et profondes circonvolutions qui rappellent celles du cerveau des mammifères, ils représentent la moitié de l'encéphale. Dans le marteau
(sq. zygœna) leur proportion est encore supérieure
d'après Arsaki. Dans les squales glaucus, carcha-
rias et griseus, ils sont moins développés; mais dans
toutes ces espèces (excepté peut-être le zygœna, que
je n'ai pu examiner) ils diffèrent de leurs analogues chez tous les autres poissons par les ventricules
larges et spacieux dont ils sont creusés, et qui se
propagent dans le nerf jusque contre la narine.
Partout ces lobes sont formés de substance grise
très-épaisse. Leur cavité dans les squales est revêtue
d'une mince couche de matière blanche et pourvue
d'une pie-mère abondante, qui s'y introduit au
milieu par un trou communiquant avec la cavité
commune des lobes optiques, et latéralement par
une fente ouverte en dehors en arrière de chaque
lobe.

*De la face inférieure du système cérébro-spi-
nal des poissons.*

Sur toute sa longueur la face abdominale du système cérébro-spinal des poissons ne présente que

deux renflements : ce sont les éminences mamillaires entre lesquelles se place le corps pituitaire. Pour tous les autres lobes de la face supérieure, soit ceux qui sont communs aux poissons
avec les mammifères, soit ceux qui sont propres
aux poissons, tels que les cinq paires cervicales des
trigles, la paire gastro-pneumatique de la carpe, de
la torpille et du sur-mulet, etc.; il ne se développe
aucun renflement à la face inférieure. Au contraire,
chez les trigles et chez la carpe, comme chez les
raies et les squales, pour le cervelet et pour les replis
du lobe du quatrième ventricule, l'aplatissement de
la face inférieure y est plus marquée que sur tout
autre segment de la moelle (Voy. *pl.* IV, *fig.* 2,
pour le sq. catul. , et *pl.* VI, *fig.* 5, pour les trigles). Il n'y a donc rien ni sous le cervelet, ni sous
le quatrième ventricule, qui puisse rappeler la
protubérance annulaire, ni ce qui en a été distingué à tort chez les ruminants et les carnassiers, sous le nom, de corps trapezoïde (Tiedemann), de commissure des nerfs auditifs. (Gall.)
Ainsi donc, les fibres des cordons inférieurs de la
moelle sont libres et apparentes sur toute leur lon-
geur jusqu'aux éminences mamillaires.

Il en résulte que sur tous les points de cette
longueur, les nerfs s'insèrent à la moelle de la
même manière, puisqu'ils n'ont à traverser aucun
appareil extérieur à la moelle pour se mettre en
connexion avec ses fibres.

Je reviendrai sur ce mécanisme à l'article de la protubérance annulaire ou pont de varole des mammifères.

Il n'y a donc pas lieu de chercher chez les poissons des parties analogues à la protubérance, aux éminences olivaires et pyramidales, puisque ces trois sortes de parties, excepté les dernières qui ne sont qu'une disposition spéciale des fibres, sont sur-ajoutées ou superposées à la face inférieure de la moelle, toujours libre et découverte dans les poissons. À plus forte raison, n'y a-t-il pas lieu de chercher à ces mêmes parties des analogues sur la face supérieure de la moelle, comme l'avait proposé un illustre zoologiste.

Dans tous les poissons, excepté, comme on a vu, les lophius et les tetrodons, la moelle épinière occupe toute la longueur du canal des vertèbres, régnant lui-même sur toute l'étendue de la colonne.

Il résulte de cette disproportion de la moelle épinière à l'étendue de son canal dans les deux cas de l'exception citée, l'intervertissement de cet accroissement de la moelle par rapport à l'encéphale, accroissement que MM. Sœmmering, Gall et Cuvier croyaient progressif à mesure que diminuait l'intelligence et qu'augmentait la force musculaire. La baudroie et le tetrodon sont peut-être, de tous les poissons et même de tous les vertébrés, ceux qui ont le plus de masse musculaire, et ce sont de tous les animaux ceux qui ont la plus petite moelle épinière. Enfin, relativement aux masses musculaires à exciter, tous les poissons, sans exception, ont à proportion de tous les vertébrés les plus petits organes nerveux, lors même que la moelle occupe toute la longueur du canal.

De plus, si le rapport d'accroissement de la moelle épinière, avec le volume de l'encéphale, était une exacte mesure de la proportion d'intelligence, les deux poissons cités tout-à-l'heure devraient avoir au moins autant de génie que l'homme. En conséquence, à quelque degré qu'existe ce rapport, il n'en peut résulter aucune indication pour mesurer les facultés intellectuelles ou instinctives des animaux.

Du système cérébro-spinal des Lamproies.

Les lamproies, qui forment en grande partie la première famille du premier ordre des poissons dans la série des chondroptérygiens (Règne animal par M. Cuvier), ont un système cérébro-spinal tellement différent pour la forme et surtout pour la structure et les propriétés physiques de celui de tous les autres poissons, qu'il est indispensable d'en parler séparément.

Tout le monde sait que la colonne vertébrale et le crâne de ces poissons offre une consistance cartilagineuse extrêmement molle. J'ai examiné à la fin du printemps, en mars, avril et mai, et au commencement de l'automne, un très-grand nombre de lamproies (petromyzon maximus), et je n'ai point trouvé leurs cartilages plus solides que ceux du petromyzon fluviatilis et du petromyzon branchialis au mois de décembre. Ce périodisme de dureté et de mollesse, que l'on a attribué à la colonne vertébrale des lamproies, me paraît donc au moins douteux.

L'enveloppe membraneuse du système cérébro-spinal de toutes les lamproies, par une dissection très-soignée, se sépare en deux tubes concentriques l'un à l'autre. Le tube extérieur, transparent et d'une extensibilité qui va jusqu'à tripler sa longueur, adhère aux parois du canal cartilagineux par une cellulosité fibreuse et très-élastique. On n'y aperçoit aucune trace de vaisseaux. Le tube intérieur adhère au précédent par un tissu floconneux assez rare, qui empêche de distinguer si tout le long de la colonne vertébrale les nerfs se terminent sur le premier tube ou sur le second.

Ces deux enveloppes conservent une demi-transparence et une texture sèche particulières, jusqu'au quatrième ventricule. Mais à cette hauteur, il se dépose dans leurs mailles, dont le tissu devient moins serré, une sorte de pulpe grise, piquetée de granulations noires. Depuis la limite de ce changement jusqu'au devant des lobes optiques, la gaine de ces membranes s'écarte bien davantage du système cérébro-spinal que dans le rachis.

Aussi ne se replie-t-elle pas dans l'intervalle des différents lobes. Sa périphérie dans le crâne décrit une sorte d'ellipsoïde. Tout le long de la colonne vertébrale, sa face interne, entièrement lisse, n'a aucune adhérence, ni même aucun contact avec la moelle. Dans le crâne elle se continue en dessus et en dessous à l'encéphale par des prolongements vasculaires sur la ligne médiane. Supérieurement dans l'espace répondant au quatrième ventricule et aux lobes optiques, la membrane forme un long repli flottant sur les deux tiers postérieurs de l'encéphale. La face interne du plafond de ce repli est sillonnée à droite et à gauche de la ligne médiane de petites rainures transverses et parallèles, comme des barbes de plume sur la tige. Ces rainures séparent des feuillets rougeâtres disposés à peu près comme les petites lames des narines des poissons. Deux petits vaisseaux passent de cet appareil dans le quatrième ventricule.

Cette enveloppe (représentée en position par la face inférieure, *pl.* VI, *fig.* 1). quoique partout distante du tube cartilagineux qui l'entoure y adhère par de nombreux filaments très-fins qui sont peut-être autant de petits vaisseaux. Ces adhérences sont moins nombreuses autour de l'encéphale. L'intervalle de tous ces filaments est rempli par une sorte d'huile liquide, qui maintient le tube membraneux dans une situation fixe. Cette huile est plus abondante dans le crâne. La face in-

terne du tube intérieur est partout lisse et écartée du système cérébro-spinal par un liquide
presque transparent, qui est surtout abondant
autour du lobe du quatrième ventricule. Comme
sur toute la longueur de la moelle épinière et
jusqu'à la commissure du quatrième ventricule,
aucun nerf ne traverse l'enveloppe pour se ren-
dre à la moelle, c'est ce liquide intérieur qui seul
maintient la moelle épinière dans une position
constante par rapport à l'axe du canal. Aucune
membrane ne peut être aperçue par aucun moyen,
même aux plus fortes loupes, sur la surface de la
moelle épinière et de l'encéphale. Le tube membraneux sert donc à la fois de pie-mère et d'arachnoïde. Car on a vu qu'il n'y a pas de dure-mère
chez les poissons.

La *moelle épinière* sur toute sa longueur est
demi-transparente, parfaitement homogène, comme une gelée végétale ou animale, et d'une couleur
opaline. Elle forme un ruban horizontalement
aplati, et dont les bords légèrement arrondis sont
parfaitement lisses. Pas le moindre filament ne
s'étend de sa surface au pourtour du tube membraneux circonscrit. Vue à la loupe et au mi-
croscope, sa substance n'offre aucune disposition
ni globuleuse, ni linéaire; et quand on l'étend sur
une lame de verre, dans un beau jour de mars ou
d'avril, elle s'évapore rapidement, et il n'en reste
qu'une empreinte presque sans épaisseur, sur la-

12

quelle on ne voit que trois lignes parallèles longitudinales, d'une ténuité presque géométrique. Au
contraire, toute la matière de cette substance se conserve si bien dans l'alcool qu'au bout de deux ans le
ruban de la moelle, ainsi que le tube membraneux
circonscrit, n'ont subi qu'un léger retrait, de sorte
que l'intervalle de la moelle à la meninge a conservé
ses proportions, et que la matière de la moélle n'a
perdu que sa transparence. Par l'effet de cette conser-
vation, la différence de structure de la moelle et des
lobes encéphaliques, continue de se prononcer bien
distinctement. Tous ceux-ci paraissent formés d'une
aglomération de petites globules, la substance de
la moelle reste compacte et homogène.

Or, cette moelle, qu'une évaporation de quelques heures a consumée, et que l'acool a conservé
presque dans son intégrité durant deux années,
forme sur une lamproie d'environ trois pieds de
long un ruban d'une ligne de large et d'à peu près
un quart de ligne d'épaisseur. En mars, en avril
et mai, la cohésion de ses molécules est telle chez
la lamproie, que son élasticité prête cinq à six fois
de suite, à des allongements plus que doubles de
la dimension primitive, et à autant de restitutions
de cette longueur. Dans cet allongement il n'y a
aucun redressement d'angles ni de courbures. C'est
la même apparence que dans l'extension d'un ruban de gomme élastique. Or, rien n'est moins ex-
tensible, n'est plus fragile, que la matière céré-

brale, blanche ou grise, des autres animaux vertébrés. Au contraire, au mois de décembre, dans
les pétromyzons fluvialis et branchialis, la moelle
épinière est tout à fait inextensible et aussi fragile
que le serait un morceau de cartilage découpé en
une lame étroite et très-mince. Ces différences, dans
l'état physique de la moelle de ces animaux, y sont-
elles permanentes ou périodiques?

Quoi qu'il en soit il n'y a pas dans cette moelle
épinière, la moindre apparence ni de sillons latéraux ou médian, ni de rainure même superficielle, ni de canal central, ni de cette division, prétendue nécessaire, en huit cordons, nombre dont l'harmonie aurait été préétablie depuis l'homme jusqu'au
polype. Il n'y a non plus aucune démarcation de
substances hétérogènes; disposition aussi supposée
nécessaire et constante par un physiologiste qui fit
dépendre de l'existence de la matière grise au centre
de la moelle, l'excitation des mouvements, quoique
tous les poissons, et comme on va voir, tous les reptiles, fussent là pour démentir cette prétendue loi.

Le *lobe du quatrième ventricule,* (*pt.*VI, *fig.* 2),
a, comme à l'ordinaire, ses deux cordons supérieurs
repliés en dedans. Mais leurs extrémités ne se réunissent pas, elles ne sont que juxta-posées sur la ligne
médiane. On en a déjà vu un exemple, même sans
juxta-position et avec un écartement sensible sur la
torpille, *pt.*V, *fig.* 2 et 3. Une rainure profonde sépare
dans les lamproies cette commissure des lobes op-

tiques, dont la voûte elle-même n'a pas ses deux moitiés soudées, mais seulement juxta-posées sur la ligne médiane.

M. Cuvier a découvert sur la raie ronce une juxta-position semblable des deux moitiés du cervelet, qui n'adhèrent en une seule masse, que par l'agglutination de la pie-mère réfléchie de leur convexité dans leur concavité; fait qui rend visible en permanence dans cette espèce le mécanisme par lequel s'est formé le système cérébro-spinal tout entier.

Les parois du quatrième ventricule sont un peu moins élastiques que la moelle épinière. Ces parois résultent de deux feuillets contenus l'un dans l'autre; le feuillet interne, seul continu à la moelle épinière, en a toute l'élasticité. En avant il se continue aussi avec la base des lobes optiques, en passant sous la commissure du quatrième ventricule, entièrement formée par le feuillet extérieur qui en avant se perd sur la couche superficielle des lobes optiques, s'amincit en arrière et finit par adhérer très-intimement et se perdre sur la surface de la moelle épinière. Quand on tire sur la moelle épinière, le feuillet intérieur se sépare des lobes optiques, et l'extérieur, qui détermine seul la figure du quatrième ventricule, reste continu à l'encéphale. On ne connaissait encore de ces dédoublements de parois qu'aux lobes optiques des poissons, où Arsaki et moi en avons découvert.

Les lobes optiques ont ensemble moins d'étendue transversale que le quatrième ventricule; et,
ainsi que je l'ai dit, ils viennent après la commissure.

Or dans la presque totalité des poissons osseux,
il existe derrière le cervelet un autre organe qu'en
sépare une fente dont la largeur et la longueur
égalent souvent la moitié ou les deux tiers de la
largeur de la moelle.

Cet organe (*pl.* VII, *fig.* 2, sur le trigla cuculus)
forme une arcade sur le quatrième ventricule. Le
cervelet peut donc exister en même temps que
cette arcade, ou sans elle, puisqu'il n'y a pas la
moindre trace de cette arcade dans les mammifères.

On ne voit pas pourquoi le cervelet pouvant exister sans cette arcade, elle ne pourrait pas exister
sans le cervelet. Toujours est-il que là où elle existe
c'est une partie de plus que là où elle manque;
c'est une partie de moins. Et, réciproquement, il
en faut dire autant du cervelet. Or comme les lobes
optiques des lamproies précèdent immédiatement
cette arcade, ces poissons n'ont donc pas de cervelet, que l'on voit déjà si petit dans la torpille,
où cette commissure est si développée.

On voit sur l'esturgeon, *pl.* V, *fig.* 4, les cordons
supérieurs du quatrième ventricule repliés aussi
immédiatement derrière les lobes optiques auxquels ils adhèrent, et se réunir sur la ligne média-

ne; aucun lobe n'existe ici derrière ces lobes optiques.

Or, si petit que soit le cervelet (même dans la
torpille, *pl.*V, *fig.* 2 et 3, la carpe, *pl.* I, *fig.* 2.)
il est toujours creusé d'une cavité. Faut-il donc,
à cause du volume de cette commissure de l'esturgeon, dont la proportion n'excède guère celle de la
torpille, en faire un cervelet? L'adhérence de la
commissure aux lobes optiques n'en est pas non
plus un motif, car on a vu par l'exemple des deux
moitiés du cervelet de la raie ronce que les mêmes
parties peuvent être ou adhérentes ou juxta-posées. L'esturgeon manque donc de cervelet, comme les lamproies.

Au devant des lobes optiques viennent des lobes
cérébraux un peu plus petits, et que surmonte
antérieurement un petit lobe impair, dont on veut
faire une glande pinéale. Comme la glande pinéale
dans tous ses degrés d'existence repose toujours
en arrière sur les lobes optiques, cette comparaison me semble inadmissible. Ce petit lobe des lamproies est donc surnuméraire au complet des autres poissons. Les lobes cérébraux sont solides. On se
souvient qu'ils manquent aux raies et aux squales.

Enfin, au devant des lobes cérébraux (voy. *pl.*V,
fig. 1 et 2) est une dernière paire de lobes, la plus
volumineuse de tout l'encéphale, et sur laquelle vient
s'appliquer le tube membraneux qui était resté
écarté de l'encéphale en arrière. Ces lobes, continus

aux nerfs olfactifs, sont donc les olfactifs. Ils sont solides comme dans les raies.

Le petit lobe impair dont on veut faire la glande pinéale est situé dans la rainure qui sépare les lobes olfactifs des lobes cérébraux. Autre raison d'exclure la détermination proposée.

L'on voit que, par toutes ces différences, les lamproies se séparent autant de la deuxième famille des poissons cartilagineux ordinaires, c'est-à-dire, des chimères, des raies et des squales, avec lesquels elles forment la première série ichtyologique, que des poissons osseux proprement dits, c'est-à-dire, de tous ceux qui ont été rangés dans la seconde série (M. Cuvier). Quant aux esturgeons, formant le deuxième ordre de la première série, leur système cérébro-spinal ressemble beaucoup plus à celui des poissons osseux qu'à celui des raies, des squales, et, à plus forte raison, qu'à celui des lamproies. Ils ne diffèrent réellement des poissons osseux que par la grandeur de la commissure du quatrième ventricule, et par le défaut de cervelet, ou, comme on voudra, par l'excès de petitesse relative du cervelet, et par le défaut de commissure au quatrième ventricule.

Il faut donc absolument, dans la classification des poissons, séparer les lamproies en un ordre distinct, à caractères plus isolés que ceux des autres poissons cartilagineux, où pourtant, comme on l'a vu, par l'absence du cerveau, chez les raies et les squales, et par celle du cervelet, chez les esturgeons, il y a raison suffisante de faire deux autres ordres tout aussi distincts entre eux que chacun d'eux l'est des lamproies et de tous les ordres de poissons osseux. Car, quant à la forme du système cérébro-spinal, tous les poissons osseux ne font réellement qu'un seul ordre, ainsi qu'on le verra pour les oiseaux. Par l'identité parfaite de l'encéphale des tétrodons, des cycloptères et des lophius avec celui des autres poissons osseux, on voit combien étaient fondés les motifs zoologiques qui ont fait rapporter par M. Cuvier ces trois genres à la grande division des poissons osseux.

CHAPITRE II.

DU SYSTÈME CÉRÉBRO-SPINAL DES REPTILES.

Sous ce nom de reptiles nous allons voir compris des êtres aussi dissemblables entre eux, pour le nombre, la figure, le plan, et l'assemblage des parties du système cérébro-spinal, que le sont réellement les animaux réunis dans la classe précédente. Déjà, par des motifs presque purement zoologiques et pour ainsi dire tirés de la superficie de ces animaux, on avait divisé les reptiles en quatre ordres. Or on va voir qu'ici les coupes zoologiques ont mieux traduit la nature que dans la grande

classe des poissons. Ces quatre coupes coïncident
justement avec les limites tracées par l'organisation du système cérébro-spinal des reptiles. Mais
il faut observer que, dans les deux premières classes
de vertébrés, les limites de ces ordres marquent des
intervalles infiniment plus larges que ces mêmes termes ne le supposent dans les oiseaux et les mammifères. De sorte que, à l'instar des quatre séries que
nous proposons dans les poissons, les quatre ordres
de reptiles, au lieu de représenter une même combinaison, un même type général d'organes comme
les oiseaux et les mammifères, (classes qui ont
réellement chacune un type unique et commun),
semblent tous avoir été construits sur des plans
et d'après des modèles particuliers et tout à fait
étrangers les uns aux autres. Il y a plus, c'est que,
d'un ordre à l'autre, ces disparités du nombre,
de la forme, de l'assemblage et du plan des parties, sont aussi grandes, on peut le dire, que celles
qui distinguent les mammifères des oiseaux. Et ces
disparités ont été autrefois plus grandes encore.
L'anatomie fossile vient dans les ichtyosaurus de
révéler l'antique existence de sauriens à charpente
osseuse calquée sur celle des cétacés, avec une paire
de membres postérieurs de plus ; dans les plésio-
saurus, celle d'autres reptiles à squelette assem-
blant une moitié antérieure de serpent sur un corps
de cétacé à quatre membres ; et, dans les ptéro-
dactyles, celle de sauriens à cou et à jambes d'oi-

seau, à tête de bécasse fendue d'une gueule dé-
mesurément longue qu'arment de petites dents vers
la pointe seulement, enfin à ailes de chauvesouris, que tend un seul et énorme doigt de la main,
où les autres restent libres et proportionnés pour
ramper ou pour s'accrocher. Par cette dernière
accumulation de formes hétéroclites, un vrai reptile avait la faculté de marcher, de se tenir de-
bout, de replier un long cou comme un oiseau,
de voler, de ramper comme une chauvesouris, et
d'assembler ainsi, dans une harmonie unique et
nouvelle, des formes qui aujourd'hui semblent
tellement propres à des plans séparés par d'immenses intervalles, que sans cet irrécusable témoignage, leur association nous eût paru impossible et contradictoire.

1°. Et d'abord on a vu le segment postérieur du
crâne des batraciens formé de deux os seulement,
et leur colonne vertébrale, formée de sept à huit
vertèbres.

Dans les grenouilles, crapauds et rainettes (voy.
pl. V, *fig.* 5, sur le crapaud commun), le système
cérébro-spinal diffère de celui des poissons, soit
osseux, soit cartilagineux, par l'absence de cervelet,
à quoi répond la réduction de l'anneau occipital ;
par l'existence d'une cavité dans les lobes cérébraux,
et par l'adjonction de la matière grise à la matière blanche dans la moelle épinière. Il y a plus,

c'est que la majeure partie de la substance de la moelle est grise, et de plus, c'est que cette matière est circonscrite à la blanche.

La proportion de forme et de grandeur de la moelle épinière varie d'un genre à l'autre. Dans les crapauds (*pl.* V, *fig.* 5), la moelle épinière n'occupe que la moitié de la longueur du canal vertébral; elle est légèrement rétrécie entre l'insertion des nerfs qui vont aux membres antérieurs, et l'insertion de ceux qui vont aux membres postérieurs. Le faisceau des nerfs lombaires et cruraux remplit la moitié postérieure du canal. Dans les grenouilles, l'insertion des nerfs lombaires et cruraux se fait plus bas que dans les crapauds, d'environ un cinquième de la longueur du canal. Mais la moelle épinière occupe le dernier tiers de cette longueur jusqu'au sacrum par un prolongement conique d'un calibre assez peu réduit, et sur lequel ne s'insère aucun nerf. La matière de ce prolongement médullaire est la même que celle de la partie supérieure de la moelle. Chez les rainettes, plus vives et plus agiles encore que les grenouilles, c'est au dernier sixième de la longueur du canal que s'insère le dernier nerf crural, et, par conséquent, le prolongement libre de la moelle jusqu'au sacrum est encore plus court et plus gros à proportion que dans les grenouilles.

Deux genres seulement de poissons osseux, nous

ont offert ces inégalités de longueur de la moelle relativement, soit au canal vertébral, soit à la taille de l'animal. En outre, la proportion de matière grise est
moindre dans la moelle épinière des crapauds que
dans celle des grenouilles et des rainettes. Le sillon
dorsal reste très-profond dans ces deux derniers
genres. Au quatrième ventricule plus grand à proportion que dans la plupart des poissons osseux,
les deux cordons supérieurs de la moelle se replient en-dedans derrière les lobes optiques, comme
chez la lamproie. Mais ils se soudent sur la ligne
médiane. La commissure qui en résulte est beaucoup plus blanche et plus mince dans les crapauds que dans les grenouilles, chez qui elle adhère et se continue aux lobes optiques; ce qui
n'a pas lieu dans le crapaud accoucheur. Le canal
central de la moelle presqu'effacée derrière le quatrième ventricule passe sous cette commissure
comme chez les poissons.

Les lobes optiques un peu rétrécis en avant, y
sont aussi un peu étranglés par un sillon transversal. Mais ces deux portions de lobe ne présentent
aucune différence. Le feuillet médullaire qui les
constitue ne circonscrit qu'une seule et même cavité; et c'est au-devant de ce petit lobule entre
les deux lobes cérébraux qu'existe la commissure blanche qui détermine les couches optiques.
Cet étranglement des lobes optiques par un sillon
ne constitue donc pas deux organes distincts, et

la couche optique est en avant, recouverte par la voûte du lobe cérébral.

La forme de ce lobe varie peu d'un batracien à l'autre. Au-devant de lui et séparé seulement par un rétrécissement, mais toujours solide, est le lobe olfactif, constamment composé de matière grise comme le lobe cérébral.

Il n'y a à la face inférieure du système cérébro-spinal d'autre renflement que la tige pituitaire, toujours située derrière le croisement des nerfs optiques. Rien ne rappelle surtout ces lobes ma-millaires qui entrent pour une si forte proportion dans l'encéphale des poissons.

2°. Les serpents rappellent les poissons par le défaut absolu de matière grise dans leur moelle épinière, et par la structure très-apparente des fibres longitudinales blanches de cet organe. Chez tous, depuis les orvets et les amphisbènes jus-qu'aux couleuvres, boas et serpents à sonnettes, la moelle épinière d'un calibre uniforme sur toute sa longueur, excepté derrière le premier quart de la queue si courte à proportion chez la plupart de ces animaux, est creusée d'un canal rempli de sé-rosité. Les parois de ce canal ont une consistance bien moindre que les couches plus excentriques, et surtout que la couche superficielle. Cette con-sistance se rapproche de celle que présentent les dernières couches concentriques formées dans l'en-céphale des mammifères à l'état de fœtus.

Le quatrième ventricule plus petit à proportion
que dans les batraciens, offre une paire de petits
tubercules, à son plancher dans la vipère d'Europe,
et sur ses bords, dans la couleuvre commune. Sa
commissure est très-petite chez l'amphisbène, *pl.*
V, *fig.* 6, réduction qui coïncide, comme on le verra, avec celle de la cinquième paire de ce serpent.
Dans le trigonocéphale, *pl.* V, *fig.* 7, cette commissure est beaucoup plus large, mais comme les
lobes optiques proéminent sur elle en arrière, on
ne peut voir toute sa largeur. Sa grandeur est encore
en proportion ici avec celle de la cinquième paire.

Ce qui varie le plus pour la grandeur dans l'encéphale des serpents, ce sont les lobes optiques.
Les extrêmes s'en observent dans l'amphisbène et
dans les trigonocéphales et les serpents à sonnettes.
Dans l'amphisbène leur petitesse coïncide avec
leur solididé. Partout ailleurs ils sont creux : mais
leur cavité a toujours ses parois lisses ; et un seul
feuillet en forme l'épaisseur.

Les lobes cérébraux ne varient que pour la figure et peu pour la proportion de grandeur. Ils
sont toujours lisses et leur cavité contient une
couche optique et un corps strié, aussi ont-ils une
commissure antérieure. Je n'ai jamais vu la moindre apparence de glande pinéale chez aucun de
ces reptiles.

Les lobes olfactifs toujours séparés des précédents par un étranglement sont solides, com-

posés de matière grise et plus gros à proportion que chez les batraciens. La glande pituitaire
presque sessile existe derrière le croisement des
nerfs optiques, et la base des lobes optiques commence à se renfler à la face inférieure de l'encéphale, comme on le verra chez les oiseaux.

3°. Chez les crocodiles, cette première famille
des sauriens qu'on a vu tant différer des autres
pour la construction de la tête, l'encéphale,
le lobe du quatrième ventricule et le premier
segment de la région cervicale, ne diffèrent
pas moins de ce qu'ils sont dans les lézards ordinaires, par exemple, les anolis, les geckos et
les lézards.

Et d'abord, à une distance du cerveau, égale
à la longueur du lobe cérébral, le lobe olfactif
creux et aussi gros sous sa forme ovoïde que l'un
des lobes optiques, reçoit, par la moitié antérieure de son côté externe, un très-grand nombre
de filets nerveux parallèles. La moitié postérieure
du lobe, plus fusiforme, se continue par un pédoncule aussi long que le lobe cérébral, avec la pointe
effilée de ce lobe. Celui-ci, de forme demi-conique
aplati, contient, sous une voûte lisse et sans circonvolutions, un corps strié en avant, une couche optique en arrière, liés à leurs parties homologues par
deux commissures antérieure et postérieure. Cette
voûte se continue en arrière et par un rétrécissement
profond avec celle des lobes optiques, qui ensemble

n'ont pas la moitié du volume d'un lobe cérébral.

Une rainure, profonde de presque toute la hauteur des lobes optiques, les sépare du cervelet qui ne se continue avec leur voûte que par un feuillet très-mince. Le cervelet, d'une forme triangulaire à angles arrondis, à peu près comme dans la morue, et contenant une cavité entre les deux replis de la lame qui le forme, recouvre le quatrième ventricule qu'il dépasse en arrière de la seconde moitié de sa longueur. Ce cervelet est presqu'aussi gros que les lobes optiques ensemble : sa lame inférieure, contigue au quatrième ventricule, se replie en arrière de manière à dessiner une sorte de frange qui rappelle la commissure de ce ventricule dans les batraciens et les serpents.

Le lobe même de ce ventricule est demi-elliptique, plus étendu en travers que d'arrière en avant. Ses rebords, contigus à la face inférieure du cervelet, se continuent avec la frange transversale de cet organe, sous laquelle passe le canal général.

Immédiatement derrière le quatrième ventricule la moelle se rétrécit au point de n'avoir pas plus de calibre que le lobe olfactif, et à une distance à peu près égale au travers de ce lobe, elle se dilate en un renflement fusiforme, presqu'aussi long que l'encéphale même, et dont le plus grand diamètre, égale presque celui d'un lobe cérébral. La plus grande amplitude de ce renflement répond à l'arc mobile de l'atlas.

Dans les lézards ordinaires, le système cérébro-spinal ne diffère, quant à la forme, de celui des serpents, que par la plus grande proportion du cerveau et du cervelet. D'ailleurs, à peine aperçoit-on une légère augmentation de calibre à la moelle épinière, dans l'intervalle des membres; je ne puis rien affirmer sur cette uniformité de calibre de toute la longueur de la moelle, chez les crocodiles. Mais je l'ai constaté sur les lézards vert et gris, les anolis, les iguanes, le caméléon, etc.

L'encéphale du caméléon ordinaire, diffère de celui des autres sauriens, par l'absence complète de lobes olfactifs, la forme tout à fait ovoïde de ses lobes cérébraux plus que doubles des lobes optiques qui sont sphériques, et par la plus grande proportion du cervelet. Les nerfs olfactifs rudimentaires dans la même proportion que chez les tétrodons, aboutissent directement à la moelle comme dans ces poissons.

4°. Dans les chéloniens, la tortue d'Europe par exemple (*pl.* III, *fig.* 6), le système cérébro-spinal ressemble à celui des poissons quant à la composition de la moelle épinière par la seule substance blanche. La coupe du canal central s'y présente sous la figure d'une circonférence, où les sommets des arcs par lesquels passe le diamètre vertical seraient rentrés dans le cercle jusqu'au contact. Il en résulte l'apparence d'un double canal de chaque côté de la ligne médiane. C'est probablement à une disposition semblable du fond du repli supérieur de la pie-mère qu'il faut attribuer l'existence d'un double canal, observé quelquefois dans la moelle épinière de l'homme, et dont Gall (Anat. et phys. du syst. nerveux), a rapporté deux exemples. Mais vers le quatrième ventricule les deux arcs inférieur et supérieur de ce canal reprennent leur excentricité, et l'apparence d'un double canal s'évanouit.

On a vu dans le surmulet, chez les poissons osseux et surtout chez l'esturgeon, un plafond d'une substance plutôt vasculaire que nerveuse, se prolonger sous le cervelet sans se continuer avec lui, et fermer en dessus le quatrième ventricule.

Ce plafond du quatrième ventricule est au maximum d'existence chez les tortues.

Ce plafond (*pl.* X, *fig.* 3, vu en dessus, *fig.* 4 de profil, et *fig.* 5 en section), n'a aucune continuité de substance, ni avec le cervelet ni avec la moelle épinière. Il résulte uniquement de l'interposition d'une matière particulière rougeâtre et pulpeuse dans l'écartement des mailles de la pie-mère. Son épaisseur disparaît insensiblement vers la pointe du quatrième ventricule, où ce n'est plus qu'une simple toile transparente continue à la pie-mère. Latéralement son épaisseur se maintient, et est coupée brusquement par un bord arrondi juxta-posé à celui du cordon supérieur de la moelle, cordon qu détermine le quatrième ventricule. En avant où il est plus épais, ce plafond est coupé par une échancrure qui répond à la pointe du cervelet. Les vaisseaux de la pie-mère, entrelacés à la substance de ce plafond, lui donnent une grande résistance, et l'on peut tirer assez fortement sans qu'il se déchire, ni qu'il se sépare du segment de la pie-mère circonscrit au quatrième ventricule. La face inférieure de ce plafond est feuilletée à droite et à gauche de la ligne médiane, par de petites lames transversales, comme au plafond du quatrième ventricule des lamproies. Sa face supérieure présente aussi des sillons et des reliefs transverses (Voy. *pl.* XI, *fig.* 4 et 5). Les cordons inférieurs de la moelle sont bien prononcés au fond du quatrième ventricule. Les cordons supérieurs à bords bien lisses et arrondis autour de cette cavité, n'ont aucune continuité avec son plafond. Ces cordons supérieurs et inférieurs, se font remarquer par leur éclatante blancheur.

Dans la tortue d'Europe et dans le couï (*testudo radiata*), le cervelet ne forme qu'une simple voûte étendue en travers d'un cordon supérieur à l'autre, et sans développement d'une cavité entre deux parois adossées comme dans les poissons, soit cartilagineux, soit osseux; cavité qui existe au contraire dans la tortue de mer (*testudo mydas*). Il est de substance grise extérieurement : d'ailleurs il se continue en avant avec la voûte des lobes optiques. La lame qui, par ses évolutions, forme toutes ces parties, est d'une épaisseur uniforme, dans les deux premières espèces. Mais dans la dernière, le cervelet formé comme celui des poissons osseux, a son feuillet supérieur trois fois plus épais que l'inférieur, et ce feuillet s'amincit beaucoup au fond du pli très-profond, par lequel il se continue avec les lobes optiques. La cavité de ces lobes est simple et sans appareil intérieur. Leurs parois sont d'un seul feuillet de substance blanche et ont la même épaisseur proportionnelle que dans les raies.

La glande pinéale plus volumineuse et de la même forme qu'un des lobes optiques dans la tortue couï, est très-allongé et elliptique dans la tortue d'Europe (*pl.* XI, *fig.* 3 et 4), plus allongée et plus mince encore dans le caret (*testudo my-das*). Elle repose sur le devant des lobes optiques et sur la commissure postérieure du cerveau. Cette commissure passe de la surface supérieure d'une couche optique à l'autre. Entre les deux couches optiques et au-dessous se développe le troisième ventricule, communiquant en arrière avec le quatrième par l'aqueduc de Sylvius, où s'ouvrent ainsi que dans les oiseaux les cavités des lobes optiques. En avant, le troisième ventricule est fermé supérieurement par la commissure antérieure, en bas par l'adossement des nerfs optiques aux lobes cérébraux, comme chez les oiseaux; en bas et au milieu, il communique avec la cavité de la glande pituitaire; latéralement et en haut sur le bord de la couche optique et au-dessus des pédoncules de la glande pinéale adhérants à cette couche, il communique avec le ventricule latéral par une fente qui donne passage à un plexus choroïde très-developpé et formé de trois arborescences terminées par des houppes vasculaires, qui rappellent la disposition d'une grappe de raisin, (*pl.* XI, *fig.* 3 et 6).

La glande pinéale recouvre deux couches optiques, plus petites chacune qu'un lobe optique. Chacune d'elles envoie un très-petit faisceau s'unir à la commissure antérieure, au moment où elle pénètre dans les corps striés. La commissure propre des couches optiques n'est nullement apparente dans la tortue couï : elle est bien visible dans le caret. Il n'y a donc aucun rapport de proportion de la glande pinéale, ni avec les couches optiques, ni avec leur commissure, puisque c'est justement là où cette dernière partie manque, que la glande pinéale a son maximum d'existence. C'est dans les couches optiques que se continuent le plus grand nombre des fibres des nerfs optiques, dont le plus petit nombre seulement parvient aux lobes de ce nom.

Les lobes cérébraux ont une voûte plus étendue à proportion que dans les oiseaux, et repliée en bas jusqu'au fond de la scissure des lobes. En avant la voûte du lobe, toujours plus ou moins allongé

selon les espèces, est étranglée par un sillon circulaire, qui forme la limite où la matière cérébrale
devient plus grise. Ce sillon marque le lobe olfactif dont la cavité communique avec celle du lobe
cérébral. Le lobe olfactif est plus développé dans
le couï que dans les deux autre espèces.

La commissure antérieure des lobes cérébraux
qui ici représentent plus de la moitié de la masse
de l'encéphale, le corps strié, les voûtes et les
parois du ventricule latéral, enfin ce nouveau lobe
de la glande pinéale, sont autant de parties qui
n'existent chez aucuns poissons. On se souvient que
dans leur classe la seule couche optique représente
tout le cerveau.

C'est donc réellement l'extrémité antérieure de
l'hémisphère cérébral, encore creuse en cet endroit, qui donne naissance ou insertion au nerf
olfactif. Ce nerf n'a donc évidemment ici aucune
connexion avec la moelle.

Tous les lobes de l'encéphale adhèrent entre eux
par une pie-mère très-riche, qui s'interpose dans
leurs moindres intervalles.

La particularité anatomique la plus importante
pour la physiologie dans ces reptiles, c'est la figure
de la moelle épinière (*pl.* III, *fig.* 4). Deux renflements fusiformes, de longueur et de diamètre sensiblement égaux, correspondant aux nerfs qui vont
aux membres, séparent trois autres tronçons dont
l'intermédiaire, répondant aux trois paires de

nerfs du milieu du dos, n'a pas le quart du diamètre des renflements, et par conséquent le seizième de leur calibre. En cet endroit la moelle
épinière ne consiste presque plus qu'en ses enveloppes : le tronçon cervical n'a guère en calibre
que le tiers des tronçons correspondant aux membres. La dernière moitié du tronçon caudal n'a plus
guère aussi que les enveloppes.

Les deux faces inférieure et supérieure de la
moelle n'offrent pas le moindre lobe ou renflement,
jusqu'à la couverture du quatrième ventricule en
dessus, et en dessous jusqu'aux renflements inférieurs des couches optiques. Il n'y a pas, plus
que dans les poissons, de pyramides, d'éminences
olivaires ni de protubérance. Tous les nerfs s'insèrent donc sur les fibres longitudinales de la moelle
qui sont partout immédiatement à découvert. Néanmoins les cordons inférieurs de la moelle, acquièrent au plancher du quatrième ventricule, un ex-
cés de volume fort remarquable; mais toutes les
fibres en sont longitudinales. Il n'y existe non plus
aucun amas particulier de matière grise, comme
nous en verrons aux mammifères.

CHAPITRE III.

DU SYSTÈME CÉRÉBRO-SPINAL DES OISEAUX.

En zoologie, l'on avait déjà été frappé de la com-
pacité, de l'homogénéité, pour ainsi dire, de la
classe des oiseaux et du large intervalle d'organisation qui les sépare des trois autres classes de
vertébrés. C'est en effet des seules proportions du
bec, des membres, des doigts et des ongles, que
sont tirés les motifs de la division des oiseaux en
ordres, en familles et en genres. Cette unité de
plan si parfaite dans la charpente osseuse des oiseaux, est bien plus frappante encore dans leur
système cérébro-spinal. Non-seulement ce système
n'offre pas, d'un genre ou d'un ordre à l'autre,
comme chez les poissons et les reptiles, ni de certaines parties de plus, ni de certaines parties de
moins, mais ses différents lobes conservent partout
invariablement leur situation et leur figure. Il n'y
a ici que la proportion de volume qui varie. Et cette
variation reste dans des limites constamment plus
étroites que chez aucuns des animaux des diverses
autres classes; à tel point que plusieurs genres fort
distants dans la classification zoologique pourraient
être comparés, sous ce rapport des proportions du
système cérébro-spinal, sans qu'il fut toujours

possible d'y trouver quelque différence un peu appréciable.

Le système cérébro-spinal ne diffère essentiellement de celui des tortues quant à la forme, que par l'absence de plafond au quatrième ventricule, par la figure de son cervelet comprimé en carène demi-circulaire, par la dépression des lobes optiques sous cet organe et sous la partie postérieure des lobes cérébraux, par l'isolement dans un grand nombre de genres, des lobes olfactifs d'avec les lobes cérébraux; enfin par le ventricule résultant, chez tous les ordres depuis les falco ou oiseaux de proie diurnes jusqu'aux plongeons, aux grèbes et aux canards, de l'écartement des deux cordons supérieurs de la moelle dans l'intervalle correspondant aux nerfs des membres postérieurs. Quoi qu'en ait dit M. Serres, il n'existe pas de ventricule à l'intervalle des ailes, et toujours, même chez les plus grands voiliers le renflement y est moindre qu'aux membres postérieurs.

Une importante différence de composition que présente le système cérébro-spinal des oiseaux avec celui des deux classes précédentes, c'est l'existence de la matière grise concentriquement à la matière blanche dans toute la longueur de la moelle épinière, et le recouvrement des lobes optiques par le cerveau en avant et par le cervelet en arrière.

D'après la loi de formation du système cérébrospinal par la pie-mère, on juge d'avance que ni l'existence de cette matière grise à l'intérieur de la moelle, ni ce recouvrement des lobes optiques par le cerveau et le cervelet, ne sont primitifs.

En effet, ce n'est qu'après la sortie de l'œuf que la matière grise commence à se déposer dans la moelle épinière dont jusque-là les parois très-minces étaient creusées d'un large canal; et, durant la première moitié de l'incubation, la voûte des lobes optiques, culminait à la face supérieure du système entre le cerveau et le cervelet comme on l'observe en permanence dans les poissons et les reptiles. Mais dans la seconde moitié de l'incubation, par leur accroissement simultané, le cerveau et le cervelet se dirigent l'un vers l'autre, la pointe de celui-ci entre les deux lobes de celui-là. En même temps la voûte des lobes optiques qui a cessé de croître en épaisseur, s'affaisse, s'aplanit, et leur base se renfle inférieurement par la superposition des couches qui se forment dans ce sens. Mais une prétendue transformation de ces deux lobes en quatre autres, vers la fin de la première moitié de l'incubation, par un sillon que trace sur leur voûte le retrait des fibres nerveuses et de la pie-mère, si on les plonge dans l'alcohol, n'arrive jamais naturellement. Et l'on n'aurait que des motifs bien illusoires pour reconnaître la nature des parties de cerveau, si on les déterminait par l'influence qu'exerce sur leur forme un réactif chimique. La seule raison déterminante de la nature de ces lobes, c'est leur continuité avec les nerfs optiques. Ce développement inférieur des lobes optiques, par leur base et leur aplatissement par en haut, tient à ce que, au moment de l'accroissement du cerveau et du cervelevet, leur voûte n'est formée que par une simple membrane dont la structure reste apparente toute la vie.

Ainsi que chez les tortues (Voy. *pl.* III, *fig.* 6 et 9), la moelle épinière a deux renflements fusiformes répondant chacun à l'intervalle de chaque paires de membres.

Produits d'avant en arrière, d'après les observations microscopiques de M. Rolando (1), les cordons inférieurs seraient déjà formés sur toute leur longueur à la quatorzième heure de l'incubation; à la seizième, les cordons supérieurs ne répondraient, par leurs extrémités postérieures divergentes, qu'à l'intervalle des ailes; et à la vingt-troisième, à l'angle antérieur du ventricule inter-fémoral. Ce n'est qu'après cette époque que les cordons supérieurs se rejoindraient derrière ce ventricule, pour completter en dessus le prolongement caudal de la moelle : mouvement toujours terminé long-temps avant la naissance.

_____

(1) Voy. *Ricerche anatomiche sulla struttura del midollo spinale,* etc., *con figure.* In-8° *torino,* 1824; *e* D*izionario periodico di medicina.*

Pendant le reste de l'incubation ce renflement est largement ouvert et le liquide, dont se séparent comme par précipitation les couches concentriques qui oblitèrent progressivement le canal de la moelle, en distend fortement la pie-mère. Dix à douze jours après l'éclosement, il se forme dans le liquide toujours subsistant en cet endroit, une matière nacrée qui se dispose en une masse ovoïde et reste toute la vie flottante dans la sérosité qui remplit ce ventricule. Ce n'est que dans les derniers jours de l'incubation et dans les premiers qui suivent l'éclosement, que se prononce le renflement inter-scapulaire. La proportion de matière grise y est toujours beaucoup moindre qu'au renflement inter-fémoral. Jamais il ne s'y développe de cavité intérieure, et à plus forte raison de cavité ouverte extérieurement comme M. Serres l'a prétendu. Le canal y est oblitéré par la matière grise, aussi-bien que dans les tronçons qui lui sont supérieur et inférieur. Toujours aussi, quoi qu'en ait dit cet anatomiste, même chez les plus vigoureux oiseaux de proie, les faucons, les milans, les éperviers, ainsi que chez les hérons, etc., le calibre de ce renflement es inférieur d'au moins un quart à celui du renflement inter-fémoral.

Enfin, si les observations de M. Rolando sont exactes, on voit combien est inapplicable, aux oiseaux, ce mécanisme de formation ascendante de la moelle, dont M. Serres a fait aussi une autre loi générale.

Dans tous les oiseaux, depuis les aigles jusqu'aux palmipèdes, la moelle épinière derrière le ventricule inter-fémoral décroît lentement de volume et se continue en forme de cône jusqu'à la dernière vertèbre coccygienne, aplatie en forme de disque pour porter et mouvoir les pennes de la queue. Les oiseaux sont donc de tous les vertébrés ceux où la moelle épinière est à proportion plus volumineuse et plus longue, puisqu'elle occupe toute la longueur de la colonne vertébrale. Or, les oiseaux sont de tous les vertébrés ceux qui ont la queue la plus courte. La réduction de cette partie de leur colonne vertébrale, ne dépend donc pas de l'ascension de la moelle, et cette ascension de la moelle dans le canal, n'a donc aucun rapport avec la réduction de la queue, malgré la prétendue loi qu'on a faite encore à ce sujet. Car la moelle épinière des oiseaux est, eu égard à la longueur du tronc, plus étendue que dans ceux des mammifères, où elle l'est davantage.

Le quatrième ventricule est bordé intérieurement à partir de son angle postérieur par deux petits faisceaux de fibres plus blanches que celles des cordons supérieurs de la moelle, et qui semblent naître du point où ceux-ci divergent, pour former cette cavité. Les fibres de ces faisceaux, additionnels à ce que nous avons vu jusqu'ici, se continuent dans les pédoncules extérieurs et posté-

rieurs du cervelet. Le cervelet appuye inférieurement sur l'encadrement de ces deux faisceaux,
qu'on a appelé *pyramides supérieures;* de sorte
que le quatrième ventricule est tout-à-fait
fermé.

Quand, sur l'axe du système, on a fendu verticalement le cervelet, prolongé antérieurement la coupe dans le même plan par la valvule de Vieussens
et la voûte des lobes optiques, fait d'un côté une coupe
pe verticale en travers d'un des lobes optiques, une
coupe horizontale au milieu de la hauteur d'un lobe cérébral, et replié en dehors le feuillet qui forme la voûte de l'autre lobe cérébral; toute la structure de l'encéphale devient alors manifeste. (Voyez
cette préparation, *fig.* 9).

Et d'abord on voit les pyramides supérieures se
continuer avec l'arc postérieur du cervelet. Mais la
plus grande partie de la lame plissée de cet organe
au centre duquel une cavité verticale d'environ le
tiers de sa hauteur, subsiste toujours, provient des
pédoncules postérieurs formés, et des pyramides supérieures, et des fibres immédiates des cordons dorsaux de la moelle. Ces pédoncules font en dedans du
quatrième ventricule, une saillie qui est séparée par
une fente d'environ une demie ligne de profondeur
(sur la buse et sur le petit duc), d'une paire de mamelons blancs que forme un renflement particulier
des cordons inférieurs de la moelle. Ces mamelons
sont séparés l'un de l'autre sur la ligne médiane, par

le prolongement du sillon qui marque dans le quatrième ventricule, comme dans le ventricule interfémoral, la séparation primitive des deux cordons inférieurs de la moelle sur toute leur longueur. Ce sillon est beaucoup plus profond sur le plancher de ces ventricules, qu'à la face opposée de la moelle, c'est-à-dire à la face inférieure, où rien n'indique non plus l'existence de la paire de mamelons supérieurs. Entre ces mamelons et l'angle du sommet du quatrième ventricule, est une couche de matière grise, marquant le commencement de celle qui a rempli le canal formé primitivement par l'écartement des quatre cordons blancs.

Au-dessus et en avant de ces mamelons, le cervelet se continue avec la voûte des lobes optiques, latéralement par deux faisceaux de fibres blanches, ce sont ses pédoncules antérieurs, et dans l'intervalle de ces deux pédoncules, par une membrane de matière grise, c'est la valvule de Vieussens. (Voy. *pl.* III, *fig.* 9) Cette valvule est tendue sur un plan inférieur au plafond des lobes optiques. Elle se réfléchit donc en haut. Le pli de cette réflexion est marqué par une petite bande blanche, au-dessus de laquelle est une bande grise qui, en se réfléchissant elle-même, continue avec le plafond horizontal des lobes optiques. Ce plafond est lui-même formé de deux autres bandes transversales de fibres blanches séparées par un sillon. L'on voit sur la *fig.* 9, *pl.* III, que ce plafond, plus mince sur la ligne médiane, augmente d'épaisseur à mesure qu'il approche du contour extérieur de la voûte du lobe optique.

En avant, ce plafond se joint à une petite bande grisâtre fort étroite, que suit une dernière bande, ou plutôt un filet de fibres blanches, lequel adhère inférieurement à la convexité des couches optiques, dont il forme ainsi la commissure. Ce filet, ou commissure transversale, termine donc en avant la membrane générale formée de bandes transverses, alternativement grises et blanches, tendue depuis le cervelet jusqu'au-dessus du point où s'ouvre en avant le canal général du système cérébro-spinal entre les couches optiques.

Les lobes optiques sont creusés d'une cavité résultant surtout de l'excavation de leur base. Ces deux cavités ne communiquent avec le canal général que par une fente, entre le plafond de ces lobes et la surface correspondante des cordons inférieurs de la moelle, très-renflés en cet endroit et prolongés en avant à travers les couches optiques. L'interposition des cordons inférieurs de la moelle, et, même antérieurement, des couches optiques aux lobes optiques, nécessite l'écartement de la base de ces deux lobes, à la face inférieure du système. (*pl.* III, *fig.* 8).

Au devant de leur commissure les couches optiques sont séparées l'une de l'autre par une profonde scissure médiane, qui se prolonge inférieurement dans un tube membraneux de matière grise, continu avec le bord inférieur de la face interne de ces couches. Ce tube aboutit inférieurement à la glande pituitaire. Par son extrémité supérieure, il répond en avant à l'arc postérieur de l'entrecroisement des nerfs optiques, et en arrière à l'écartement des cordons inférieurs de la moelle, dont les fibres pénètrent dans les couches optiques ou se prolongent en dessous vers les corps striés. C'est sur la limite de cette juxta-position du tube membraneux aux cordons inférieurs de la moelle, que ceux-ci reçoivent l'insertion de la troisième paire de nerfs (*fig.* 8).

La scissure des couches optiques se continue en avant et en haut avec celle des lobes cérébraux.

Ceux-ci se réunissent à l'encéphale en arrière par deux gros pédoncules de fibres blanches qui se continuent avec les cordons inférieurs de la moelle, en dessous et en dehors des couches optiques, peu développées en proportion de ces lobes. Ces fibres se dispersent en divergeant dans un énorme amas de matière grise, appelé *corps strié* à cause de l'apparence qu'en présentent les coupes, par les lignes alternativement blanches et grises des deux substances qui le composent (*fig.* 9).

Du contour extérieur de cette masse à peu près ovoïde et dirigée d'arrière en avant et de dehors en dedans, naît une lame ou feuillet de fibres d'abord mélangées de matière grise et de matière blanches, mais où la matière grise diminue à mesure

que le feuillet, replié en voûte au-dessus du corps
strié, s'avance vers la ligne médiane (*pl.* III, *fig.* 7
et 9). Dans ce trajet, il diminue progressivement
d'épaisseur. Cette diminution d'épaisseur, et la prédominence des fibres blanches dans sa composition,
devient surtout rapide le long de la ligne courbe,
sur laquelle il se réfléchit en bas dans la scissure
médiane qui sépare les deux hémisphères. A partir de cette ligne, les fibres se rapprochent et convergent vers le sommet d'un angle inférieur, par
lequel le feuillet qui a formé la voûte des lobes cérébraux vient rentrer dans leur base, au devant du
tiers postérieur, à peu près de leur longueur, et
au fond de la scissure qui les sépare (*fig.* 9).

Derrière le bord postérieur du faisceau lamelleux de fibres blanches qui termine ainsi la voûte
de l'hémisphère cérébral, s'étend en travers, d'un
hémisphère à l'autre, un petit faisceau cylindrique, de fibres aussi très-blanches. Parvenu dans
le ventricule du lobe cérébral, ce faisceau reste superficiel sur la surface du corps strié, jusqu'à ce
qu'il reçoive l'adjonction par épanouissement d'un
bien plus petit faisceau blanc, qui vient de la commissure des couches optiques, réfléchie en avant
et prolongée au-dessus du pédoncule cérébral. Ce
faisceau cylindrique, tendu entre les deux hémisphères du cerveau et épanoui dans le corps strié,
s'appelle *commissure antérieure* (*fig.* 9).

Le feuillet de matière nerveuse, qui forme la
voûte de l'hémisphère, est partout continu au

corps strié, excepté en arrière, dans l'espace correspondant au bord supérieur du pédoncule cérébral. Là, il reste écarté de la surface du pédoncule, et c'est par la fente de cet écartement que pénètre la pie-mère formant le plexus choroïde (*fig.* 9).

Dans aucun des genres d'oiseaux de proie, nocturnes ou diurnes, que j'ai pu examiner, savoir : dans les aigles, les pygargues, les vautours, les milans, les buses, les éperviers, les balbusards, l'émerillon, les ducs, et les effraies; dans aucun gallinacé, dans les corneilles, les canards, les oies, les grèbes, etc., je n'ai pu découvrir le moindre rudiment de glande pinéale. Contraste bien singulier avec les tortues, reptiles qu'un naturaliste a nommés ornithoïdes, et où la glande pinéale constitue un vrai lobe encéphalique, aussi volumineux qu'un lobe optique, dans quelques espèces. On se souvient que je n'ai pas non plus trouvé la moindre trace de cet organe chez aucun autre reptile, ni chez aucun des trente genres de poissons que j'ai étudiés.

Dans tous les oiseaux de proie, mais surtout dans les oiseaux nocturnes et diurnes, au devant de l'entrecroisement des nerfs optiques au milieu; et latéralement entre les deux proéminences que forment inférieurement les couches optiques, est encadrée par son bord postérieur une valvule grisâtre demi-transparente. Elle se prolonge en avant, sous les hémisphères, en deux rubans de

même structure, parallèles, et peu distants de la
grande scissure du cerveau, jusqu'en arrière du quart
antérieur de la longueur de cette scissure. Là ces
deux rubans se terminent par un renflement gris,
contigu seulement à la base de l'hémisphère. C'est
le *lobe olfactif*. Dans les canards, c'est jusqu'au-
delà de la pointe des hémisphères que ces rubans
se prolongent, de sorte que les lobes olfactifs forment une première paire de lobes séparés du cerveau par une distance au moins égale à leur longueur. Ces détails avaient été représentés exactement en 1788 par Ebell; *pl.* I, *fig.* 12 et 13, et *pl.*
II, *fig* 1 (*in Script. nevrol. min.* T. III, in-4°).

La connexion du lobe olfactif avec les cordons inférieurs de la moelle, se trouve donc établie dans les
oiseaux de proie, les canards, etc., comme elle l'est
dans les poissons. Car d'abord les couches optiques,
à la base desquelles se terminent les rubans ou pédoncules des lobes olfactifs, représentent la masse
entière du lobe cérébral des poissons; et de plus,
la face inférieure de cette base résulte de l'application des fibres des cordons inférieurs de la moelle,
prolongées pour contribuer à former les pédoncules
du lobe cérébral, ou, pour mieux dire, du corps
strié. Dans les colombes, les vrais gallinacés, les
passereaux, etc., le lobe olfactif n'est au contraire
que l'extrémité effilée du lobe cérébral même,
comme dans les reptiles; structure que nous re-
trouverons aussi chez quelques mammifères, en-

tre autres, dans les ouistitis, et autres sapajous ou singes américains (*pl.* III *fig.* 7 et 8)..

C'est d'après le petit duc qu'a principalement été faite cette description de l'encéphale des oiseaux.

CHAPITRE IV.

DU SYSTÈME CÉRÉBRO-SPINAL DES MAMMIFÈRES.

Dans cette classe à laquelle l'homme appartient, et dont le caractère extérieur le plus général, est comme son nom l'exprime, l'existence des mamelles, organes relatifs à un mode de génération étranger aux autres classes, les formes du corps et de la tête, mais surtout celles des membres et de leurs extrémités digitales; le nombre même de ces membres, de leurs doigts et des phalanges dont ces doigts résultent, sont presque aussi variables que la proportion et le nombre des nageoires et de leurs rayons, dans l'ordre des poissons osseux. Quatre causes principales déterminent ces variations. Ce sont, 1° et 2°, l'habitation ou pour mieux dire la mobilité exclusive dans l'air ou dans l'eau, et 3° et 4°, l'habitation ou la mobilité principale dans l'un de ces deux milieux, coïncidante avec une mobilité moins facile dans l'autre.

1°. Les moindres notions de mécanique sur

les lois de l'équilibre et du mouvement dans des
milieux de densité aussi différente que l'air et
l'eau, font voir aussitôt, que pour qu'un mammi-
fère se meuve avec le plus d'énergie et avec le
moins d'effort dans l'eau, il faut que le centre de
gravité pèse au milieu de la longueur, que le principal moteur soit en arrière, et que les flancs de la
ligne de projection ne soient débordés par aucun
prolongement qui use l'impulsion, en produisant
des obstacles perpendiculaires à la direction du
mouvement. Il en résulte que la queue doit prendre plus de longueur, et surtout plus de masse;
que les membres postérieurs doivent disparaître,
parce qu'ils seraient trop distants du centre de
gravité, et que les antérieurs très-raccourcis, et
collatéraux à ce centre, doivent pouvoir s'effacer en se confondant pour ainsi dire avec la surface du corps. Et telle est en effet la construction
des cétacés qui mécaniquement parlant sont de
véritables poissons.

2°. Réciproquement, dans l'atmosphère, l'effet de
la gravité dont le centre doit passer encore par le
milieu de la longueur du volatile, exigeait pour
être neutralisé 1° que les points d'appui fussent extrêmement multipliés, relativement au volume de
l'animal, 2° que la surface appliquée à tous ces
points, fût à la fois très-étendue et appartînt à des
membranes minces, double condition nécessaire
et pour que la surface fût plus grande relativement

à la masse, et pour que les leviers qui font mouvoir les ailes membraneuses, ne consumassent point par leur poids les effets de la puissance motrice. L'extrême différence entre la gravité de l'animal volant et la densité de l'atmosphère, exigeait qu'ici pour condition d'équilibre, les forces motrices fussent collatérales au centre de gravité sur le milieu de la longueur. Le corps devait donc se trouver en équilibre, comme dans un levier où le point d'appui est au milieu. Les inégalités de longueur des deux moitiés antérieure et postérieure des mammifères volants doivent donc être compensés par les inégalités de masse. La queue doit donc être ici, ou nulle ou d'une ténuité extrême. Et telles sont les chauve-souris qui mécaniquement parlant sont de véritables oiseaux. (*Voy.* pour le développement de ces deux plans réciproques de mécanique animale, mes articles CÉTACÉS et CHAUVE-SOURIS, *Dict. class. d'hist. nat.*, t. 3.)

3°. Pour la mobilité principale sur terre, l'équilibre nécessitait des supports, c'est-à-dire des membres dont les distances, les masses et les longueurs fussent en raison directe de la vitesse de la locomotion. Toujours l'impulsion, comme pour la mobilité dans l'eau, doit commencer par l'extrémité postérieure du levier général que représente le corps. Quand les membres antérieurs sont employés à la progression ils servent uniquement de supports, au lieu d'être agents d'impulsion comme dans l'air. Enfin, dans la station et la progression bipède chez l'homme et quelques singes, les membres postérieurs à peu près perpendiculaires au plan horizontal du bassin par où passe la ligne et le centre de gravité du corps tenu vertical, servent, chacun à la fois, mais alternativement de support et d'agent d'impulsion. Dans les gerboises, les helamys et les kanguroos, le mécanisme est le même, mais la queue devient un troisième levier, ou au moins un troisième support. La principale différence dans l'action de ce mécanisme est, qu'ici les trois leviers agissent à la fois et que pendant le mouvement le corps, tout-à-fait enlevé de terre comme un projectile, n'a plus d'appui.

4°. Dans la mobilité principale au sein des eaux, avec faculté de se traîner encore à sec sur les rivages et les rochers, la construction des cétacés doit être combinée avec celle des quadrupèdes. Les quatre membres sont donc raccourcis, leurs mains et leurs pieds élargis par des palmures, et les membres postérieurs doivent pouvoir être ramenés par la flexion dans le prolongement de l'axe du corps quand l'animal est dans l'eau, et se fléchir, par rapport à cet axe, quand il est à terre. Tels sont les phocacés ou amphibies.

Or, malgré toutes ces métamorphoses de la surface et pour ainsi dire du galbe des mammifères, le plan du système cérébro-spinal de cette classe, n'en reste pas moins aussi uniforme que celui d'un même ordre de poissons ou de reptiles, et presque autant que celui de la classe des oiseaux.

Et d'abord la *moelle épinière* n'offre dans cette classe aucun écartement de ses cordons supérieurs en arrière du quatrième ventricule. Elle n'y présente non plus ni renflements, ni lobes, soit pairs, soit impairs, qui correspondent uniquement à une seule paire de nerfs. Il n'y a que deux longs renflements, d'un accroissement de calibre presque insensible, aux espaces où s'insèrent les nerfs des membres antérieurs et ceux des membres postérieurs. Le plus prononcé de ces renflements dans l'homme est celui qui correspond aux nerfs brachiaux (Voy. *pl.* IV, *fig.* 7). Cet excès de calibre est en rapport avec celui des nerfs du toucher. Mais dans les quadrumanes, surtout dons les sapajous à queue prenante, le renflement antérieur, tout en conservant à peu près la même proportion que chez l'homme, est moindre que le postérieur. Car la proportion des nerfs du toucher, d'où dépend celle de ces renflements, n'est pas moindre aux mains de derrière qu'à celles de devant, et de plus, le renflement postérieur est aussi l'aboutissant des nerfs excitateurs des plus forts muscles de la locomotion. Dans tous les mammifères vraiment quadrupèdes, les doigts n'étant pas organes de toucher, la proportion des deux renflements de la moelle ne dépend que de la proportion des deux paires de membres. Quand les membres antérieurs sont plus robustes, par exemple, chez les carnassiers fouisseurs, tels que la taupe, etc., le renflement antérieur est le plus gros : c'est le contraire dans les quadrupèdes coureurs, tels que les chiens, les chevaux, les cerfs, etc. Enfin, dans les cétacés il n'y a qu'un seul renflement correspondant aux seuls membres restant, c'est-à-dire aux nageoires qui représentent les membres antérieurs.

Le sinus longitudinal supérieur de la pie-mère est tout-à-fait effacé extérieurement et intérieurement chez les mammifères adultes. On ne commence à distinguer l'un et l'autre que près du quatrième ventricule. Dans l'embryon humain de trois mois, M. Magendie et moi avons trouvé le sinus de la pie-mère encore ouvert, et les parois de la moelle sur toute sa longueur formées seulement de fibres blanches. Puisque dans l'ordre de formation la matière blanche précède la grise, celle-ci n'engendre donc point l'autre, n'en est pas la matrice, comme le pensent MM. Gall et Spurzheim.

A partir du septième ou du huitième mois de la période fœtale pour l'homme, et à des périodes indéterminées pour les autres mammifères, la matière grise se dépose au pourtour du canal central de la pie-mère, jusques-là subsistant. (Voy. *pl.* VIII, *fig.* 3, sur l'homme). Suivant que cette déposition se fait plus tôt et plus rapidement à droite et à gauche contre la ligne médiane, qu'aux extrémités du diamètre transverse du canal, il peut dans les cas d'hydropisie de la moelle, et selon l'époque à laquelle cette maladie commence, se former un canal de chaque côté de l'axe, au lieu d'un seul sur l'axe même. M. Gall en a vu un exemple. (Anat. et Physiol. in-folio, pag. 51.)

C'est à compter de la hauteur *du lobe du qua-trième ventricule* que le système cérébro-spinal des mammifères reçoit les modifications et surtout les additions de parties qui caractérisent cette classe.

Mais c'est surtout dans l'épaisseur du plancher de ce lobe, et d'un renflement très-considérable dans celle correspondant en dessus à l'insertion des pédoncules postérieurs et latéraux du cervelet et à la base des lobes optiques, et commençant en avant du plancher du 4ᵉ ventricule, plancher que l'on a appelé moelle allongée, que ces modifications de structure ont principalement lieu. (Voy. ce lobe, *pl.* XIII, *fig.* 1, par la face inférieure; de profil, *fig.* 3; par la face supérieure, *fig.* 5). Ces modifications consistent, comme on va voir dans l'addition de plusieurs organes nerveux tout-à-fait étrangers à ce que nous avons observé jusqu'ici.

De la face inférieure des cordons abdominaux de la moelle, à peu près dans le même plan vertical que le point où les cordons dorsaux divergent pour former l'angle du quatrième ventricule, s'élèvent sur l'homme deux éminences oblongues nommées *pyramides inférieures*, (*pl.* XIII, *fig.* 1,

2 et 3). Elles commencent donc à peu près au bord
du grand trou occipital. Après un trajet de quinze
à seize lignes, durant lequel elles passent au-dessous et en dedans de deux autres éminences appelées *olivaires*, qui les séparent des deux cordons
inférieurs de la moelle formant ainsi un troisième
étage, ces pyramides en se rétrécissant un peu,
s'engagent sous le bord postérieur d'une sorte de
ceinture de fibres transversales, constituant le
plan superficiel et inférieur de la *protubérance
annulaire*, ou *grande commissure du cervelet*.
Une fois engagées dans cette protubérance, les fibres des pyramides sont écartées entre elles par les
mailles d'une espèce de réseau de matière grise
qu'elles traversent (*fig.* 6 et 7 sur l'homme, et 9 sur
le bœuf). Sorties de cet amas de matière grise, leurs
fibres se réunissent au bord supérieur de la protubérance, et se continuent dans les pédoncules
des lobes du cerveau, dont les pyramides ne forment que la portion inférieure et externe, (*fig.* 1
et 3, sur l'homme; *fig.* 4, sur le veau).

En dépassant les éminences olivaires ces pyramides sont presqu'en contact par leur contour supérieure avec une bande de fibres transversales,
constituant dans la protubérance un étage supérieur de la commissure du cervelet. Cette bande
qui déborde un peu en arrière l'amas de matière
grise superposé à la bande inférieure, et à travers
lequel passent les fibres des pyramides inférieu-

res de la moelle, sépare en arrière ces pyramides des cordons qui, dans la partie antérieure de la protu-bérance, en sont écartés par le contour supérieur de l'amas de matière grise, (*pl.* XIII, *fig.* 6 et 7). Quelquefois dans la première partie de leur trajet derrière les éminences olivaires, les cordons infé-rieurs de la moelle un peu écartés, laissent en con-tact la face supérieure des pyramides avec les fais-ceaux de matière grise qui ont oblitéré le canal central primitif du système (*fig.* 12).

Ces pyramides naissent donc ou plutôt s'appli-quent par l'extrémité de leurs fibres à la face infé-rieure des deux cordons abdominaux de la moelle, un peu écartés l'un de l'autre en cet endroit, de la même manière que nous avons vu chez les oiseaux, les *pyramides supérieures* se former dans l'écarte-ment des cordons dorsaux à l'angle postérieur du quatrième ventricule. Mais de même que les fibres d'une de ces pyramides supérieures ne se croisent pas avec celles de l'autre, qu'elles ne font que se juxta-poser par inter-section comme les lignes qui déterminent les côtés d'un angle, de même, non plus, les fibres des pyramides inférieures ne s'en-trecroisent pas. Les fibres homologues se terminent seulement au même point : par conséquent, les fi-bres d'une pyramide d'un côté ne sont pas le pro-longement de quelques fibres du cordon inférieur opposé de la moelle. Gall et Spurzheim, après avoir bien déterminé la position des pyramides, reconnaissent eux-mêmes que *les petits cordons de ces faisceaux* ne forment pas un véritable entrecroisement, qu'ils passent les uns sur les autres dans une direction oblique. Et en effet leur planche cinquième ne montre pas autrement que les figures 1 et 2 de notre *pl.* XIII, cette structure qui est bien différente d'un entrecroisement réel représenté *pl.* VIII, *fig.* 8, d'après Tiedmann. Aussi Gall et Spurzheim conviennent-ils que dans les quadrupèdes, où les pyramides sont plus petites parce que les parties des hémisphères, où se rendent, chez l'homme, les fibres qui leur manquent, n'existent pas, il n'est plus possible de voir de trace d'entrecroisement. On verra plus loin un véritable entrecroisement de fibres blanches dans la moelle allongée. Mais cet entrecroisement, borné à quelques faisceaux dans chacun des cordons inférieurs de la moelle, ne fait point passer les fibres de l'un de ces cordons dans l'autre, à travers la ligne médiane. De la réduction du nombre de leurs fibres, il suit encore que les deux pyramides plus étroites, restent écartées l'une de l'autre en passant entre les deux étages de la protubérance. Un réseau de matière grise isole en même temps les fibres de leurs faisceaux et sépare ces faisceaux des bandes transversales. Par la même raison encore, les faisceaux pyramidaux au-delà de la protubérance divergent bien plus que dans l'homme, et d'autant plus qu'ils résultent d'un plus petit nombre de fibres. Il en résulte que, depuis le bord antérieur de la protubérance, et dans leur trajet en-dehors de la base des couches optiques, ils s'écartent assez dans le bœuf et le mouton, par exemple (Voy. *pl.* XIII, *fig.* 14), pour laisser voir deux cordons qui, passant au-dessus de l'étage supérieur de la protubérance, et dans le prelongement des cordons inférieurs de la moelle dont ils semblent la continuation, vont se terminer dans les couches optiques. C'est à ces cordons que s'insèrent dans les cochons, les ruminants, etc., la troisième paire. Dans l'homme, l'intervalle des deux pédoncules est rempli par un amas de substance cendrée, et comme les faisceaux pyramidaux recouvrent toute la face inférieure de ces pédoncules, on croyait que la troisième paire de nerfs y prenait insertion. Or, chez l'homme même, dans un cas observé par Panizza, professeur de Pavie, les deux pédoncules du cerveau avaient été tellement écartés par une tumeur scrophuleuse développée dans la masse de substance grise, qu'ils n'étaient même plus contigus aux nerfs de la troisième paire, lesquels sortaient de la tumeur. Or, dans l'homme, les fibres des cordons inférieurs de la moelle sont masqués par cette masse grise.

De cette juxta-position des extrémités postérieures des pyramides à la face inférieure des cordons abdominaux de la moelle, il résulte évidemment que les fibres blanches, comme nous l'avons déjà observé dans d'autres parties du système cérébro-spinal, peuvent s'implanter les unes sur les autres, et n'ont pas besoin de s'enraciner dans la matière grise, comme Gall le supposait nécessaire et à leur formation et à leur entretien.

Enfin, les nerfs de la sixième paire ne s'implantent pas plus que ceux de la troisième, sur les fibres des pyramides, et à plus forte raison dans les fibres transversales de la protubérance, ni dans le prétendu corps trapézoïde des quadrupèdes, corps qui n'est que le deuxième étage de la protubérance découvert en cet endroit par le défaut des fibres postérieures de l'étage inférieur (*pl.* XIII, *fig.* 2 et 13). Les filets d'insertion de ces nerfs longent les fibres pyramidales, et vont s'implanter immédiatement sur les fibres des cordons abdominaux de la moelle. Dans les mammifères comme dans les autres classes les insertions de ces deux paires de nerfs se font donc au même organe.

Les fibres des faisceaux pyramidaux sont donc d'autant plus longues qu'elles appartiennent à des étages inférieurs. Les plus longues sont les plus superficielles; elles forment (comme le montre la superbe planche 5 de l'atlas de Gall) les circonvolutions antérieures et inférieures du lobe moyen. Les fibres des étages successivement supérieurs et d'origine de plus en plus antérieure, s'épanouissent dans les circonvolutions inférieures, antérieures et extérieures des lobes antérieur et moyen.

Ainsi déterminées, les pyramides restent à découvert seulement jusqu'au bord postérieur de la protubérance annulaire ou pont de varole dans l'homme et les singes (*fig.* 1). Ce faisceau y est parallèle à son congénère, dont il reste séparé par un sillon. Dans les carnassiers, les ruminants et les rongeurs (*pl.* XI, *fig.* 3 et 13), il reste superficiel encore au-dessus de cette limite, parce que dans ces animaux la protubérance a perdu le tiers ou même la moitié de ses fibres postérieures superficielles, en d'autres termes de son étage inférieur. Quoi qu'il en soit de la quantité dont la protubérance le recouvre en dessous, le faisceau pyramidal, grossi dans cette commissure par l'accession d'un nombre de fibres bien supérieur à celui qu'il avait d'abord, a acquis dès le bord antérieur du pont une masse au moins décuple de ce qu'il était avant d'y pénétrer. Cet accroissement résulte de fibres additionnelles qui naissent ou commencent dans les masses ou réseaux de substance grise. Les deux gros faisceaux qui en résultent s'écartent l'un de l'autre en sortant de la protubérance. Et comme il existe toujours de la matière grise dans l'intervalle de leurs fibres divergentes en avant, de nouvelles fibres continuent de s'ajouter aux autres. C'est à leur extrémité supérieure qu'ils reçoivent le plus grand accroissement là où le nerf optique se contourne sur leur face extérieure.

Enfin, un peu au devant du milieu de la protubérance, des fibres médullaires se détachent de l'étage inférieur et se dirigent obliquement de chaque côté, vers les pyramides auxquelles elles forment ainsi une véritable commissure, dans l'épaisseur même de la protubérance (*pl.* XII, *fig.* 6 bis).

En dehors de la moitié antérieure des pyramides, et situées entre ces faisceaux et les cordons inférieurs de la moelle, les *éminences* nommées *olivaires* à cause de leur forme, dessinent de chaque côté une autre saillie derrière le pont (voy. *pl.* XIII, *fig.* 1 et *fig.* 3, de profil).

Si l'on coupe en travers ces éminences suivant leur longueur (*fig.* 2) on trouve que leur couche superficielle est formée par une croûte blanche médullaire circonscrite à une autre couche mince d'une substance jaunâtre, et plissée régulièrement à tout le pourtour de la capsule qu'elle représente. La cavité de cette capsule est remplie de substance cendrée. Ces deux éminences ne ressemblent donc pas pour la structure aux couches optiques et aux corps striés avec lesquels Gall et Spurzheim les avaient classés comme organes analogues. On verra plus loin qu'elles ne se rapprochent que des seuls *corps dentelés* du cervelet.

L'espèce de capsule ou de bourse formée par la lame jaunâtre et dentelée est ouverte vers la ligne médiane et un peu en arrière (*pl.* XIII, *fig.* 10).

Ces éminences pas plus que les corps frangés

du cervelet n'ont, dans les ruminants et les cochons, la moindre trace de la capsule jaunâtre et
dentelée qui les enveloppe chez l'homme.

Au-dessus de ces éminences passent les cordons
abdominaux de la moelle comprimés et rétrécis
en cet endroit par ces éminences en bas et par les
pédoncules postérieurs ou inférieurs du cervelet
en haut (*pl.* XIII, *fig.* 2 et *fig.* 10). En arrière des
olives, ils étaient comprimés latéralement par les
pyramides en dedans, et les tubercules cendrés en
dehors. Derrière la pointe de ces tubercules, dans
le sens rétrograde, une partie de leurs fibres s'in-
fléchit vers le sillon inférieur de la moelle derrière les pyramides, et une autre partie vers le
sillon latéral derrière les pédoncules du cervelet
(*pl.* XIII, *fig.* 2). En avant des olives, et au moment
de passer au-dessus de la bande ou de l'étage supérieur de fibres transverses de la protubérance,
les cordons inférieurs de la moelle, vu l'écartement
des cordons supérieurs en cet endroit, touchent
immédiatement le plancher du quatrième ventricule. En traversant la bande transverse supérieure,
ils s'entrelacent à ses fibres, comme le font les pyramides pour les fibres de l'étage inférieur, et sont
également isolés par un réseau de matière grise.

A la pointe postérieure de chaque olive, quelques faisceaux les plus extérieurs et les plus inférieurs du cordon abdominal correspondant, s'infléchissent l'un vers l'autre, et s'entrecroisent réel-

classe , se nomment *genoux intérieur* et *extérieur* d'après leur position (*Corp. genicula-
ta, int.* et *ext.*). Dans l'homme toute la surface
supérieure et postérieure des couches optiques
est revêtue de fibres blanches. Le plus grand nombre de ces fibres consistent dans 'l'expansion du
nerf optique, dont les faisceaux les plus extérieurs,
en passant par-dessus les deux genous, y implantent quelques-unes de leurs fibres. Les faisceaux les
plus intérieurs gagnent le côté externe des deux-tu-
bercules quadri-jumeaux correspondant. Dans les
felis, les ruminants, etc., un faisceau plus extérieur
encore que celui qui passe sur le *genou* externe,
s'écarte de ce dernier et se continue en dehors avec
les faisceaux venus des pédoncules du cerveau.

Dans la plupart des mammifères, dans les ruminants surtout, l'expansion des fibres du nerf
optique, bien moins étalée mais plus épaisse (voy.
pt. XIII, *fig.* 7), ne recouvre que les deux tiers
postérieurs de la convexité supérieure et postérieure de la couche optique. En devant et en dedans, la matière grise y est à découvert.

Il n'y a pas de face externe : dans ce sens, la couche optique se continue avec le corps strié, suivant un plan vertical, oblique de dehors en dedans, et d'arrière en avant.

Le volume de cette couche optique n'est pas en
raison directe avec les circonvolutions dont les fibres y aboutissent. On trouve dans la substance

grise de l'intérieur de cette masse, une quantité
variable suivant les genres, de fibres nerveuses
très-fines, qui à leur sortie au bord supérieur
de la masse se réunissent comme celles des pyramides en épanouissements divergents en manière de flammes ou de rayons.

Les fibres des cordons inférieurs de la moelle,
après avoir traversé la masse ou réseau de matière grise qui recouvre l'étage supérieur des fibres transverses de la protubérance, vont, comme dans les poissons, se terminer dans la couche
optique. Le plus petit nombre des fibres inférieures
de ces cordons passe outre et gagne les pédoncules
du cerveau.

Les deux divisions de fibres ascendantes (savoir, les faisceaux pyramidaux et la terminaison
des cordons inférieurs de la moelle) se séparent
par l'insufflation de l'air ou l'injection de l'eau.
Gall supposait entre ces deux faisceaux, de chaque
côté, un canal qui serait la continuation du canal
correspondant dans chaque moitié de la moelle
épinière. Nous n'avons jamais pu sur l'adulte observer ces deux canaux de la moelle épinière.
Excepté les cas de l'anomalie que nous avons précédemment expliquée, nous pouvons assurer qu'il
n'y a qu'un canal unique dans l'embryon, et qu'il
n'existe pas de cavité par juxta-position de surfaces entre les faisceaux pyramidaux et les cordons inférieurs qui sont réellement agglutinés, à

la manière de la face concave des circonvolutions.
D'ailleurs Gall reconnaît que là où les faisceaux fibreux sortent des couches optiques pour entrer dans
les corps striés, leur ensemble est si solidement réuni en cet endroit par un tissu plus compacte, que
toute séparation ultérieure de ces deux ordres de
fibres est impossible.

Ce *corps strié* est un autre amas de matière grise,
dont la moitié supérieure répond à la cavité du
cerveau et l'autre moitié à l'extérieur. Les faisceaux
fibreux venus des pyramides y reçoivent l'accession
de nouvelles fibres qui, dans l'homme, forment les
circonvolutions antérieures et supérieures vers la
ligne médiane. L'apparence de stries alternativement blanches et grises dans la coupe verticale de
ce corps, vient de la disposition étagée des faisceaux de fibres blanches à travers la substance
grise.

De tout le pourtour extérieur de la couche optique et du corps strié sortent donc en forme d'é-
ventail des faisceaux de fibres aplatis en une véritable membrane dont le plissement forme les circonvolutions, *pl.* VIII; *fig.* 2 et 6.

Dans l'homme, les singes, la plupart des carnassiers, là enfin où le cerveau est plissé, la face
interne de cette membrane nerveuse est partout
agglutinée à elle - même jusqu'à son retour aux
points mêmes d'où elle est sortie des couches optiques et des corps striés. Il en résulte que les coupes

faites dans tous les sens au milieu de l'épaisseur du lobe cérébral offrent la tranche d'une masse blanche homogène. C'est ce qu'on appelait le centre ovale de *Vieussens*. Là où finit cette agglutination commence le ventricule latéral. Cette limite dessine une ligne courbe, variable suivant les genres. La membrane, devenue libre par ses deux faces, se continue en se retrécissant par la convergence de ses fibres, avec une couche de fibres blanches, transverses et parallèles, qui fait ainsi communiquer les circonvolutions des deux lobes. Cette couche est ce qu'on appelle la *grande commissure du cerveau* ou *corps calleux* (voy. *pl.* X, *fig.* 3). Mais comme toutes les fibres venues de l'hémisphère ne peuvent se presser sur la largeur de la commissure qui n'a jamais qu'une épaisseur très-petite relativement à cette masse, le feuillet que forme cette commissure se replie en arrière sur lui-même, et vient en dessous doubler son étage supérieur ou le corps calleux proprement dit, sur toute sa longueur, mais non sur toute sa largeur : car ce repli va en se rétrécissant en avant, où il se termine en bas à l'extérieur des lobes cérébraux par deux petites éminences nommées *mamillaires*. Ce repli de la grande commissure des hémisphères s'appelle *voute à trois piliers*. Elle sert à faire communiquer les circonvolutions postérieures et inférieures de l'hémisphère. (Voy. *pl.* X, *fig.* 3, sur l'homme; et *pl.* IV, *fig.* 6, sur le hérisson.)

M. Tiedemann a très-bien vu que cette voûte est plus courte et plus étroite chez les rongeurs que chez les ruminants, et chez ceux-ci que chez les carnassiers; qu'elle est plus grande chez les quadrumanes, et plus dans l'homme que dans ces derniers. Le corps calleux, c'est-à-dire le feuillet supérieur de la grande commissure, a un développement semblable. Ces développements sont en général proportionnés à celui des hémisphères que cette grande commissure met en communication.

Dans la hauteur de l'écartement des deux feuillets de la grande commissure et sur la ligne médiane près de l'extrémité antérieure des deux feuillets, sont deux lames médullaires minces et verticales contiguës l'une à l'autre, de manière à former une cavité si on les écarte. C'est là la *cloison transparente* des ventricules. J'ai vu, par maladie, ces deux lames écartées par un épanchement de sérosité qui avait presque décuplé leur grandeur. Les parois de cette cavité bombaient à droite et à gauche dans les ventricules des hémisphères.

Outre la grande commissure il y en a encore deux autres. L'une *antérieure*, représente un cordon blanc de la grosseur d'un tuyau de plume dans l'homme adulte. Étendue d'un corps strié à l'autre elle passe en-dessous du prolongement antérieur de ce corps sans y adhérer, et va s'épanouir dans les circonvolutions, antérieures du lobe moyen et inférieures du lobe antérieur, chez l'homme, les singes, les dauphins, partout enfin où les lobes olfactifs sont nuls ou rudimentaires.

De cette manière elle dessine un arc à convexité antérieure. C'est derrière cet arc que passent les prolongements du feuillet inférieur de la grande commissure (*piliers antérieurs de la voûte*) pour se terminer aux éminences mamillaires.

Dans les carnassiers, les ruminants, les rongeurs, tous les animaux enfin où il existe un lobe olfactif bien développé, cette commissure dessine un arc à convexité postérieure. La plus grande partie de ses fibres se rend au lobe olfactif, l'autre dans les circonvolutions antérieures et inférieures du cerveau. (Voy. *pl.* IV, *fig.* 6).

La *commissure postérieure* située toujours très-près des lobes optiques, ne se prolonge que dans une très-petite profondeur des couches optiques qu'elle fait communiquer. (Voy. *pl.* VIII, *fig.* 4). On a vu que cette commissure existe dans toutes les classes. Elle est assez constamment développée en raison de la couche optique, voilà pourquoi elle l'est à son maximum dans les mammifères, à son minimum dans les poissons.

Ni le *corps calleux*, ni la *voûte*, ni la *cloison transparente* n'existent donc dans les trois classes d'ovipares.

Dans l'origine, chez l'embryon, aucune de ces commissures n'existe. La commissure postérieure est la première à paraître dans l'ordre de l'évolution fœtale, comme dans celui de la composition progressive des classes. On doit se rappeler le mécanisme de la formation du système cérébro-spinal, précédemment exposé. C'est par ses parties les plus distantes de l'axe que le tube de la pie-mère commence à déposer les couches médullaires sous forme de lames Celles-ci d'abord réunies par leur bord inférieur en arrière de l'écartement des faisceaux pyramidaux, ne se rapprochent du côté dorsal que dans les dernières phases de la formation. Ce sont les couches exhalées entre les bords voisins des feuillets opposés et repliés l'un vers l'autre, qui forment leurs commissures, dans le cas où les lobes sont paires, et qui les confondent quand le lobe est unique et impair comme pour le cervelet des ovipares. Quelquefois même, (comme on a vu dans la raie ronce, par ex.) la réunion des feuillets opposés n'a lieu que par contiguité d'agglutination et non par continuité de substance, et alors, sans aucune solution de continuité des fibres de ses deux moitiés, le cervelet moyen est séparable en deux moitiés latérales.

En se reportant encore à ce mécanisme de formation, l'on voit que les faisceaux pyramidaux et les cordons inférieurs de la moelle ne produisent réellement ni les couches optiques, ni les corps striés, ni les lames plissées constituant chaque hémisphère. Cette opinion avan-

cée par Gall et soutenue par Tiedemann qui pré-
tend que le cerveau et le cervelet sont une efflorescence de la moelle épinière, disparaît devant un
ordre de faits, auquel m'a conduit l'observation
suivante.

Du bord externe du plexus choroïde gauche et
de la toile choroïdienne, dans le cerveau d'un épi-
leptique de naissance, se propageait un lacis vasculaire, une véritable pie-mère qui pénétrait dans
la masse de l'hémisphère tout le long de la ligne de
dégagement du corps calleux et de la partie postérieure et externe de la voûte. En soulevant cette
pie-mère, la partie ordinairement solide de l'hémisphère (centre ovale de Vieussens), se séparait en
deux parois, dans lesquelles de petits vaisseaux,
détachés de la pie-mère, pénétraient perpendiculairement comme aux circonvolutions extérieures.
Huit ou dix lignes au-delà de cette première fente
la pie-mère se divisait en deux lames, pénétrant
chacune dans une fente plus profonde. Et au fond
de chacune de ces fentes, une nouvelle séparation
de la pie-mère, se propageait dans de nouvelles
fentes, tout comme le fait la pie-mère des circonvolutions extérieures.

En soulevant successivement toutes ces lames de
pie-mère, on déploya de proche en proche toutes les
circonvolutions dont la surface blanche montrait
le parallélisme des fibres. L'hémisphère fut ainsi
déplissé en une surface de douze à treize pouces de

long et de huit à neuf de large. (Voir mon deuxième mémoire sur le syst. nerveux; *Journ. de physique*, fév. 1821.)

Il résulte d'abord de cette propagation de la
pie-mère intérieure jusqu'au sommet concave des
circonvolutions, que le procédé par lequel M. Gall
déplisse la membrane de l'hémisphère en désag-
glutinant ses surfaces intérieures, n'a pas le vice
que lui ont imputé MM. Cuvier et Tiedemann, et
de plus, nonobstant les objections de ce dernier a-
natomiste, la preuve que les circonvolutions du cerveau sont le résultat du plissement des membranes
sous la forme desquels les hémisphères se présentent dans l'origine (voy. *pl.* VIII, *fig.* 2 et 6).
Et en effet, il y a très-peu de cerveaux humains où
l'on ne trouve pas, dans quelqu'une des circonvolutions près du sommet, une petite cavité résultant
du défaut d'agglutination des surfaces internes qui
ont été moins comprimées en cet endroit. Enfin, de cette existence de la pie-mère aux deux
surfaces intérieure et extérieure de ces membranes, dont l'épaisseur se forme par des additions
successives de couches à chacune de leurs surfaces, mais surtout à la surface intérieure de manière à ce que le vide qu'elle circonscrit d'abord
finit par s'effacer, on pouvait présumer que ces
couches sont déposées chacune à leur place par la
pie-mère contigue. Je m'en suis assuré depuis
avec M. Magendie, sur des chiens et des chats

encore fœtus et nouveau-nés. Nous avons vu qu'une fois déposée, la première couche de la lame des hémisphères, en dehors de laquelle la pie-mère extérieure continue d'en déposer d'autres, conserve la courbure de sa voûte, de sorte que dans les chats nouveau-nés la cavité est très-grande. Or, dans les deux ou trois premiers jours après la naissance, la pie-mère intérieure, c'est-à-dire les plexus choroïdes déposent des couches concentriques qui remplissent promptement ce vide. Il y a même un instant où il existe à la place du centre ovale de Vieussens une cavité séparée et distincte du ventricule latéral, parce que la dernière couche concentrique formée est restée écartée de la précédente.

Les hémisphères cérébraux, comme je l'ai démontré en 1820 et 1821, ne se forment donc pas seulement de dedans en dehors par des couches déposées excentriquement à la face interne de la pie-mère de leur convexité; ils se forment aussi de dehors en dedans, comme la moelle épinière, les lobes optiques, etc.; par la déposition de couches concentriques à la surface externe de la pie-mère de leur concavité. Dans ces hémisphères comme dans la moelle épinière, les dernières couches déposées oblitèrent la cavité, et effacent enfin la pie-mère qui se contracte sur elle-même et forme les plexus choroïdes. Il est peut-être inutile de répéter que cette déposition de couches n'est pas immédiate. Un liquide est exhalé par la pie-mère, et ce liquide se transforme en couches medullaires qui s'appliquent les unes sur les autres. Dans les premiers temps de leur application, on peut même les séparer les unes des autres comme par feuillets, leur agglutination ne s'établissant que peu à peu.

Voilà pourquoi les plexus choroïdes, résultent d'un enroulement si réitéré de la pie-mère sur elle-même, dans l'homme et les singes, chez qui la partie solide de l'hémisphère occupe plus de place relativement à la cavité subsistante. Pourquoi, au contraire, le plexus choroïde est moins enroulé sur lui-même et plus étendu en lame dans tous les rongeurs, où la cavité de l'hémisphère en occupe presque toute l'étendue, et chez lesquels il ne s'est formé, ni circonvolutions, ni presque de centre solide. De sorte que l'état permanent de l'hémisphère de ces animaux, représente l'état embryonaire ou fœtal du même organe dans l'homme, les singes et tous les animaux, où il se forme un noyau solide à l'hémisphère cérébral.

Tout ce mécanisme, que M. Gall avait deviné et qu'il réprésentait par la désagglutination mécanique des faces internes de la membrade cérébrale, était ignoré jusqu'ici, et je n'en dois sans doute la découverte qu'au hasard de l'observation que j'ai rapportée.

Cette formation, par la pie-mère contiguë, de toutes les couches constituant l'épaisseur définitive de la membrane des hémisphères, doit s'entendre aussi des corps striés, des couches optiques, et des faisceaux pyramidaux. Chacune de ces parties est déposée à sa place, soit en même temps, soit successivement. Ce qui a pu imposer sur cette *production*, cette *efflorescence*, d'une partie par une autre, dont elle serait sortie par un *acte de pure végétation*, c'est l'ordre successif de déposition des parties qui se suivent. Et si en effet cette succession se continue dans une série de trois ou quatre parties, on conçoit la possibilité de l'illusion pour qui n'y regarderait pas de près.

Malgré les subtilités et les dénégations de quelques personnes, ces mots, *origine*, *naissance*, *production*, impliquent donc dans le langage des auteurs qui s'en servent, l'idée qu'une partie que l'on dit née d'une autre, produite par une autre, est réellement sortie de cette partie qui l'aurait formée, poussée par un acte de végétation. Cela est évident dans tout l'ouvrage de Tiedemann. Il a réellement pris à la lettre, et au sens propre et non figuré, les mots origine, naissance, production. Tel est aussi le sens qu'y attachent manifestement MM. Gall et Serres. Il est donc démontré pour la première fois qu'aucune partie du système cérébro-spinal n'est *produite*, n'est *végétativement poussée* par une autre, mais que chaque partie est formée à sa place par la pie-mère.

En suivant ainsi les fibres des pyramides, celles

16

des cordons inférieurs de la moelle, celles qui commencent, et dans les réseaux de matière grise de la protubérance, et dans les couches optiques, et dans les corps striés ; nous avons été conduits à expliquer, et la formation, et la composition de ces deux dernières masses, puis celles des hémisphères cérébraux, de la voûte, du corps calleux, des éminences mamillaires, et des commissures antérieure et postérieure. Nous sommes donc forcés de retourner sur nos pas, pour achever d'exposer la composition du lobe du quatrième ventricule, et faire connaître celle du cervelet, des lobes optiques et des lobes olfactifs.

On a vu plus haut comment les pyramides en dessous, puis dans un ordre progressif de superposition (*pl.* XIII, *fig.* 9), les olives, le réseau inférieur de matière grise, les cordons inférieurs de la moelle épinière (*fig.* 10), et supérieurement les faisceaux de matière grise, qui ont oblitéré le canal central de la moelle (*fig.* 11), formaient, pour la plus grande partie, le plancher du *lobe du quatrième ventricule*, aussi appelé *moelle allongée*. La partie postérieure de la *protubérance* formée par l'étage inférieur de la commissure du cervelet, puis par le réseau inférieur de matière grise, le second étage de la commissure, et le réseau supérieur de matière grise (*fig.* 6 et 6 bis), y contribuent aussi en avant. Voici maintenant quelles parties contribuent à le former en haut.

Et d'abord les cordons supérieurs ou dorsaux de la moelle, déjà beaucoup élargis en passant au-dessus des *tubercules cendrés* (*fig.* 11 bis), débordent inférieurement les cordons abdominaux et grossissent encore en longeant les olives. Près du bord postérieur de la protubérance, le plus grand nombre de leurs fibres superficielles, se redressent en haut pour se joindre aux faisceaux de l'étage inférieur de la protubérance et forment ainsi le *pédoncule postérieur* du cervelet. Les fibres profondes des cordons supérieurs de la moelle pénètrent dans les tubercules quadri-jumeaux, et se continuent avec les couches intérieures qui en constituent la masse solide. En haut ces cordons forment le bord supérieur du quatrième ventricule, et servent d'encadrement à deux autres faisceaux de fibres plus blanches, qui les doublent intérieurement (voy. *pl.* XIII, *fig.* 5, 11 et 11 bis).

Ces deux autres faisceaux, qui forment la paroi verticale du quatrième ventricule, sont les *pyramides supérieures*. Très-minces à l'endroit où le nerf auditif traverse les pédoncules inférieurs du cervelet, et n'envoyant qu'un très-petit nombre de fibres dans ces pédoncules, elles grossissent en arrière, recouvrent le bord extérieur des *feuilles lancéolées* (*fig.* 5), lesquelles terminent les faisceaux supérieurs de la matière grise centrale de la moelle, puis rapprochées au contact, elles ferment l'angle postérieur du quatrième ventricule (*bec de plume*). Aplaties verticalement en arrière de cet angle (*fig.* 11), et toujours en diminuant d'épaisseur, et de plus en plus comprimées par les cordons postérieurs de la moelle, elles se terminent un peu plus en arrière que les pyramides inférieures, dont elles sont séparées d'abord par toute l'épaisseur de la lame transversale grise (*fig.* 11 et 11 bis), qui réunit les faisceaux latéraux gris du centre de la moelle, et inférieurement par les cordons abdominaux. Elles sont d'autant plus courtes, qu'on passe des carnassiers aux ruminants, et enfin aux rongeurs, décroissement qui les rattache au développement des lobes latéraux du cervelet.

Sur le plancher même du quatrième ventricule on observe, d'arrière en avant, 1° les deux *feuilles lancéolées* grises (*fig.* 5), terminaison des faisceaux supérieurs des cordons latéraux gris du centre de la moelle; 2° en avant jusque dans l'aqueduc de sylvius, deux *faisceaux gris* (*fig.* 5), prolongements des faisceaux inférieurs gris du centre de la moelle, et qui recouvrent dans cet espace les cordons inférieurs blancs de la moelle. Sur les *pl.* I, *fig.* 1, *pl.* III, *fig.* 1 et 2, *pl.* IV, *fig.* 1, on voit à la même place, des cordons lisses ou mamelonnés. Ce sont les cordons inférieurs de la moelle, ici à découvert au fond du quatrième ventricule, parce qu'il n'existe pas de matière cendrée au centre de la moelle épinière des poissons.

Sur la moitié antérieure du plancher du qua-

trième ventricule, sort de la ligne médiane, entre
les deux prolongements des faisceaux gris inférieurs de la moelle, et croise en dessus ces prolongements, pour se diriger vers l'origine du nerf
auditif et se confondre aussi avec le pédoncule
postérieur du cervelet, une *double rangée de filets
médullaires blanchâtres* (*fig.* 5), dont l'existence
est constante, mais dont le nombre varie d'un côté
à l'autre. J'en ai compté jusqu'à douze d'un seul côté,
avec un volume et une consistance bien supérieurs
à ce qu'on observe ordinairement, sur une idiote de
trente ans, morte phthysique, avec une forte compression d'un côté de la protubérance et du lobe
correspondant du cervelet, atrophiés de moitié par
une tumeur erectile, développée dans les sinus de
la fosse cérébelleuse droite. Ces filets s'entrelacent
assez souvent dans leur trajet, comme le montre
la *fig.* citée de la *pl.* XIII. On en a vu aussi se diriger vers les racines de la cinquième et de la huitième paires. Il est évident, par la variété de ces
rapports, que l'objet de ces stries médullaires est
de mettre en relation avec le centre du quatrième
ventricule, tantôt plus, tantôt moins, d'organes
nerveux très-importants.

Ces stries médullaires n'ont encore été obser-
vées que dans l'homme; je les ai cherchées vaine-
ment dans les rongeurs, les chiens, etc. Elles ne se
forment qu'après la naissance, selon les observations réitérées de Wenzel et de Tiedemann.

Ainsi donc, le *lobe du quatrième ventricule* ou la *moelle allongée* et la protubérance, compris entre l'insertion apparente de la cinquième paire en avant, et celle du premier nerf spinal en arrière, résulte dans les mammifères de quatre ou cinq ordres de parties de plus que ce même lobe dans les autres classes, et les *stries médullaires* n'existent que dans l'homme uniquement.

Le quatrième ventricule est recouvert près de son angle postérieur, par deux petites lamelles tendues, de ses bords vers la ligne médiane, sur laquelle elles se réunissent rarement.

Dans tous les mammifères où la cinquième paire prend un excès un peu notable de développement, le quatrième ventricule s'élargit et se creuse proportionnellement dans sa partie antérieure. Cela est très-remarquable surtout chez les rongeurs. On observe même, dans les rongeurs, les taupes et les hérissons, un petit mamelon ou tubercule sur l'extrémité antérieure du bord du ventricule, mamelon dans lequel se continuent les fibres postérieures de la cinquième paire et de l'acoustique.

Là où les fibres extérieures des cordons supérieurs de la moelle, repliées en haut, forment les pédoncules postérieurs et inférieurs du cervelet; d'autres faisceaux (*fig.* 5 et 4), bien plus considérables, et dirigés transversalement, viennent de *l'étage inférieur et superficiel* du renflement appelé *protubérance annulaire*. Cet étage est lui-même composé dans l'homme, de trois *bandes fibreuses* (*fig.* 1 et 5). Dans la bande antérieure, les fibres, à peu près droites sur le milieu de leur largeur, se contournent latéralement en haut et en arrière, de manière à former la face interne des *pédoncules moyens* du cervelet; à la *bande postérieure* qui manque en partie dans les cynocéphales et les macaques, parmi les singes de l'ancien continent, et en totalité chez ceux du nouveau, et qui ne reparaît plus au-delà des quadrumanes, les fibres, droites aussi sur le milieu de leur largeur, se contournent latéralement en avant et en haut, de manière à s'entrelacer avec les fibres de la *bande moyenne*, lesquelles sont toutes recourbées en arrière et en haut. Toutes les fibres de ces *trois bandes* convergent en haut et un peu en dehors, en se tordant légèrement. Dans l'endroit où cette torsion commence, les fibres transversales de *l'étage supérieur de la commissure* viennent les renforcer intérieurement. C'est l'ensemble de ces fibres qui forme le *pédoncule moyen* du cervelet (*fig.* 4 et 5). Dans les quadrupèdes, au-delà des quadrumanes, cet *étage supérieur* est tout entier à découvert inférieurement par l'absence de la bande postérieure de l'étage inférieur et de la partie correspondante du réseau gris intermédiaire. C'est cet *étage supérieur* que Tiedemann a nommé corps *trapézoïde* (voy. *pl.* XI, *fig.* 3, *pl.* IV, *fig.* 4, *pl.* XIII., *fig.* 4 et *fig.* 13). Il est d'autant plus apparent, que les lobes latéraux sont plus petits, ou, ce qui est la même chose, que les bandes moyenne et postérieure de l'étage inférieur de la protubérance, manquent en partie ou en totalité. On se souvient que ces deux *étages* de fibres transverses sont séparés, l'inférieur, des pyramides inférieures, en haut, par un réseau de matière grise, et le supérieur, des cordons abdominaux de la moelle en bas, et des cordons dorsaux, en haut, par un autre réseau de matière grise (voy. *pl.* XIII, *fig.* 6, 6 bis et 7).

Enfin, de la partie latérale de la paire postérieure des tubercules quadri-jumeaux, un faisceau de fibres blanches (*fig.* 3, 4 et 5), dont la proportion va croissant, de l'homme et des quadrumanes aux carnassiers, aux ruminants, et aux rongeurs, se dirige en arrière et en haut vers le gros faisceau résultant des *pédoncules moyen* et *inférieur* du cervelet. Ce troisième faisceau est le *pédoncule antérieur* ou *supérieur* du cervelet. L'ensemble des fibres blanches de ces trois origines forme primitivement une sorte de tube creux, ouvert par son côté interne, sur le quatrième ventricule, et épanoui supérieurement en une lame membraneuse qui se replie vers la ligne médiane, où elle se continue avec celle du côté opposé. Suivant la proportion des trois pédoncules, les lobes latéraux ou le lobe moyen

du cervelet, ont eux-mêmes des proportions diverses. Dans l'homme et les quadrumanes, où les
pédoncules moyens, formés par les fibres transverses des deux étages de la protubérance, prédominent, les lobes latéraux prédominent proportionnellement. A mesure que ces pédoncules diminuent, les lobes correspondants décrois-
sent, à partir des singes cités, aux carnassiers,
aux ruminants, et surtout aux rongeurs. C'est
dans ce dernier ordre de mammifères que les
pédoncules antérieurs (*fig.* 3, 4 et 5), si petits dans l'homme, ont leur plus grande masse
relative; aussi le lobe médian du cervelet y est-il
au maximum de développement. Voilà pourquoi
la proportion des deux paires de tubercules des
lobes optiques, est à peu près la même dans les
rongeurs et les carnassiers aveugles, que dans
ceux où la vue est très-développée. Car la proportion des lobes optiques des mammifères, paraît
dépendre surtout de la proportion du lobe médian
du cervelet, ou, ce qui est la même chose, des pédoncules supérieurs qui établissent la connexion
de ces deux organes.

Il en est de même de la *valvule de Vieussens*:
très-mince dans l'homme et les singes (*pl.* XIII,
fig. 5), elle augmente d'épaisseur et de longueur,
en proportion des pédoncules supérieurs du cervelet, qui en forment le cadre. Elle est continue par son
bord antérieur, avec les fibres superficielles trans-

verses de la paire postérieure des tubercules quadri-jumeaux, et par la totalité, ou seulement par les
côtés de son bord postérieur, avec la lame plissée
du cervelet. Ce dernier cas s'observe dans la plupart
des carnassiers et dans tous les rongeurs, où le lobe
médian du cervelet, saillant comme la chenille d'un
casque, se replie antérieurement en dessous de l'arcade que forme l'ensemble du cervelet, et passe ainsi
dans une échancrure médiane du bord postérieur
de la valvule de Vieussens, pour venir proéminer
en arrière dans le quatrième ventricule. La face
supérieure de la valvule de Vieussens chez l'homme
est couverte, sur la ligne médiane, de petits plis de
matière grise, dont le nombre et l'existence ne sont
pas constants (voy. *pl.* XIII, *fig.* 5).

L'intérieur de l'espèce de tube à parois tor-
dues, que forme à la base de chaque hémisphères du cervelet le gros faisceau résultant de ses
trois pédoncules, est rempli, dans l'homme,
par une sorte de capsule jaunâtre, contenant un
amas de matière grise ou cendrée. Cette capsule, qui a été nommée *corps dentelé* (*pl.* XIII,
fig. 3 et 5), ressemble beaucoup, pour la structure, aux éminences olivaires. Par ce que nous
dirons de l'évolution progressive du cervelet dans
l'embryon, on verra que cette capsule, et le
noyau de matière cendrée qu'elle renferme,
ne se forment qu'en dernier lieu, comme le
noyau blanc ou centre ovale de Vieussens, dans

les lobes cérébraux. Ce n'est que dans l'homme qu'existe la capsule jaunâtre, dont le pourtour plissé s'engrène dans les dentelures correspondant aux fentes primitives qui dédoublaient intérieurement chaque lame du cervelet. Cette capsule, comme les capsules olivaires, s'ouvre du côté du quatrième ventricule, par la disparition de sa membrane à l'endroit par où pénétrait et s'est retiré le plexus choroïde du cervelet. A partir des carnassiers et des ruminants, il n'existe plus que le noyau gris. Aussi, est-il d'autant plus facile de déployer les surfaces agglutinées des feuillets du cervelet, qu'on opère sur des animaux plus inférieurs dans la classe des mammifères, et que l'on opère sur des individus plus jeunes, ou même sur des fœtus. Nos observations faites d'après ce double procédé, et combinées avec celles de Tiedemann et de Rolando, nous permettent de donner, de la formation du cervelet, une démonstration aussi complète que celle qu'on a vue tout à l'heure pour le cerveau.

Au 5ᵐᵉ mois de l'embryon humain, en arrière des lobes optiques, la pie-mère se replie de chaque côté en deux sacs, chacun un peu enroulé sur lui-même à peu près comme les plexus choroïdes dans la cavité des hémisphères cérébraux à la même époque. Ces *plexus choroïdes postérieurs* ou *cérébelleux*, au commencement très-petits, déposent d'abord par la face intérieure de leur feuillet externe, à droite et à gauche au-dessus du bord du cordon supérieur de la moelle, une couche étroite qui s'étend en forme d'arc, au-dessus du canal (voy. *pl.* VIII, *fig.* 2 et 4). Vers le troisième mois, cet arc est réuni avec son analogue, et forme un arceau complet au-dessus du canal (*fig.* 6). A mesure que le sac de pie-mère, dans la cavité duquel chacun de ces petits arcs a été formé, s'aggrandit [et cet agrandissement se fait surtout en dehors et en bas avec un grande rapidité (*fig.* 5)], l'arcade, formée au-dessus du canal et derrière les lobes optiques, en s'agrandissant, se continue à droite et à gauche de la ligne médiane avec les lobes optiques, et déborde en dehors par ses extrémités le bord correspondant du cordon supérieur de la moelle. Le feuillet interne du repli de la pie-mère suit ce mouvement, et à cette époque il y a dans le lobe latéral ainsi formé par la procidence de chaque extrémité de l'arcade primitive, une cavité (ventricule) comparable à celle qui existe aussi dans le lobe cérébral (*fig.* 5). C'est dans cette cavité que doit se former plus tard le *corps dentelé*. Mais ici la voûte des deux cavités est déjà continue, tandis que ce n'est qu'à la dernière phase de formation, que cette communication s'établit pour la voûte des lobes cérébraux. Dès-lors les lobes du cervelet se forment par une double déposition de couches excentrique et concentrique, comme ceux du cerveau. Mais dans le cervelet, cette formation est beaucoup plus rapide, de sorte que chez l'homme il ne reste pas de trace de la cavité des hémisphères cérébelleux après la naissance. En même temps, la pie-mère qui s'étend, en dessous, du feuillet extérieur d'un côté à celui de l'autre, et qui avait d'abord déposé les faisceaux pyramidaux et les olives, dépose dans une direction transversale et perpendiculaire à ces faisceaux les fibres de la protubérance continues à celles des lobes cérébelleux, en prolongeant réellement vers la ligne médiane les fibres moyennes de l'espèce de bourse, que forme alors l'hémisphère cérébelleux (*fig.* 5). Les bandes transverses de cette protubérance sont donc réellement au cervelet en dessous, ce que la grande commissure ou corps calleux est au cerveau en dessus. Selon que les sacs latéraux de la pie-mère se dilatent davantage en se renversant en dehors, ou qu'au contraire, ils se portent en arrière et sur la ligne médiane en dessus du quatrième ventricule, les lobes latéraux se développent plus que le lobe médian, ou le lobe médian plus que les lobes latéraux. Plus le lobe médian est développé, plus nombreuses sont les fibres, et par conséquent, plus gros sont les pédoncules par lesquels il se continue avec les lobes optiques.

Les fibres transversales de la protubérance étant la commissure et la continuation de la membrane plissée des hémisphères, ces deux parties doivent nécessairement croître dans le même rapport. C'est

aussi ce qui a lieu, à partir des rongeurs, des fourmiliers, des didelphes, etc., où les lobes cérébelleux ensemble sont presque constamment plus petits que le
lobe médian (voy. *pl.* XII, *fig.* 4, 5, 6 et 7). En passant
par les ruminants et les carnassiers jusqu'à l'homme,
ces deux parties prennent un accroissement uniforme et commun. Et comme dans les lobes cérébraux ce sont les parties supérieures et poste-
rieures, si développées chez l'homme et les singes,
qui disparaissent progressivement en descendant
la série des mammifères, ce sont aussi les parties
postérieures et supérieures des hémisphères du
cervelet qui disparaissent les premières, et avec
elles les fibres correspondantes de la protubérance. Il en résulte qu'à partir des carnassiers, en al-
lant aux rongeurs, la largueur du *pont* diminue par
la disparition, d'abord des fibres superficielles les
plus postérieures, puis d'autres plus antérieures; de
sorte que les pyramides sont à découvert sur une
plus grande étendue derrière la commissure du cervelet. On les voit croiser alors sur le quart, le tiers ou
la moitié postérieurs de la largeur du pont, une largeur équivalente, du second étage des fibres de cette
commissure. C'est cette portion de la commissure
du cervelet que l'on a prise pour celle du nerf auditif, et que Tiedemann (*icon. céréb. simiar.*) appelle le *corps trapézoïde*. Ces fibres ne sont pas
plus la commissure du nerf auditif que leurs analogues antérieures ne sont celles de la cinquième

paire. Gall, et récemment Rolando, ont montré que dans l'homme et les ruminants la cinquième paire se continue à travers les différents étages des fibres du pont et des réseaux gris, jusque derrière le quatrième ventricule, où elle s'enchâsse dans les cordons supérieurs de la moelle. Il en est de même du nerf auditif : il pénètre à travers la commissure dans le cordon supérieur de la moelle, où il se termine. On suit fort aisément, sur les chats et les chiens, les fibres de ce ruban postérieur de la protubérance, dans la partie postérieure du pédoncule du cervelet.

Dans les mammifères, le cervelet et sa commissure forment donc un large anneau de fibres nerveuses autour du renflement de la moelle, qu'on a nommé moelle allongée. En avant, cet anneau est bordé par l'insertion de la troisième paire en bas et de la quatrième en haut ; en arrière, il est borné par l'insertion de la huitième paire en bas, et celle de la septième paire en haut. On a vu dans les ovipares que l'absence de tout l'arc inférieur de cet anneau laissait à découvert les cordons inférieurs et supérieurs de la moelle.

On conçoit par ce trajet de la cinquième et de la septième paire, entre les fibres de la protubérance, pourquoi ces nerfs s'insèrent à la superficie même de la moelle dans les ovipares, sans le plus souvent se continuer avec elle. On conçoit encore comment le lobe médian du cervelet est en rapport constant de grandeur, même dans les mammifères, avec la cinquième paire; puisque celle-ci, cachée sous un chemin couvert, vient s'insérer à la base des principaux faisceaux de ce lobe.

Dans presque tous les rongeurs, le lobe latéral du cervelet est très-effilé en dehors, de manière à former un appendice particulier à cet ordre, et enfoncé dans un trou également particulier du rocher. J'ai vu constamment cet appendice se continuer avec les fibres les plus antérieures de la protubérance. En outre, le lobe médian, contourné en avant, en bas et en dessous de lui-même, comme la chenille d'un casque, vient proéminer dans le quatrième ventricule, au-dessous de l'arcade que forme sa partie supérieure unie aux lobes latéraux, chez les ruminants, les rongeurs, les chiens, etc.

Ainsi donc, quoique les hémisphères du cervelet ne résultent réellement que de l'agrandissement des extrémités du cervelet central, dont l'arc se plisse en dehors et en bas au point où il se continue avec le cordon supérieur de la moelle, ces lobes latéraux n'en sont pas moins des organes particuliers, comme le prouve d'ailleurs l'existence de leur commisure, dont le nombre des fibres est en proportion de celui des lames de ces lobes, ou de l'amplitude de la membrane qui a formé ces lames en se plissant.

Les *lobes optiques* sont les premiers formés

de l'encéphale, parce que le tube de la pie-mère se trouve très-rétréci en cet endroit, entre le lobe du quatrième ventricule et les pédoncules du cerveau, places où son sinus reste toujours écarté. Et comme le point de ce rétrécissement est celui où aboutissent les nerfs optiques et deux autres nerfs oculaires, les premiers formés de si bonne heure, ainsi que les yeux, il s'ensuit, d'après la loi que nous avons exposée, que la déposition des couches nerveuses est très-accélérée en ce point. Voilà pourquoi la cavité en est oblitérée de bonne heure. Et cette oblitération est d'autant plus prompte, que le sillon transversal qui divise chaque lobe est lui-même plutôt formé. Car il résulte de ce sillon là dépression de la voûte, et partant un effacement d'espace correspondant dans la cavité. Les couches intérieures des lobes optiques sont continues avec les fibres profondes des cordons supérieurs de la moelle. Les couches superficielles sont en grande partie la continuation des fibres supérieures des cordons inférieurs de la moelle.

Le *corps pinéal* que l'on a vu manquer à tous les ovipares, moins les chéloniens et peut-être les crocodiles, ne commence à paraître dans le fœtus de l'homme qu'au quatrième mois, tenant par des radicules blanches très-minces, au bord interne de la face supérieure des couches optiques. Dans la suite, d'autres fibres dirigées en arrière le met-

17

tent aussi en communication avec la paire antérieure des tubercules quadri-jumeaux. Son volume,
sa figure et sa structure, selon les observations de
Tiedemann, varient beaucoup dans les autres mammifères. Elle est petite et arrondie dans les carnassiers, plus volumineuse, presque conique et
oblongue, dans les rongeurs (voy. *pl.* II, *fig.* 2,
sur l'agouti; *pl.* XII, *fig.* 5, 6 et 7, sur le fourmilier à deux doigts, le tatou à neuf bandes, et
la marmotte). Elle est aussi à proportion beaucoup plus grosse dans les ruminants que chez
l'homme, tout en différant de forme d'une espèce
à l'autre. Creuse dans le cerf et le mouton (voy.,
pour cette espèce, *pl.* XIII, *fig.* 16). Dans les
chevaux et les cochons elle est encore plus grosse
que chez les ruminants.

Au corps pinéal aboutissent ainsi quatre petits
faisceaux de fibres médullaires; les deux antérieurs
viennent des couches optiques; les postérieurs, des
tubercules quadri-jumeaux. Ces fibres diminuent
de volume vers le corps pinéal.

Le volume de la glande, ou corps pinéal, est
en général d'autant plus grand que les lobes cérébraux sont moins développés dans les mammifères. Elle me paraît néanmoins manquer aux co-
baies et à quelques autres rongeurs.

Les *éminences mamillaires* sont doubles et bien
séparées dans les carnassiers, elles sont réunies en
une seule masse dans les ruminants et les rongeurs

(voy. *pl.* XIII, *fig.* 4, sur le veau). La formation de ces éminences et leurs véritables rapports n'ont été bien connus que par Tiedemann. Au cinquième mois du fœtus humain (voy.*pl.*X,*fig.* 3, et *pl.* VIII, *fig.*8) un faisceau de fibres descend de la couche op tique, à côté de l'endroit où se forme la tige pituitai- re, il se replie sur lui-même en avant et en haut pour commencer ce qu'on appelle le pilier antérieur de la voûte. Uni bientôt à son analogue, il forme la couverture de la cavité contenue entre les couches optiques, couverture qui se forme successivement en arrière jusqu'à la rencontre du corps calleux en haut et au milieu, et latéralement jusqu'à la rencontre des fibres de la lame qui a formé l'hé- misphère cérébral correspondant. En outre, selon les observations de Gall, deux autres petits fais- ceaux, l'un, interne postérieur, s'enfonce dans la couche optique, l'autre, externe, se joint avec un entrelacement transversal de fibres blanches si- tuées au-dessous du nerf optique (voy. les *pl.* XIII et XVII de son atlas).

Formée ainsi, l'éminence mamillaire n'a rien de commun avec les renflements qu'on observe derrière les nerfs optiques des poissons, et dont la cavité com munique au contraire avec celle des lobes optiques qui leur répondent en dessus. Car, dans cette clas- se, il n'existe pas de voûte aux lobes cérébraux que représente la seule masse de matière grise de la cou- che optique. Il ne peut donc y avoir de commissure pour des hémisphères qui n'existent pas eux-mêmes. Il n'y en a pas davantage dans les oiseaux et les reptiles.

Entre les éminences mamillaires et le bord interne du pédoncule cérébral en arrière, et l'échancrure que forme le croisement des nerfs optiques en avant, se trouve encadrée une membrane grisâtre, assez épaisse, d'une structure différente de la substance grise ordinaire, et formant le plancher de l'intervalle compris entre les deux couches optiques. Du milieu de cette membrane se prolonge une sorte de tube de même structure, creux dans la seconde partie de la période fœtale, et terminé inférieurement par un renflement pulpeux, rougeâtre, connu sous le nom de *glande pituitaire*. Par ses connexions encore on voit que cet appareil ne coïncide pas avec celui qui a reçu le même nom dans les poissons, chez qui il constitue une partie si considérable de l'encéphale. Quelques fibres du nerf optique se terminent dans le bord extérieur de cette substance grise.

Enfin, en avant et de l'autre côté de l'entrecroisement des nerfs optiques, une valvule presque transparente, d'un gris rougeâtre, s'étend jusqu'au bord libre inférieur de la grande commissure cérébrale ou corps calleux, et achève ainsi de fermer en-dessous les cavités contenues entre les hémisphères.

Ayant ainsi expliqué l'ordre successif de forma-

tion et de connexion *du lobe du quatrième ventricule*, de la *protubérance* et du *cervelet*, puis des *lobes optiques* et des *lobes cérébraux*, il reste à parler
d'une dernière paire de lobes, prise jusqu'ici pour
la première paire de nerfs. Cette méprise était excu-
sable dans l'anatomie exclusive de l'homme, où il ne
subsiste que des vestiges de ces lobes. Elle serait
presque incroyable de la part des anatomistes qui
avaient disséqué des quadrupèdes, si l'on n'avait
tant d'autres exemples des bizarres métamorphoses, des singulières transpositions que certains systèmes analogiques, qu'on pourrait nommer *mono-
typomanies*, ont fait subir aux organes les plus
hétérogènes, pour les ramener à l'unité par de pures transformations de mots.

Dans tous les carnassiers, les rongeurs et ruminants, comme le montrent, pour ces derniers, chez
le veau et le mouton, les magnifiques planches III,
et XVI de l'atlas in-folio de Gall, les fibres les plus
inférieures des pédoncules du cerveau, après avoir
passé au-dessus des nerfs optiques, se continuent
dans un grand faisceau aplati, de fibres blanches,
qui occupe toute la moitié intérieure du devant
de la base de l'hémisphère cérébral. En dehors
(*pl.* XIII, *fig.* 14) ce faisceau aplati se continue
avec la grosse circonvolution qui marque extérieurement et en-dessous, la terminaison postérieure du ventricule latéral dans le pied d'*hippocampe*, et en dedans il se rapproche du faisceau

médian du cerveau. Dans son trajet sur le bord de cette scissure, il se continue avec les fibres des circonvolutions correspondantes. L'ensemble de ces fibres dirigées en avant, de sorte que les inter-médiaires sont parallèles et les latérales convergentes, forme à une distance variable, en avant ou en arrière, de la pointe des hémisphères, suivant les ordres, un pédoncule isolé de toute part, tout-à-fait blanc en dessous, et se recouvrant sur les côtés et en-dessus d'une couche de matière grise continue avec la couche semblable des circonvolutions cérébrales qui y prolongent leurs fibres blanches. Ce pédoncule ou ce col se renfle bientôt en un lobe ellipsoïde ou sphérique, suivant les genres. La proportion de ce lobe, que mesure exactement sur les crânes la grandeur de la fosse ethmoïdale, varie tellement, qu'à partir de l'homme, où il ne représente pas la millième partie de l'hémisphère cérébral, et augmentant progressivement des carnassiers aux ruminants et aux rongeurs, il finit par représenter jusqu'au tiers de l'encéphale dans plusieurs chauves-souris, et plus du quart dans la taupe, (voy. *pl.* IV, *fig.* 4 et 5; la même planche montre, *fig.* 6, la proportion chez le hérisson; voy. en outre *pl.* II, *fig.* 2 et 3, sur l'agouti, et *pl.* XII, *fig.* 4, 5 et 6, sur la marmose, le fourmilier à deux doigts, et le tatou à neuf bandes). Plus ce lobe est développé, plus la cavité qu'il renferme est ample et prolongée vers le ventricule moyen du cerveau. Ces deux cavités communiquent ensemble dans la plupart des rongeurs, chez le hérisson et les chauve-souris. Le conduit de réunion est tapissé par une couche épaisse de fibres blanches, qui sont la continuation de la lame médullaire des hémisphères. Dans les chiens de rue, la couche blanche du ventricule olfactif ne se continue pas avec celle du lobe cérébral, elle s'arrête dans le pédoncule à la hauteur de l'entrecroisement des nerfs optiques.

Des deux cordons fibreux qui bordent le faisceau aplati, d'où résulte, au-devant de la base de l'hémisphère, le pédoncule du lobe olfactif, l'interne, réfléchi en haut au fond de la grande scissure médiane du cerveau, se continue par ses fibres les plus profondes, dans le bord antérieur du corps calleux. Ces fibres antérieures du corps calleux forment donc la commissure des lobes olfactifs, comme les fibres postérieures forment celles des hémisphères cérébraux (voy. *pl.* XIII, *fig.* 14). Un plus grand nombre des fibres latérales extérieures et supérieures du lobe se replient en dessus du canal du pédoncule quand il existe, se recourbent en dedans, passent sur l'extrémité antérieure du corps strié, et vont se réunir aux fibres semblables du côté opposé, en formant ainsi la *commissure antérieure* (voyez *pl.* IV, *fig.* 6, sur le hérisson, et *fig.* 14, *pl.* XIII, sur le mouton).

Voilà pourquoi cette commissure a d'autant plus de calibre que les lobes olfactifs ont plus de volume. Enfin, le cordon extérieur, bordant en-dehors le faisceau fibreux aplati qui se trouve dans le prolongement des pédoncules du cerveau, se continue tout entier avec les fibres de la membrane cérébrale qui ont formé la paroi du fond du ventricule latéral, dans la partie nommée *pied d'hippocampe.*

Ainsi le lobe olfactif, dans les mammifères des quatre ordres cités, a quatre connexions principales : 1° avec les pédoncules du cerveau, 2° avec les fibres du pied d'hippocampe, 3° avec le corps calleux, et 4° avec la commissure antérieure. En outre toutes les circonvolutions inférieures de l'hémisphère, adjacentes au gros faisceau aplati de fibres blanches, qui forment le pédoncule olfactif, sont aussi en continuité de fibres avec le lobe olfactif.

Dans le phoque (Tiedem., Icon., céréb., simiar., etc., *pl.* II, *fig.* 8) il n'existe plus que deux de ces connexions du lobe olfactif : ce sont les deux cordons latéraux. Le faisceau, applati de fibres parallèles, n'existe plus. Les circonvolutions correspondantes au-dessous du corps strié, sont à découvert en arrière de l'angle qu'interceptent ces deux cordons, encore formés pourtant de fibres blanches. Mais l'interne est très-petit, et il est douteux que ces fibres arrivent au corps calleux. L'externe, trois fois plus gros que l'interne, se recourbe dans la scissure de sylvius, au fond de laquelle il se continue avec les fibres du pied d'hippocampe. Le lobe proémine un peu à la pointe de l'hémisphère, où il est presque entièrement enclavé dans l'intervalle de deux circonvolutions.

Chez l'homme le pédoncule olfactif, quoique plus long à proportion que dans le phoque, est infiniment plus mince, il n'a pas plus d'une demi-ligne de diamètre, est libre sur toute sa longueur, jusqu'auprès de l'angle interne que forme la base du lobe antérieur de l'hémisphère, entre l'extrémité interne de la scissure de sylvius et le fond de la grande scissure du cerveau, devant le croisement des nerfs optiques. Là il s'implante par trois racines dans la paroi antérieure de la scissure de sylvius. La racine extérieure médullaire s'implante au sommet même de la scissure, dans la couche corticale de la dernière circonvolution du lobe moyen; la racine interne naît de l'angle indiqué de la base du lobe antérieur, près et au-dessus de l'entrecroisement des nerfs optiques, également dans la couche corticale de cet endroit. La troisième, appelée corticale, parce qu'elle n'est blanche qu'à l'intérieur, s'enfonce dans l'extrémité du sillon, où est enclavé le pédoncule olfactif, et atteint les fibres blanches de la circonvolution correspondante. Ici donc le pédoncule du lobe olfactif n'a plus de connexion ou de continuité, qu'avec les circonvolutions postérieures de la base du lobe antérieur de l'hémisphère. Les quatre autres connexions décrites dans les rongeurs, les insectivores, les ruminants, etc., manquent donc ici.

Dans les dauphins il n'y a plus ni lobes ni pédoncules olfactifs. Et cependant les circonvolutions postérieures de la base du lobe antérieur, et surtout les circonvolutions inférieures et antérieures du lobe postérieur formant le fond du ventricule latéral, sont aussi développées que dans pas un des carnassiers, des ruminants ou des rongeurs. L'hippocampe y a même plus de volume.

Il n'y a donc aucun rapport direct entre la proportion de l'hippocampe et celle du cordon latéral externe du pédoncule olfactif. Il y a coïncidence et non dépendance entre ces deux parties, quand elles sont au maximum de développement. Sans cela l'hippocampe ne devrait point paraître sous le cerveau de l'homme, et encore moins sous celui du dauphin et du marsouin. M. Cuvier avait déjà observé, contradictoirement à l'opinion que les nerfs olfactifs étaient une dépendance des corps striés, que ces corps sont à proportion aussi développés dans les dauphins qui n'ont pas de *nerfs olfactifs* (il entendait les lobes), que dans aucun autre animal, où ils sont le plus volumineux.

Enfin, c'est à tort que M. Serres a généralisé aux cétacés ce défaut de lobes et de nerfs olfactifs, qui n'est encore directement constaté que dans le genre des dauphins. Par la corrélation des crânes, je me suis assuré qu'ils manquent aux cachalots, aux narwalhs et aux hyperoodons. J'ai démontré, d'ailleurs, par la corrélation de la fosse ethmoïdale et des conduits ethmoïdaux avec les lobes et les nerfs olfactifs, que chez la grande baleine australe cet appareil encéphalique était à proportion aussi développé que dans les phoques. (voy. plus haut, livre 1er et *Dict. class. d'hist. nat.*, art. BALEINES et ÉVENTS.)

Maintenant on peut se former une idée plus exacte des ventricules ou cavités du cerveau.

Le quatrième ventricule résultant de l'intervalle compris entre les pyramides postérieures en arrière, les cordons abdominaux de la moelle en bas, et l'arcade du cervelet et la valvule de Vieussens en haut, se continue dans l'épaisseur de la protubérance annulaire, en dessous, et des lobes optiques en dessus. Le canal étroit par lequel il s'y prolonge, forme, pour ainsi dire, l'axe creux de ce gros renflement, où il porte le nom d'*aqueduc de Sylvius*. A partir du point où débouche cet aqueduc sous la commissure postérieure, l'intervalle entre les couches optiques de chaque côté, la voûte à trois piliers en haut, et, en bas, la membrane grise d'où naît la tige pituitaire, le croisement des nerfs optiques, et la membrane étendue de ce croisement au bord antérieur du corps calleux, forme le *ventricule moyen* ou *troisième ventricule*. Par le détroit qui sépare de la commissure antérieure les piliers antérieurs de la voûte, le ventricule moyen communique avec les *ventricules latéraux*, qui en sont séparés seulement sur leur longueur par le bord libre de la voûte, appliquée avec les plexus choroïdes sur les corps striés et les couches optiques. Le ventricule latéral s'étend de haut en bas, et d'arrière en avant, entre les *corps striés*, les *couches optiques* et la *corne d'ammon* en bas, et la lame de l'hémisphère dégagée du *centre ovale* en haut. Sa limite, sur la ligne médiane, est la cloison transparente.

Enfin, dans quelques ruminants, et rongeurs; dans les hérissons, etc., le ventricule latéral se continue, par son extrémité antérieure, avec le ventricule du lobe olfactif.

On a vu comment l'intervalle des deux lames de cette cloison transparente communique aussi avec les autres cavités.

Toutes les cavités des différents lobes sont d'autant plus amples que la formation concentrique est moins active aux différentes époques du développement, et qu'elle est définitivement moins complète, tout étant égal d'ailleurs pour le volume relatif des lobes. Ainsi, dans l'homme, la formation intérieure est achevée long-temps avant

la naissance. Dans les chiens et surtout les chats
cette formation peu abondante se continue encore
après la naissance. Aussi, plusieurs jours après cette
époque, peut-on déplisser entièrement la membrane du cerveau, surtout dans les chats, où il
n'y a que deux replis longitudinaux. Dans aucun
rongeur que je connaisse il ne se forme de plis aux
lobes du cerveau, la formation intérieure reste au
degré des premières époques fœtales des mammifères supérieurs, par exemple, du quatrième mois
du fœtus humain, tel que montre la *fig.* 6 de la *pl.*
VIII. La cavité occupe ainsi tout l'espace correspondant au centre ovale de Vieussens, dans les mammifères supérieurs. Il en est du cervelet des mammifères et des oiseaux, comparé à celui des chéloniens et des poissons, comme du cerveau de l'homme adulte, comparé à celui du fœtus dans la première période, ou du cerveau des mammifères supérieurs, comparé à celui des rongeurs. Dans les raies
et les squales, par exemple, la formation interne n'a
déposé qu'une couche de matière blanche aussi mince qu'une feuille de papier fin. La pie-mère continue
de revêtir cette couche, et alors, comme dans le
cerveau des rongeurs, les cavités du cervelet occupent tout l'intérieur des lobes ou circonvolutions
qui se dessinent en-dehors.

Mais pour les lobes où s'insèrent des nerfs sensitifs le mécanisme est différent. Les lobes se creusent des cavités d'autant plus amples, que ces lobes

eux-mêmes et leurs nerfs sont plus développés.
Tels sont les lobes olfactifs des carnassiers, des ruminants, de quelques rongeurs, etc. , parmi les
mammifères, ceux des squales, parmi les poissons;
les lobes optiques des reptiles et des oiseaux, surtout des falco, ceux des poissons osseux, surtout
de ceux à nerfs optiques et rétines plissés.

Toujours, toutes ces cavités, quelles qu'en soient
la forme et les directions, communiquent avec le
canal central. Le vide de la cloison transparente ne
fait pas toujours, comme on a vu, exception à la
règle. Il communique avec les cavités des lobes cérébraux par un petit conduit qui contourne les
prolongements de la voûte vers les éminences mamillaires. Mais ce conduit peut s'oblitérer, il l'était,
par exemple, dans l'hydropisie de la cloison transparente, précédemment citée.

*Répartition de la matière blanche fibreuse et
de la matière grise globuleuse, dans le système cérébro-spinal des mammifères, et proportion des diverses parties de ce système.*

Dans toute la moelle épinière, proprement dite,
la matière grise est uniformément enveloppée par
le tube que forment les quatre cordons fibreux
blancs. Cette matière grise est disposée en trois
faisceaux. Un faisceau, applati horizontalement,
réunit en travers, par le milieu de leur con-

vexité, deux autres faisceaux placés de champ, et dont les bords supérieur et inférieur, repliés en dehors, rendent concave la face externe. La coupe de chaque faisceau latéral gris présente ainsi un arc dont les extrémités sont les points le plus rapproché de la surface de la moelle (*pl.* XIII, *fig.* 11). Ce n'est que sur les côtés de la moelle allongée, un peu en arrière du sommet du quatrième ventricule, que ces mêmes cordons se produisent au dehors, en forme de *tubercules cendrés*, dans l'homme et les quadrumanes. Au-delà, chez les carnassiers et les ruminants, la matière grise n'est nulle part extérieure. Mais au devant de la protubérance annulaire en bas, et à partir du bord postérieur des pédoncules du cervelet en haut, la substance blanche n'est plus extérieure, que dans la plus petite étendue de la périphérie du système.

Et d'abord tous les lobes du cervelet et ceux du cerveau sont partout recouverts d'une couche de matière grise, d'une épaisseur à peu près uniforme, et qui n'a commencé de se déposer, que dans la dernière période de la vie du fœtus. Les lobes olfactifs, à tout leur pourtour supérieur et antérieur, sont aussi recouverts de cette même couche, prolongée du cerveau. Cette couche, au cervelet et au cerveau, est traversée par un nombre infini de filaments vasculaires, qui y pénètrent, de la pie-mère. Au cerveau, la matière blanche n'est extérieure en haut, qu'à la face supérieure du corps calleux; et à la base, que dans l'espace qu'occupe, chez les carnassiers, les ruminants, les rongeurs, etc., le pédoncule élargi du lobe olfactif, et la face inférieure de ce lobe.

Au cervelet, cette couche s'arrête au pourtour du gros faisceau résultant de la réunion des trois pédoncules; les pédoncules antérieurs du cervelet, et une grande partie de la valvule de Vieussens, toute la surface des lobes optiques, celle des couches du même nom, sont blanches dans l'homme et les singes, ainsi que les pédoncules du cerveau, et les éminences mamillaires. Sur la ligne médiane, à la base, la matière grise occupe l'intervalle des éminences mamillaires au croisement des nerfs optiques, et s'étend encore, de ce croisement au bord antérieur du corps calleux.

Mais outre ces endroits du milieu de la base du cerveau, où la substance grise est à découvert, elle revêt encore, dans les ruminants et les rongeurs, la plus grande partie, ou même la totalité de la paire antérieure des lobes optiques, et dans les carnassiers, de la paire postérieure; ainsi que la moitié antérieure-intérieure de la face supérieure des couches optiques. Partout, soit à l'intérieur de la moelle, soit à l'extérieur des différents lobes de l'encéphale, c'est en dernier lieu que la matière grise est déposée. Toutes les surfaces internes des hémisphères, excepté sur le corps strié, sont de matière blanche. Il en est de même de la cavité des lobes olfactifs, qu'elle soit ou non continue avec les ventricules latéraux.

Les hémisphères du cerveau et du cervelet n'ont aucun rapport de proportion avec aucune paire de nerfs. Tel nerf de la tête varie d'un extrême à l'autre sans exercer aucune influence sur le degré de développement de ces lobes. Mais il n'en est pas de même des lobes olfactifs et optiques, ni du lobe médian du cervelet.

Ce dernier garde une proportion constante avec la cinquième paire; aussi le voit-on croître des carnassiers aux ruminants et aux rongeurs, à-peu-près réciproquement au décroissement des lobes latéraux.

Les lobes olfactifs sont dans une proportion constante avec les nerfs du même nom : mais ils n'en ont aucune avec le cerveau, dont le maximum de volume peut coïncider avec leur état rudimentaire chez l'homme, ou avec leur absence totale chez les dauphins. Les relations du lobe olfactif avec cette partie de la base de l'hémisphère cérébral nommé pied d'hippocampe ou corne d'Ammon, n'influent nullement sur la proportion de cette dernière partie. Les figures de l'atlas de M. Serres en donnent la démonstration (1).

(1) Pour concilier la contradiction de ses descriptions avec ses figures, M. Serres appelle lobe sphénoïdal, dans les dauphins (*pl.* XII, *fig.* 231), ce qu'il nomme hippocampe, dans

Les lobes optiques conservent un rapport de proportion avec les nerfs du même nom. Mais ce rapport n'est pas aussi intime, aussi immédiat que dans les ovipares, où le lobe optique est l'aboutissant unique du nerf du même nom. Dans les mammifères, ce n'est que le plus petit nombre des fibres de ce nerf qui aboutit à la paire postérieure des tubercules quadri-jumeaux. Aussi la réduction et même l'absence complète de nerf optique (voyez *pl.* IV, *fig.* 5, sur la taupe) n'entraînent-elles qu'une réduction des tubercules quadri-jumeaux infiniment moindre que celle que nous avons vu résulter de la même cause dans les silures, les murènes, etc., chez les poissons, et dans les amphisbènes, chez les reptiles. Ce qui paraît surtout maintenir la proportion des lobes optiques chez les mammifères, c'est le degré de développement du cervelet médian et de ses pédoncules continus avec les tubercules quadri-jumeaux postérieurs.

Dans les rongeurs et les ruminants, la paire antérieure des tubercules quadri-jumeaux est double, quelquefois triple en volume, de la postérieure (voy. *pl.* XIII, *fig.* 4, sur le veau, et *fig.* 14, sur le mouton). Le rapport est généralement inverse dans

le phoque (*pl.* IX, *fig.* 208). Mais la nature des choses ne change pas avec les variantes de leur nom, et le lobe sphénoïdal du dauphin, comme l'hippocampe du phoque et du lion, reste la terminaison du fond du ventricule latéral les carnassiers, entre autres les chiens, les chats, les dauphins, les phoques, les chauve-souris. Néan-moins dans cet ordre le rapport est loin d'être in-variable comme dans les rongeurs et les rumi-nants. Car chez les mangoustes, par exemple, les deux paires sont sensiblement égales, et chez la lou-tre, la taupe et le hérisson c'est l'antérieure qui surpasse la postérieure (voy. pour la taupe *pl.* IV, *fig.* 5, pour le hérisson *fig.* 6).

Or, les fibres du nerf optique se rendent pres-que constamment et exclusivement à la paire pos-térieure. Ce n'est donc pas de la proportion des nerfs optiques que dépend celle des tubercules quadri-jumeaux ensemble, ni de l'une de leurs deux paires vue séparément.

Quant à la proportion que les différentes par-ties de l'encéphale gardent entre elles dans les dif-férents genres de chacun des ordres de mammifè-res, nous avons déjà exposé dans le premier livre quelques données à ce sujet. C'est dans les insec-tivores, les taupes, les hérissons, et surtout les chauve-souris à narines garnies de conques et de pavillons, que les lobes olfactifs sont le plus dé-veloppés. Jamais ces lobes ne sont sillonnés, ni bosselés par des circonvolutions qui en multi-plient les surfaces.

Le nombre et l'amplitude de ces sillons et des circonvolutions qui en résultent, sont au maxi-mum dans l'homme; viennent ensuite les dau-

phins, puis les singes, les chiens parmi les carnassiers, et d'autant plus que ces chiens sont plus
intelligents. Car la différence est très-grande à cet
égard entre un barbet et un lévrier ou un loup.
Presque toutes les espèces du genre marte ont le
cerveau lisse. Il n'y a pas un seul sillon à celui de
la belette. Il n'y en a pas non plus à celui du
ouïstiti, du saï, du saïmiri, et de tous les singes américains jusqu'ici observés. Or, ces saï-
miris, ces sajous, ces ouïstitis ont à proportion le cerveau plus volumineux que l'homme.
Tous les singes de l'ancien continent ont au contraire le cerveau plissé : il en est de même des
chevaux, des ruminants, des cochons, etc. Pas
un seul rongeur et aucun des marsupiaux, examinés sous ce rapport, n'offre non plus aucun sillon
à son cerveau. Il en est de même de tous les insectivores, taupes, hérissons, chauve-souris, etc.
    La direction et le dessin de ces plis sont uni-
formes et réguliers pour chaque espèce et même
pour chaque genre quelquefois. Par exemple, dans
toutes les espèces de *chats* dont on connaît le cerveau, il n'y a que deux sillons longitudinaux sur
chaque hémisphère. Je n'ai vu aucune différence
à cet égard entre une cinquantaine de chats et plusieurs lions, le tigre, la panthère, etc. Et ces sillons
sont déjà tout formés avant la naissance. Mais
dans l'homme et les singes de l'ancien continent,
les chiens, etc., ce plissement ne s'achève que

long-temps après cette époque. On a même observé, depuis ce que nous avons publié à ce sujet, que les idiots avaient le cerveau beaucoup moins plissé à proportion que ne le comportait leur âge. On sait en outre que dans la plupart des hydro-céphales, il n'y a pas de circonvolutions. On voit d'après ce qui précède que cette absence de circonvolutions dépend non pas de leur effacement, mais d'un défaut primitif de formation.

Pas plus que les plis du cerveau, les lames du cervelet ne suivent dans leur décroissement la dégradation des animaux dans la classe. Chez les ouïstitis, par exemple, il n'y a que quatre ou cinq lames de chaque côté au cervelet, au lieu des vingtaines que l'on en compte à celui des orangs, des guenons, etc. Néanmoins le nombre des lames des hémisphères du cervelet, paraît décroître dans la même proportion qu'augmente celle des lames de son lobe médian, et de la chenille de casque par laquelle ce lobe se replie antérieurement au-dessous de l'arcade qu'il forme dans le quatrième ventricule.

Comme on le verra dans le troisième livre, la proportion de la moelle épinière ne peut encore être ramenée à une loi bien certaine. On a déjà vu combien est contraire aux faits, celle qu'avait proposée M. Serres. Voici des proportions que j'ai vérifiées avec le plus grand soin.

Dans le hérisson, la moelle épinière se termine à la septième vertèbre dorsale, un peu en avant

de la moitié de la longueur du canal vertébral.
Cette moelle n'a qu'un rétrécissement insensible entre le segment d'où partent les nerfs antérieurs et celui d'où partent les nerfs des membres postérieurs. D'après Arsaki, les chauves-souris
auraient aussi la moelle épinière presque aussi
courte à proportion que le hérisson. L'on savait
que dans l'homme adulte elle se termine au bord
supérieur de la deuxième vertèbre lombaire. Dans
le fœtus à terme elle ne dépasse guère le bord supérieur du sacrum, et à deux ans elle se trouve
au-dessus du bord supérieur de la quatrième vertèbre lombaire. De la naissance à l'âge adulte la
moelle épinière de l'homme s'est donc raccourcie
de la longueur de quatre vertèbres. En est-il de
même chez les hérissons ?

L'intervalle de la dure-mère aux parois du canal
est vide de graisse dans l'enfant nouveau né. Le
prolongement conique que forme la dure-mère
est fixé au canal sacré par cinq brides filiformes
de chaque côté, dont la supérieure naît de la dure-mère au niveau du bord supérieur du sacrum.
Ces brides obliques en arrière et en bas, sont ca-
chées par la graisse dans l'adulte. Cette graisse varie de consistance et de couleur avec l'âge. Chez
le vieillard elle est plus rouge et moins onctueuse.

Dans les chiens, les chats, les lapins, les cochons d'Inde, les martes, les chevaux, la moelle
épinière ne se termine qu'au bord antérieur du sa-

crum. D'après la capacité du canal vertébral dans le sacrum et les sept ou huit premières vertèbres caudales chez les singes à queue préhensile et tactile, comme les atèles, les alouattes, etc. , il serait possible que la moelle épinière s'y prolongeât au-delà du sacrum. Ces proportions si variées de la longueur de la moelle épinière relativement au volume de l'encéphale, montrent que, pas plus chez les mammifères que chez les autres classes, il n'y a lieu d'admettre ces sortes de tarifs, par lesquels plusieurs anatomistes croyaient pouvoir mesurer l'accroissement ou le décroissement des facultés intellectuelles (1).

(1) Comme l'annonce assez le nom du professeur Rolando, sur la 13ᵉ planche de cet ouvrage, ma description des diverses parties de la moelle allongée est en partie extraite du mémoire de ce savant anatomiste, inséré, t. XXIX, des *mem. della real Acad. del. Scienz. di Torino*, et *Journ. de physiol. exp.*, t. IV.

LIVRE TROISIÈME.

DES SYSTÈMES NERVEUX LATÉRAUX

Indépendamment des nerfs du grand sympathique, je nomme systèmes nerveux latéraux la double rangée transversale de ces cordons blanchâtres, qui de l'intérieur de tous les muscles, et de presque tous les points de la surface de la peau et des sens, convergent vers les trous de la colonne vertébrale et du crâne, pour y former autant de faisceaux uniques, lesquels, par des filets blancs ordinairement isolés les uns des autres, communiquent ou se continuent avec le système cérébro-spinal. Ces filets ont été nommés mal-à-propos, racine des nerfs, terme qui suppose, contre la vérité, que les nerfs sont une production, une extraction de la moelle et du cerveau.

On va voir dans l'exposition de ce que nous avons pu découvrir sur la formation et la structure des nerfs, quels motifs nous déterminent à faire de ces organes des systèmes nerveux distincts : motifs que plus loin on verra confirmés par l'exercice de forces propres et tout-à-fait spéciales, qui résident dans les nerfs indépendamment de toute influence du cerveau et de la moelle.

Formation des systèmes nerveux latéraux.

Sans recourir à des observations directes sur les embryons, genre de recherches toujours difficile et susceptible de nombreuses inexactitudes, voici comment nous avons reconnu que les nerfs se forment indépendamment du système cérébro-spinal, et surtout qu'ils ne sont pas engendrés par lui. L'hypothèse de cet engendrement, d'abord purement spéculative, était devenue systématique dans les livres de Gall et de Spurzheim. Intervertissant l'ordre de formation naturel, ils établirent que la matière blanche du système cérébro-spinal était produite par la matière grise, quel que fût l'ordre de superposition de ces deux matières, et de plus, que les nerfs étaient aussi engendrés par cette matière grise; qu'ils étaient d'autant plus forts, qu'elle était plus abondante et qu'ils y enfonçaient de plus nombreuses, de plus profondes racines. J'ai prouvé le premier (Mém. lu à l'Inst., août 1823), d'abord que la matière grise n'engendre pas les cordons blancs de la moelle épinière, puisque dans tous les poissons et les reptiles, elle n'est formée que de matière blanche, et que là, où les deux matières y existent ensemble, par exemple, chez les mammifères et l'homme, la matière blanche existe seule pendant la première moitié de la vie du fœtus, et que toujours la matière grise se forme la dernière, soit à la moelle, soit aux lobes mêmes du cerveau. Ce serait donc plutôt la matière blanche qui engendrerait la grise. Mais on a vu que cett double filiation est également fausse, chacune de ces matières se formant isolément à sa place. Or, les nerfs se forment en même temps que la matière blanche cérébrale. Leur formation précédant celle de la matière grise, n'en dépend donc pas ; et de plus elle ne dépend pas non plus de la matière blanche, puisque dans le cas où le système cérébro-spinal tout entier ne s'est pas formé, les nerfs n'en existent pas moins. Dans mon troisième Mémoire sur le système nerveux, couronné par l'Institut en 1822, je déduisis ce fait, d'une observation rapportée par le professeur de Montpellier, Lallemand. (Thèse, n° 165. Paris, 1818, pag. 25.) Voici le précis de cette observation. Un fœtus monstrueux n'avait ni cerveau, ni moelle épinière ; à la surface de la dure-mère, existaient deux rangées de tubercules blanchâtres, gros comme une tête d'épingle, répondant à chaque espace intervertébral. A ces tubercules aboutissaient les nerfs du cou, du dos et des lombes ; ces nerfs étaient tendus entre la dure-mère et les trous de conjugaison. Les nerfs cérébraux étaient libres et flottants à la base du crâne. Tous ces nerfs se renflaient après leur sortie du crâne, dans leur trajet et leur épanouissement.

Enfin, l'on va voir que durant toute la vie de la

plupart des poissons, les nerfs ne sont que juxta-
posés aux enveloppes du système cérébro-spinal,
par l'extrémité arrondie des filets qu'on nomme
racines, ou même par l'extrémité de leurs troncs
ainsi arrondis, et non terminés par des racines.
Toujours ces extrémités internes des nerfs, sont
enveloppées d'un prolongement de leur gaine
membraneuse, appelée nevrilemme, laquelle se
continue avec la pie-mère; de sorte que la matière
même du nerf, est isolée de celle du cerveau et de
la moelle. Enfin, comme on le voit *pl.* 1 et 2, sur
les raies; *pl.* XII, sur le congre, *fig.* 1 et 2, etc., cette
juxta-position de l'extrémité du nerf à la surface
du système cérébro-spinal, n'est pas toujours immédiate. La communication peut n'être établie
que par un filet d'une matière particulière, tendu
entre les deux organes, et distinct de leur substances auxquelles ce filet n'est pas continu. Bien
plus enfin, l'on a vu dans l'ordre entier des pétromyzons, qu'aucun nerf en arrière du pneumo-gastrique inclusivement, n'a de communication même immédiate avec la moelle, mais se termine dans
la gaine membraneuse, écartée partout de cet organe par un liquide qui en sépare les surfaces (*pl.*
III, *fig.* 10). Aucune subtilité ne peut évidemment ici
dériver les nerfs de la moelle épinière, où d'ailleurs il n'y a non plus ni matière blanche ni matière grise, mais une substance propre à ces animaux.
Partant d'observations microscopiques sur des

embryons encore fluides, on a été bien au-delà
de la signification des faits qui viennent d'être ex-
posés. Substituant dans la formation de l'animal
une force organisante centripète à une force organisante centrifuge, on a dit, sans fixer ni les temps
ni le mécanisme de l'observation, que par une véritable végétation des organes où leurs extrémités
extérieures s'épanouissent, les nerfs poussaient
vers le système cérébro-spinal. J'avoue n'avoir jamais pu voir rien de semblable sur l'embryon (1)
humain de trois mois, sur des embryons d'âge correspondant et plus jeune encore, chez des lapins,
des chiens et des cochons-d'Inde. J'ai toujours vu
les nerfs formés sur toute leur longueur, depuis le
trou intervertébral ou du crâne, jusqu'à leur terminaison extérieure dans les muscles, à la peau, et
aux sens. L'on a vu au chapitre IV, du livre précédent, comment dans les différentes classes, l'insertion superficielle du plus grand nombre des
nerfs chez les poissons, devient un véritable enchâssement dans les classes supérieures et surtout dans les mammifères et l'homme. On a vu
une disposition intermédiaire à l'insertion superficielle et à cet enchâssement, à cette incor-
poration du nerf au système cérébro-spinal,
dans l'implantation, comme par soudure de la

_____

(1) On a vu plus haut, liv. Ier, que cette force centripète de
production avait été appliquée sans plus de succès au système
osseux.

cinquième paire chez les raies, les squales, etc.
(*pl.* I, II, III et IV).

On se souvient qu'un prolongement de l'arachnoïde, forme une double gaine à chaque filet d'insertion des nerfs, depuis la surface du système cérébro-spinal, jusqu'à la dure-mère, et qu'à partir
du point de réflexion de l'arachnoïde, la dure-
mère fournit au nerf une autre gaine qui l'accom-
pagne jusqu'au trou de sortie du crâne ou des vertèbres. Sous ces deux enveloppes qui se succèdent
depuis la surface de la moelle jusqu'à la sortie des
nerfs, règne une autre tunique renfermant immédiatement la matière nerveuse, et continue à la
pie-mère du système cérébro-spinal, excepté hors
le cas des insertions pédicellées. Cette tunique se
nomme *nevrilemme.* Le cul de sac qu'elle forme
sur la pie-mère, se manifeste en évacuant par la
pression la substance médullaire qui remplit la cavité de celle-ci. L'observation pathologique la démontre également par une préparation spontanée.
Dans le cas, observé par M. Magendie (*Journ. de
physiologie expériment.*) d'une conversion de la
moelle épinière, en un liquide enfermé dans la
pie-mère, dont le cylindre n'était pas déformé, les
racines nerveuses insérées à cette pie-mère, avaient
conservé leur matière médullaire intacte. Ainsi la
maladie chez l'homme, produit l'état naturel de
tous les nerfs spinaux des pétromyzons. C'est dans
les animaux où les nerfs forment un long faisceau

vertébral, comme la baudroie, le tétrodon chez les poissons, le hérisson chez les mammifères, etc., que la structure du nevrilemme, isolé de toute autre enveloppe, et que sa continuité avec la pie-mère de la moelle, sont bien apparentes et l'on peut dire évidentes.

Mais au dehors des cavités osseuses, le nevri-lemme devient beaucoup plus ferme. Il forme au-tour du nerf une enveloppe souvent très-épaisse, continue avec le tissu cellulaire ambiant, dont elle semble même n'être qu'une sorte de condensa-tion très-serrée. Ce nevrilemme, dans l'entre-lacement que forment les filets d'un même nerf, donne à chacun de ces filets une gaine particu-lière adhérente par des brides nombreuses aux gaines collatérales. Tels sont surtout les nerfs des muscles et ceux de la peau. On verra que les nerfs spéciaux des sens ont des structures diffé-rentes, et même on peut dire que dans les mam-mifères et les oiseaux, le nerf olfactif n'a pas de nevrilemme, et que ses filets ne sont jamais entre-lacés.

Des caractères bien plus tranchés encore que ceux par lesquels les systèmes nerveux latéraux se séparent du système cérébro-spinal, distinguent de ces systèmes celui du grand sympathique. Mais nous en renvoyons l'exposé à la fin de ce livre, et au moment de traiter de ce genre de nerfs.

Chaque nerf formant dans les systèmes nerveux

latéraux un système isolé des autres sur toute sa longueur, et le nombre de ces petits systèmes particuliers étant ordinairement très-grand (il peut être de plus de trois cents) nous allons considérer à la fois non pas tous les nerfs dans une même classe, comme nous avons fait pour les parties du système cérébro-spinal; mais chaque nerf dans les quatre classes à la fois On saisira mieux de cette manière les différences qu'amène dans chaque nerf le plan nouveau d'organisation dont il fait partie, soit que l'on passe d'une classe à l'autre, soit que dans la même classe on passe d'un ordre, d'une famille ou seulement d'un genre à un autre.

CHAPITRE PREMIER.

DU NERF OLFACTIF.

Le nerf dit olfactif ou de la première paire, se distribuant dans un double organe particulier constituant les narines, nous allons d'abord donner une idée générale de cet organe.

Des narines.

Dans tous les animaux vertébrés, les narines, ou les organes de l'odorat, consistent en une expansion membraneuse, continue soit avec la peau seulement, comme dans les poissons, soit avec les membranes muqueuses de la bouche, des poumons, des yeux et des oreilles, comme dans les trois autres classes. Cette membrane, toujours plus ou moins abondante en vaisseaux et en nerfs, est, à une seule exception près chez les poissons, développée aux surfaces d'une cavité plus ou moins profonde de la tête, à parois fixes et solides, et constamment ouverte au dehors, pour communiquer avec le milieu d'existence de l'animal.

Il y a trois sortes de narines, 1° celles qui sont en contact avec l'air seulement, dans les mammifères, moins les cétacés, dans les oiseaux et les reptiles; 2° celles qui sont en contact avec l'eau seulement, dans des poissons; 3° enfin celles qui sont en contact avec l'eau et avec l'air, dans les cétacés.

1°. Dans les poissons, le mécanisme des narines n'a aucun rapport avec la respiration; elles ne sont point le passage du fluide respirable. L'eau, ce fluide au milieu duquel se passe la vie du poisson, n'étant pas élastique et diffusible comme l'air, et de plus, n'étant pas animée dans leurs narines d'un mouvement alternatif d'entrée et de sortie qui renouvelle et multiplie les contacts avec tous les points des surfaces olfactives; il fallait, puisque les odeurs ne vont pas chercher le sens, que les surfaces sensitives fussent disposées de manière à plonger par le plus de points possibles dans le milieu odorant, en occupant toutefois le moins d'espace possible. Or, la construction de la narine des poissons est merveilleusement assortie à ce but. Dans tous les poissons osseux que je connais, moins les murènes, et dans les poissons sturoniens (*ordre des esturgeons*), la cavité de la narine, à peu près hémisphérique, est traversée par des lames membraneuses rayonnantes autour d'un centre (v. *pl.* V, *fig.* 4, *pl.* VIII, *fig.* 1). Ces lames, plus ou moins minces, développent elles-mêmes par le plissement de leurs très-fines membranes, d'autres lamelles, dont la direction est en général perpendiculaire à celle des premières. On conçoit que plus ces lames sont nombreuses, larges, et feuilletées elles-mêmes sur leurs deux faces, plus l'étendue totale des surfaces sensitives est considérable. Si rapprochées que soient ces lames et ces lamelles, l'eau peut toujours passer à travers, car elles sont humectées d'un mucus qui remplit le double objet d'empêcher qu'elles n'adhèrent entre elles, et qu'elles ne soient macérées par le contact de l'eau. Ainsi, chez les animaux aériens, un autre mucus, empêche la dessication de la pituitaire par les courants d'air entrant ou sortant.

Dans les murènes et les pleuronectes (voy. *pl.* XI et XII), et chez les poissons cartilagineux, dans les squales et les raies, la figure de la narine est un demi-ellipsoïde très-allongé (voy. *pl.* II, *fig.* 1, sur la raie; *pl.* IV, *fig.* 1 et 2, sur le squal. catulus. Deux rangées de lames sont disposées à droite et à gauche d'un axe ou cordon ligamenteux, dont le plan passe par le plus grand arc de la narine. Il est facile chez ces animaux, d'évaluer l'étendue des surfaces olfactives, en multipliant les doubles surfaces de toutes ces lames, par le nombre de ces lames elles-mêmes.

Dans les raies et les squales le mucus nasal continue de se produire abondamment après la mort pendant plusieurs jours. Si l'on maintient la préparation dans l'eau, on peut enlever deux fois par jour le mucus qui remplit les anfractuosités des lames et des lamelles; il s'en reproduit bientôt autant.

Dans le seul congre, le mucus ne se forme qu'en petite quantité, malgré l'extrême abondance du réseau vasculaire répandu sur les lames, et qui fait de leur ensemble une espèce de velours de sang et de nerf. Il est probable que cette moindre proportion de mucus tient à ce que la narine des murènes est bien mieux fermée. Car elle n'a, comme on a vu, que deux petites ouvertures terminales par lesquelles l'animal admet ou rejette l'eau à volonté, en y déterminant un courant : seul exemple jusqu'ici connu de ce mécanisme chez les poissons.

Dans les raies et les squales, on aperçoit entre les aréoles vasculaires, une innombrable quantité de petites glandules exhalant de la mucosité. On ne voit rien de pareil chez les murènes.

Dans les raies et les squales (voy. *pl.* II), la narine est ouverte sur tout le grand diamètre de l'ovale qu'elle représente; mais les deux bords se prolongent l'un vers l'autre en forme de lèvres, dont l'antérieure déborde l'autre pour recouvrir le sillon, qui, de l'angle interne de la narine, s'étend vers la bouche. Il en résulte en cet endroit une sorte de soupape.

Dans les poissons osseux, il y a à chaque narine deux orifices séparés l'un de l'autre par une étroite languette. Peut-être l'animal a-t-il la faculté de déterminer un courant au moyen d'une espèce de valvule qui garnit l'un de ces orifices.

C'est dans ces espèces d'entonnoirs, de soupapes et de lèvres destinés à diriger, à repousser ou à retenir le véhicule des odeurs, que se rendent pour y donner le mouvement ou le toucher, les rameaux de l'ophtalmique reconnus par Scarpa; mais ils n'y sont pas des auxiliaires ou des accessoires du nerf olfactif, comme il le pensait.

2°. Dans les mammifères, les oiseaux, et un grand nombre de reptiles, ces rameaux de l'ophtalmique se distribuent au contraire à l'intérieur du nez, et sur les surfaces olfactives mêmes. On verra l'effet de cette distribution dans le cinquième livre.

Dans tous ces animaux, excepté quelques repti-

les où les narines n'ont qu'une seule ouverture extérieure, par exemple, les caméléons, les narines sont
la route principale et presque continuelle de l'air
vers le poumon. L'endroit de la bouche où elles s'ouvrent en arrière varie, comme on a vu, non-seulement d'une classe à l'autre, mais même d'un genre à
l'autre chez les mammifères. Dans un grand nombre
de reptiles, cette ouverture se fait derrière l'inter-
maxillaire, dans quelques autres entre les maxillaires et les palatins, dans le plus grand nombre des
mammifères entre le bord postérieur des palatins
et le sphénoïde. On se souvient que dans un grand
nombre de mammifères, les cochons, les bœufs,
les rhinocéros, etc., les cavités nasales s'agrandissent de toute l'épaisseur des os du crâne, dont
les deux tables écartées renferment d'immenses
cellules communiquant avec les narines, par des
ouvertures du frontal, du sphénoïde, de la caisse
et du rocher. Les cellules dont ces derniers os établissent la communication avec les narines, sont
les plus constantes. Leur premier aboutissant, la
caisse du tympan, espèce de réservoir d'air dont
on verra l'utilité dans la physiologie de l'oreille,
existe aussi dans ces trois classes de vertébrés. Les
narines de ces animaux sont donc en relation avec
le sens de la vue et de l'ouïe, et avec le poumon.
Dans tous les poissons au contraire, aucun de ces
rapports n'existe, il y en a même où la narine

est si rudimentaire, qu'il est difficile de lui supposer quelque usage.

3°. Dans les cétacés, selon que le mécanisme des narines est simple ou double, leur structure est différente. S'il est double, la narine est divisée en deux étages, dont la séparation est formée en grande partie par l'extrême élargissement du cornet de Bertin ; le reste est complété par des membranes. L'étage supérieur conduit aux cornets ethmoïdaux, aux surfaces desquels s'épanouit le nerf olfactif ; c'est par cet étage que passe l'air. L'étage inférieur, de beaucoup plus ample, sert au passage de l'eau regorgée. Telle, j'ai le premier observé la construction de la narine des baleines. (Voy. ce mot, *Dict. class. d'hist. nat.*)

Dans les dugongs, dauphins, cachalots, etc., le cornet de Bertin n'existe pas, et l'air passe par le même canal que l'eau. Il serait trop long de décrire ici les machines à pression qui servent à la projection de l'eau dans les cétacés. (Voy. ce mot, et Évents, *ibid.*)

D'ailleurs, il n'existe dans les narines des poissons, aucun nerf ni ganglion sympathique. Or, il n'existe chez eux non plus aucune continuité de membranes de la narine avec l'œil ou avec la bouche, ni par conséquent avec les branchies. Ils manquent aussi d'appareil lacrymal et de glandes salivaires.

Ainsi la coexistence constante de deux nerfs différents, celui de la première paire et des branches
de la cinquième, dans les narines de presque tous
les animaux aériens, démontre que les organes de
l'odorat ne sont pas tant s'en faut les mêmes au
fond, que ceux qui servent au toucher ordinaire,
comme on l'a tant répété. L'on voit au contraire
que les premiers diffèrent des autres par quelque
chose de plus que le grand développement de la
partie nerveuse, que la finesse et la mollesse des
membranes qui en déterminent les surfaces, puisque ainsi que l'œil, ils reçoivent à proportion de
la grandeur du sens le plus grand nerf spécial
qui existe dans l'organisation.

1°. *Du nerf olfactif.*

On a vu au livre précédent, que la première paire
de lobes du système cérébro-spinal, avait passé jusqu'ici pour les nerfs olfactifs mêmes, malgré l'identité parfaite de structure et même la continuité immédiate de toutes les couches de ces lobes avec
celles des lobes cérébraux dans la plupart des carnassiers, des ruminants, et surtout des insectivores, chez plusieurs desquels (la plupart des chauves-souris, par exemple) les lobes olfactifs sont justement les plus volumineux de l'encéphale. Quelques anatomistes cependant, surtout Josias Weitbrecht (*Comment. pétrop.*, tom. 14), avaient re-

connu que ce qu'on appelle nerfs olfactifs dans ces
animaux, étaient la première paire de lobes encéphaliques. Mais tout en reconnaissant ce fait ;
Weitbrecht, à force de subtilité, n'essaie pas moins
de dériver les nerfs olfactifs de plus loin que leurs
lobes. Il veut les faire aboutir au corps striés, et
pourtant il finit par convenir que ces prétendus
nerfs olfactifs venus des corps striés sous l'apparence de rubans blancs très-mous, se mêlent et
s'ensevelissent dans la substance corticale des lobes
olfactifs, sans avoir pour prolongement les filets
qui passent par les trous de l'ethmoïde et se distribuent aux narines ; à quoi il ajoute que chez
l'homme, il n'existe rien d'analogue au lobe olfactif des brutes, lobes qu'il désigne comme on a toujours fait depuis Galien, sous le nom de *processus*.
Willis avait reconnu cette analogie, mais tout en
faisant du lobe olfactif, le nerf lui-même (1).

(1) Dans l'analyse si soignée qu'en 1821 M. Cuvier a donnée
de l'ouvrage de M. Serres, analyse où les variations de la
glande pinéale elle-même, sont indiquées scrupuleusement,
il n'est question que de deux paires de lobes ou de renflements encéphaliques, au devant du cervelet. Rien ne laisse
soupçonner l'existence des lobes olfactifs. Or, en 1824, M.
Serres, pag. 208 et 209, après avoir dit que la principale variation de l'encéphale des poissons osseux est produite par l'addition d'une nouvelle paire de lobes ajoutés à ceux déjà connus,
continue en disant que chez les mammifères, les oiseaux et les
reptiles, les hémisphères cérébraux ne se composent pas seulement de deux lobes, que chez les mammifères une paire de
bulbes est ajoutée à la partie antérieure des hémisphères, que

Enfin (Anat. comp. du cerveau, tom. 1, 1824), dans un chapitre entièrement consacré au nerf olfactif, on a confondu tantôt le lobe olfactif avec le lobe cérébral, tantôt le nerf olfactif avec le lobe de ce nom, et enfin reproduisant les idées de Weitbrecht on a pris constamment pour le nerf olfactif même, le pédoncule qui unit le lobe de ce nom, soit au cerveau dans les mammifères et les reptiles, soit aux extrémités antérieures des cordons inférieurs ou pyramidaux de la moelle dans les poissons et les oiseaux. On va même jusqu'à dériver chez les poissons les nerfs olfactifs du cerveau.

Après ce résumé des idées antérieures à mes observations, et en se rappelant la détermina-

ces lobes sont énormes dans l'ambryon des chauves-souris, que chez les reptiles c'est une paire de lobes ajoutés aux hémisphères cérébraux, comme chez les mammifères, etc.

Or, dans mon 5ᵉ mémoire sur le *syst. nerv.*, lu à l'Institut, le 8 août 1822 (inséré par extrait dans le *Journ. de phys.*, d'octobre suivant), j'ai établi, comme conditions d'existence des lobes olfactifs, les différents degrés de développement du nerf du même nom; qu'en conséquence les lobes cérébraux ne sont pas les ganglions ou les lobes, c'est-à-dire, les aboutissants des nerfs olfactifs.

M. Cuvier a-t-il pu omettre dans son analyse, des déterminations devenues si importantes dans le plan actuel de l'ouvrage de M. Serres; ou bien ces déterminations n'y existaient-elles pas quand M. Cuvier en fit l'analyse?

Quoiqu'il en soit, je suis le premier qui ait publié ces déterminations.

tion, faite dans le livre précédent, de la plus antérieure des paires de lobes de l'encéphale, on
suivra mieux les correspondances constantes des
nerfs olfactifs avec cette paire de lobes. Mais
comme ces correspondances varient suivant l'état
de ces nerfs, et comme j'ai découvert plusieurs
états fort différents et également nouveaux des
nerfs olfactifs chez les poissons, il faut nécessairement décrire ces différences d'état et de forme.

1°. *État tout à fait pulpeux de filets parallèles,*
et sans embranchement.

Dans l'homme et tous les mammifères qui en
sont pourvus, les filets du nerf olfactif nés de la
matière grise seulement au pourtour inférieur et
antérieur du lobe olfactif, pénètrent immédiatement dans les trous de la lame criblée de l'ethmoïde. Ils ne revêtent aucun nevrilemme, et vont
directement sans se ramifier, s'épanouir dans
cette partie de la membrane pituitaire qui tapisse
les parties supérieures des narines. Aussi ces filets
sont-ils d'une telle mollesse, qu'il est très-difficile
de les démontrer par une simple dissection sans
l'action préalable d'un réactif chimique. Leur nombre se mesure directement par celui des trous de
la lame ethmoïdale, quoique les plus gros se divisent quelquefois en deux en sortant du trou.

Dans le cas de juxta-position du lobe à la narine

chez les oiseaux et chez les poissons, par exemple,
chez les gades, les cyprins, les silures, etc., il n'existe pas de différence essentielle pour la distribution
des filets nerveux ; seulement ils ont plus de consistance chez les poissons.

2°. Nerf olfactif, formant un seul tronc divisé ou non divisé en filets parallèles.

Ces deux états qui peuvent exister quand le
lobe olfactif juxta-posé à l'encéphale, est plus ou
moins distant de la narine, coïncident avec tous
les degrés de développement de l'appareil olfactif.

A. Dans les raies, chaque nerf olfactif constitue
sur toute sa longueur un tronc unique et solide. La
longueur, variable d'une espèce à l'autre, est plus
grande, par exemple, dans la raie ronce (*pl.* II), que
dans la raie bouclée (*pl.* I). A son extrémité nasale,
les filets nerveux grossis se renflent en une sorte
de croissant le long de la convexité de la narine.
De la concavité de ce croissant, les filets traversent l'enveloppe fibreuse de la narine, et se propagent le long des surfaces de chaque lame de la
pituitaire et des feuillets qui s'élèvent sur chaque
face de ces lames.

Sauf une moindre consistance du nevrilemme,
le nerf olfactif des raies ressemble assez bien au
nerf optique de l'homme, pour la blancheur et la
structure. Cette blancheur éclatante tranche forte-

ment sur la couleur grise du lobe olfactif, où les racines du nerf se continuent de la même manière que les pédoncules du lobe olfactif de l'homme et des singes, se propagent dans la substance grise de l'hémisphère cérébral correspondant. La longueur du nerf olfactif des raies, égale en général la longueur de tout l'encéphale. Dans leur trajet ils sont baignés par l'eau qui remplit l'intervalle du cerveau aux parois du crâne.

B. La structure en filets parallèles ayant chacun leur nevrilemme particulier, et formant un faisceau unique dans une gaine générale, ne ressemblant à aucune structure connue, sa description doit entrer ici. Je l'ai découvert sur le *cyclopterus lumpus*.

Dans ce poisson (*pl.* VIII, *fig.* 1) le nerf olfactif est un faisceau cylindrique de filets parallèles, enveloppé d'une gaine cellulaire; chaque filet est pourvu de nevrilemme. Près de l'épanouissement sur la narine, l'enveloppe cellulaire générale n'existe plus. La pulpe nerveuse n'est isolée que par le nevrilemme, qui depuis le milieu de la longueur du nerf, est aussi dur et résistant, que dans tout autre cordon nerveux. Car après huit jours de macération. ces filets supportent sans rupture d'assez forts tiraillements.

Malgré leur contact avec les nerfs optiques, les olfactifs n'y adhèrent pas comme l'a cru Pallas (*Spict. zool. fasc.* 7), qui s'est trompé bien davantage en disant (*loc. cit.*) *Nervi optici et olfactorii ganglion commune quoddam efformant prorsus uniti.* La planche VIII montre qu'ils s'insèrent, comme à l'ordinaire, en arrière et au-dessous du cerveau à l'extrémité antérieure des cordons inférieurs de la moelle.

D'après Pallas, la structure de ce nerf est identique dans le cyclopt. ventricosus. Elle l'est aussi dans l'esturgeon (*pl.* V, *fig.* 4), les pleuronectes, etc.; mais c'est dans les crocodiles que cette structure acquiert son maximum de développement. Chaque filet à son insertion au lobe olfactif, est pourvu d'un nevrilemme aussi distinct que dans le reste de son trajet. Dans la plupart des poissons osseux, le nerf olfactif forme aussi un faisceau de filets parallèles; mais le nombre de ces filets est beaucoup moindre. Par exemple, il n'y a que quatre filets à chaque nerf dans les muges. (Voy. *pl.* VI, *fig.* 4). Dans les trigles, il n'y en a qu'un seul, et il est très-pulpeux et tout entier de matière grise.

Dans les tortues, soit de mer, soit de terre, soit d'eau douce, chaque nerf olfactif d'une substance très-blanche qui se détache fortement de la couleur grise du lobe olfactif, forme un faisceau de quatre, cinq ou six filets assez gros, et dont le calibre se maintient uniforme jusqu'à la narine où ils se renflent un peu pour s'épanouir sur la convexité de la voûte pituitaire. (Voy. *pl.* XI, *fig.* 2, 3 et 4).

Dans les crocodiles, un faisceau de filets assez grêles, blancs, et tous parallèles, partent du côté externe de la moitié antérieure du lobe olfactif. Les plus inférieurs de ces filets sont les plus courts; bien qu'ayant encore trois ou quatre fois la longueur du lobe. Ils s'épanouissent sur la partie postérieure du long tuyau que forme la narine. Les autres d'autant plus longs qu'ils sont plus supérieurs et les plus internes, s'épanouissent dans la partie antérieure du tuyau.

3°. *Ramification du nerf olfactif en cordons, divisés eux-mêmes en rameaux plus petits encore subdivisés.*

Cette structure qui coïncide avec une longueur du nerf plus que double de celle de l'encéphale entier, étant aussi sans analogue dans ce qu'on savait de l'anatomie des nerfs, sa description doit encore entrer complétement ici.

Dans le murena conger et les autres murènes (Voy. *pl.* XII, *fig.* 1 et 2; et *pl.* I, *fig.* 3, 4 et 5), du lobe olfactif presque égal en volume aux lobes cérébraux, partent de chaque côté deux troncs nerveux superposés dans leur trajet, et prolongés jusqu'à l'ouverture antérieure de la narine. (Car dans ce genre, outre l'ouverture ordinaire de la narine au-devant de l'œil, il en existe une autre allongée en tube au bout du museau, et que l'on avait prise jusqu'ici pour un barbillon). Dans le premier quart de leur trajet, ces deux cordons sont grisâtres; au-delà, ils deviennent d'un rouge d'autant plus foncé, qu'on regarde plus en avant. Par leur côté externe, ils se ramifient en d'autre cordons bientôt ramifiés aux mêmes.

Les derniers filets de l'épanouissement de chaque cordon sur la narine, sont teints d'un rouge brun foncé. Ces différentes couleurs ne sont pas seulement superficielles; des coupes faites sur tous les points de la longueur du nerf, la présentent uniforme. Les rameaux et les filets restent comme on voit serrés l'un contre l'autre jusques sur la narine. En y arrivant, ils sont bridés par un anneau que forme le prolongement d'une toile celluleuse enveloppant la narine. Cette enveloppe celluleuse est elle-même recouverte d'une membrane fibreuse très-résistante. C'est sur les faces internes de cette enveloppe fibreuse, que passent les rameaux de la deuxième et de la troisième division du nerf de la cinquième paire (b^1, b^2). Aucun de ces rameaux ne fournit à la narine le *nerf accessoire* de Monro et de Scarpa. Il n'y a de filets de la cinquième paire qu'au pourtour extérieur des deux narines.

Au-delà de cet anneau, qui rétrécit un peu le diamètre du faisceau nerveux, ses filets, toujours juxta-posés, forment deux plans émanés, l'un du cordon supérieur, l'autre de l'inférieur. (Voy. *pl.* I, *fig.* 3, 4 et 5). Ces filets, à une ligne et demie du bord clos de la narine, se perdent dans la membrane fibro-muqueuse, dont je vais expliquer la structure. Tous ces filets sur la narine comme dans le faisceau longitudinal, se tiennent par un tissu filamenteux non vasculaire, et très-fin.

Un peu au-dessus du point où les cordons de chaque nerf commencent à se ramifier, un vaisseau sanguin, d'un calibre au moins égal à celui des cordons, vient se placer entre ceux-ci. Les parois de ce vaisseau sont plus épaisses qu'à l'ordinaire. Il se divise tout de suite en branches bientôt réunies, et qui se redivisent encore. (Disposition appelée *insulæ* par les anatomistes.) Cet axe vasculaire du faisceau nerveux, ne se ramifie qu'en arrivant sur la narine. Appliqué le long de la convexité de cet organe, il y fournit trois plans de rameaux, deux externes interposés entre chaque plan nerveux et la membrane fibro-muqueuse; l'autre moyen ou central, correspond au ligament qui forme l'axe de division des lames de la pituitaire. (Voy. ce ligament, *pl.* XII, *fig.* 1, et la disposition des plans de l'artère caverneuse, *pl.* I, *fig.* 1, 4 et 5).

Dans chacun de ces trois plans vasculaires, les rameaux de l'artère offrent aussi des anastomoses redivisées aussitôt. La consistance coriace des parois de cette artère, et l'entrelacement multiplié de rameaux, donne à ce vaisseau l'apparence du tissu caverneux; considération que justifie la distension par le sang qui y séjourne après la mort.

4°. *État pulpeux et canaliculé du nerf olfactif.*

Dans les squales, ces carnassiers de la mer, où le développement de l'organe de l'odorat surpasse tous les degrés ailleurs connus, le lobe olfactif creux, comme dans les insectivores, se prolonge jusqu'à la narine sous forme de tube également creux dans un trajet plus de moitié moindre que la longueur de l'encéphale. Ni sa couleur grise, ni sa mollesse, n'ont changé. En quoi ce nerf diffère beaucoup de celui des raies, et se rapproche de la structure de celui des ruminants et des carnassiers. Epanoui en croissant sur la convexité de la narine, il s'y distribue de la même manière que chez les raies (voy. *pl.* IV, *fig.* 1 et 2).

5°. *Structure semblable à celle des nerfs musculaires et cutanés de l'homme et des mammifères,* etc.

Dans ce cas où la distance du lobe à la narine, ou plutôt à l'épanouissement du nerf, égale quatre

ou cinq fois la longueur de l'encéphale, le nerf olfactif, sous la forme d'un cordon semblable aux nerfs
spinaux, à la sortie du trou inter-vertébral, se divise
au milieu de sa longueur, qui égale cinq à six pouces sur une baudroie de quatre pieds et demi de
long, en trois rameaux qui restent juxta-posés. Le
volume du nerf sur l'animal indiqué est le même
que celui du nerf médian sur un enfant de dix
ans. Ce nerf aboutit à un véritable tentacule ou
barbillon cylindrique, long d'un pouce, tronqué à
son extrémité que dépasse, d'environ deux lignes,
un prolongement tubulaire de peau très-mince.
Sur l'extrémité tronquée du tentacule, la peau, extrêmement amincie, est plissée en sept ou huit feuillets très-minces, parallèles et larges au plus d'une
ligne. Un pouce et demi avant de s'engager dans le
tentacule, les trois rameanx se réunissent. Au milieu de la longueur du tentacule les filets nerveux
s'écartent de l'axe pour circonscrire une sorte d'appareil vasculaire très-serré, ou de tissu caverneux,
qui se prolonge jusqu'à l'extrémité du barbillon.
Les filets nerveux se continuent dans les plis qui
le terminent et qui, pendant la vie, paraissent susceptibles d'érection. C'est l'organe sensitif que je
connaisse, où le nerf se trouve recouvert par une
aussi mince enveloppe. Par sa position et son mécanisme, n'ayant pas de support, point d'axe osseux
qui le soutienne, point de muscle qui le meuve, cet

20

organe est un barbillon ou tentacule : c'est donc
un organe de toucher.

6°. *État capillaire ou rudimentaire du nerf olfactif.*

Dans la lune de mer (*tetrodon mola*) la narine
n'a pas deux lignes de longueur sur un individu de
presque 2 pieds de diamètre. La peau n'y change
pas de texture, et conserve l'épaisseur et la consistance coriace qu'elle a par tout le corps, c'est-à-dire,
environ un demi-pouce d'épaisseur. Il n'y a pas la
moindre papille ou petite lame dans l'étroite et
superficielle cavité de cette narine. Le nerf olfactif
arrive néanmoins jusqu'à son fond, mais sous forme d'un filet rigoureusement capillaire, et qui ne
donne pas le moindre filament. Cette extrême ténuité règne uniformément sur toute sa longueur,
d'environ trois ou quatre pouces, en suivant sa
courbure. Il passe sous le cerveau (lobes cérébraux) sans y adhérer. Il n'y a pas la moindre
trace de lobe olfactif. Sans le filament capillaire,
étendu de l'extrémité de la moelle épinière à ce
rudiment de narine, on ne trouverait pas de trace
d'organe de l'odorat dans ces poissons.

7°. Dans les dauphins, cachalots et narvalhs, chez
les mammifères; dans les caméléons, chez les reptiles; il n'y a pas de nerfs olfactifs. L'imperforation
de l'ethmoïde coïncide avec cette absence du nerf

olfactif, dont je me suis directement assuré sur le marsouin.

Dans ce cas le lobe olfactif n'existe pas ; or le corps strié, à l'existence et à la proportion duquel on avait rattaché le nerf olfactif, n'est pas moindre que ne le comporte le cerveau de l'animal.

De ces différentes formes, de ces différentes structures du nerf olfactif, il résulte :

1°. Que l'état pulpeux n'est pas une condition nécessaire de l'existence et des propriétés de ce nerf, comme on le croyait d'après Sœmmering, de Blainville, etc.

2°. Que sa ténuité, eu égard à sa longueur, est d'autant plus grande, que la narine est moins développée, que les surfaces en sont moins étendues et moins muqueuses, que le lobe olfactif est plus petit ou même tout-à-fait nul.

3°. Que le nerf olfactif est susceptible de tous les degrés de développement, depuis un diamètre supérieur à celui de la moelle épinière, chez les squales, les murènes, etc., jusqu'à l'anéantissement absolu chez les dauphins.

4°. Que quand une grande longueur du nerf olfactif coïncide avec un grand développement du lobe et de la narine, une grande quantité de rameaux embranchés l'un sur l'autre, et surtout une multiplication plus grande des contacts du sang sur le nerf, par un système de vaisssaux particuliers, entrelacés avec les rameaux nerveux, compensent cette longueur.

5°. Que d'ailleurs le nerf est d'autant plus court, a un plus grand calibre et est plus pulpeux, que la narine et le lobe olfactif sont plus développés; qu'en outre il peut alors être tubuleux.

6°. Que la structure du nerf olfactif varie plus dans les seuls poissons que dans les trois autres classes de vertébrés.

CHAPITRE II.

DU NERF OPTIQUE, DES TROIS AUTRES NERFS OCULAIRES, ET DE L'ŒIL.

L'organe de la vue, l'œil, dont les quatre nerfs qui vont être ici décrits établissent la communication avec le système cérébro-spinal, est trop généralement connu, pour que nous en donnions ici la description. Voici seulement ce que sa structure offre de plus général chez les vertébrés.

C'est un bulbe arrondi, fermé de toute part, dont les différentes zones ont des surfaces de courbure très-variée, surtout en avant. Il est formé de trois enveloppes concentriques les unes aux autres dans l'ordre suivant, et circonscrites à des solides et à des liquides transparents.

1°. L'enveloppe extérieure, qui peut avoir une texture fibreuse albuginée, cartilagineuse ou osseuse,

se nomme *sclérotique*. Elle détermine invariablement la figure de l'œil dans un assez grand nombre
d'animaux. Dans les baleines, par exemple, où elle
est tout-à-fait inflexible (*pl.* VII, *fig.* 7), son épaisseur surpasse la moitié du plus grand diamètre de
la cavité oculaire. Elle est un peu moins épaisse,
mais tout aussi inflexible dans l'esturgeon (*pl.* V,
fig. 4), dans les raies et la plupart des squales.
Dans ces deux derniers genres elle est articulée sur le fond de l'orbite par une sorte de manche ou de pédicule également cartilagineux. Dans
beaucoup de poissons osseux, chez les lézards et
les monitors, dans les ichtyosaures, toute la zone
moyenne, quelquefois tout l'hémisphère postérieur de l'œil est formé par un anneau ou une ca-
lotte de pièces osseuses, dont le nombre est fixe
pour chaque espèce ou chaque genre.

La sclérotique paraît tronquée en avant pour
l'encadrement de la *cornée transparente*, laquelle représente parfaitement le verre d'une
montre.

2°. Toute la concavité de la sclérotique, jusques
près du limbe de la cornée, est tapissée par la *choroïde*, membrane que forme un réseau très-fin de
vaisseaux artériels et veineux. A la surface interne
de cette membrane se dépose un enduit de couleur
très-variable d'un animal à l'autre, ou même d'une
zone, ou d'un segment à un autre, dans le même œil.
A partir de la zone qui touche au limbe de la cornée,

la choroïde se réfléchit perpendiculairement à l'axe antéro-postérieur de l'œil, et forme cette cloison nommée *iris*, dont l'ouverture centrale d'une forme très-variée suivant les animaux s'appelle la *pupille*.

3°. La concavité de la choroïde est tapissée par la *rétine*, membrane nerveuse, mais qui n'est point un prolongement, une production du nerf optique, puisque l'œil existe complet dans des cas de monstruosités où il n'y a pas le moindre vestige de nerf optique.

4°. L'espace que circonscrit la rétine en arrière et l'iris en avant, est occupé par un corps diaphane comme le cristal, et que l'on nomme, à cause de cela, *corps vitré.* La matière diaphane est contenue dans les alvéoles d'un réseau membraneux, d'une ténuité extrême, mais pourtant assez résistant, et dont la transparence égale celle de cette matière.

5°. Le corps vitré offre antérieurement une dépression plus ou moins profonde, où se trouve enchassé le *cristallin*, sorte de lentille composée d'un grand nombre de calottes superposées et formées elles-mêmes de fibres parallèles entre elles, comme les méridiens d'une sphère. Les points d'intersection de ces fibres sont sur le prolongement de l'axe de vision.

6°. L'espace en forme de menisque, compris entre l'iris et la face libre du cristallin, s'appelle *chambre postérieure.*

7°. L'intervalle de l'iris à la cornée s'appelle *chambre antérieure.*

Ces deux chambres sont remplies par un liquide nommé *humeur aqueuse.*

De ces trois enveloppes membraneuses, et de ces deux solides diaphanes, il ne subsiste plus dans l'œil, moins gros qu'un grain de pavot, des taupes, des chrysochlores, des zemni et des spalax, qu'une enveloppe unique d'apparence fibreuse, et dont la cavité ne contient qu'une petite masse de matière noire. Déjà nous avons dit que dans des cas de monstruosités, l'œil complet existait sans vestiges de nerf optique. Ici non-seulement il n'y a point de nerf optique, mais il n'y a non plus la moindre apparence ni de rétine, ni de corps vitré, ni de cristallin. Dans le zemni et le spalax (Pallas, *nov. spec. quadr.*, pag. 154 à 172; et Guldœnstædt, in *nov. comm. petrop.*, t. XIV, pars. prior.), non-seulement la peau n'est pas fendue devant ce vestige d'œil, mais elle y est doublée par le muscle peaucier, comme sur le reste de la face. Aussi, comme l'observe Guldœnstœdt, ne se rend-il à ce vestige d'œil aucun muscle; par conséquent aussi, n'existe-t-il aucun des nerfs qui servent ailleurs à l'excitation de ces muscles.

L'intérieur du globe de l'œil communique avec

le cerveau par un nerf principal, appelé *optique*.
Quelques filets de la cinquième et de la troisième
paires, y pénètrent aussi, dans les oiseaux et les
mammifères. Mais, dans un grand nombre de
poissons et de reptiles, la communication n'a lieu
que par le premier de ces nerfs. Deux autres paires de nerfs, qu'on peut aussi appeler oculaires, la
quatrième et la sixième, ainsi que le plus grand
nombre des filets de la troisième, soumettent seulement les muscles de l'œil à l'influence du cerveau.

C'est du nerf optique et de la membrane nerveuse appelée rétine, tapissant la concavité de l'œil
où elle reçoit les images réfléchies des objets, et le
contact direct de la lumière, que nous allons traiter d'abord.

§ I.

Du nerf optique.

Pour peu qu'on ait de notions d'optique, on
sait combien les moindres changements dans la
densité, la transparence, l'état de repos ou de
mouvement général ou partiel des milieux diaphanes; combien la fixité ou la variation de courbure des surfaces qui terminent ces milieux, influent sur la transmission, la réfraction, la réflexion, la décomposition et la polarisation de
la lumière. On conçoit alors qu'un œil, ou, ce qui

est la même chose, un instrument combiné pour voir dans un milieu d'une constitution donnée, n'est pas propre à voir dans un milieu différent, ou du moins à y voir avec la même netteté. On conçoit donc combien doit varier la structure de toutes les parties de l'œil des animaux vertébrés, dont les espèces vivent éparses chacune dans des milieux où sont réalisés, dans toutes les combinaisons possibles, ces états ou ces conditions divers des milieux transparents, à travers desquels la lumière doit les affecter.

Les observations dans le but de déterminer ces variations de l'œil, n'avaient encore eu pour objet que la courbure et la densité de ses milieux transparents, dans un assez petit nombre d'espèces des quatre classes de vertébrés. On n'avait pas encore recherché les modifications que subissent par les mêmes causes la structure et le mécanisme des parties nerveuses ou sensibles de l'œil. On doit donc s'attendre à trouver ici encore plus de variation et de nouveauté que dans la structure et le mécanisme du nerf olfactif.

On savait (Cuv., lec. d'anat., t. II, p. 198) que le nerf optique des gros animaux est partagé intérieurement par son nevrilemme en un grand nombre de canaux longitudinaux, qui contiennent la substance médullaire; que ces filets nerveux sont beaucoup mieux séparés dans les nerfs optiques des poissons; qu'ils sont ordinairement aplatis comme les autres nerfs; et qu'ils paraissent quelquefois formés par une lame médullaire très-mince, plissée plusieurs fois sur elle-même, et contractée en forme de cordon. L'on citait notamment comme exemples, la morue et l'espadon.

J'observe d'abord que le plissement n'existe pas dans la morue. Ensuite on n'avait pas remarqué que ce plissement est un fait très-général parmi les poissons, qu'il est lié à d'autres faits d'organisation aussi très-généraux, soit dans cette classe, soit ailleurs, et que la combinaison de tous ces faits constitue plusieurs états de l'œil, lesquels sont toujours dans un rapport constant avec le degré d'énergie optique des différents animaux, et avec les différences de nature et de densité de leurs milieux d'existence.

Le sujet dont je vais traiter est donc entièrement neuf, et, comme on va voir, encore plus diversifié dans ses formes que le précédent.

Parlons d'abord des différences de structure que présente le nerf optique dans les quatre classes de vertébrés.

1°. Des nerfs optiques et des rétines plissées.

Dans les spares, les scorpènes, les clupés, les muges, les scombéroïdes, les zeus, les trigles, les belones, les trachinus, les exocetus et les tétrodons, le nerf optique est formé par une membrane mince

et plissée sur elle-même comme la feuille d'un
éventail fermé. Vu à travers la transparence de sa
gaine nevrilemmatique non adhérente, dans laquelle on peut imprimer, soit en totalité, soit par-
tiellement à ses plis, un léger déplacement, l'un
sur l'autre, le nerf optique offre à sa surface des
lignes alternativement grises et blanches. Cette
apparence résulte des ombres projetées parallèlement aux bords des plis et dans leur intervalle; illusion qui a pu long-temps tromper sur la véritable
structure du nerf. C'est ce qui arriva encore en
1822 à un observateur d'ailleurs habile, le docteur
Sommé, d'Anvers, dans un Mémoire adressé à l'Institut, et où il a cru que le nerf était un faisceau
de filets alternativement gris et blancs. Je ne men-
tionnerais pas cette illusion si elle ne montrait que
l'on n'a droit de compter sur l'exactitude de ses
observations, qu'en les mettant à l'épreuve de plus
d'un genre de recherche et de vérification.

La membrane du nerf optique, ainsi plissée, n'a
point partout une épaisseur uniforme, à cause de
la compression concentrique de la gaine, qui détermine sa forme cylindrique. Quand un tronçon
pris entre deux sections est déplissé et étendu sur
un même plan, les bandes qui répondaient aux
espaces interceptés par les plis, sont séparées parallèlement par des interlignements plus minces
et correspondant aux bords mêmes de ces plis.
Tout le long de ces interlignements il n'y a que

peu ou point de matière médullaire, suivant les espèces, et le nevrilemme particulier de la lame nerveuse s'y trouve presque adossé à lui-même. Ce nevrilemme ne doit pas être confondu avec celui de la gaîne cylindrique. Ainsi déplissé, le nerf optique offre, une membrane nerveuse partout homogène, d'autant plus large, relativement au calibre du nerf, que la membrane est plus fine et ses plis plus nombreux. Dans la vive, par exemple, où le diamètre du nerf est d'environ une ligne, il n'y a pas moins de neuf ou dix plis, ce qui, en doublant la largeur pour chaque pli, donne dix-huit ou vingt lignes de largeur à la lame plissée, et trois cent vingt-huit à quatre cents lignes carrées de surface, en prenant la somme des deux faces de la membrane qui est aussi longue que large (voy. *pl.* IX, *fig.* 4, et *pl.* VI, *fig.* 4, sur le mugil céphalus).

Ce plissement existe sur toute la longueur du nerf, depuis la rétine jusqu'à l'appareil de lames médullaires développé dans la cavité du lobe optique. Dans les zeus, les muges, les scorpènes, etc., le déplissement du nerf s'opère facilement dans la partie crânienne de sa longueur, là où il n'existe encore aucun nevrilemme. Le faisceau de ces plis contourne la rainure ou gorge qui sépare les lobes optiques de leurs renflements inférieurs, et les plis se continuent distinctement avec les lames de l'appareil intérieur dans les zeus, les muges, etc. (Voyez la description de cet appareil lamelleux, liv. IIe.)

De ce que le plissement existe dans la partie crânienne du nerf, là où la matière médullaire est à nu, il suit que dans le reste de son trajet, cette structure ne dépend pas de l'interposition du nevrilemme. Expliquer le plissement par cette inter-position, c'est s'imposer la nécessité d'une explication mécanique du même genre pour toutes ces structures, encore plus délicates de la rétine et des feuillets de l'intérieur du lobe optique, où quelque soit les formes les plus délicates qu'elle affecte, la matière médullaire est à nu, et n'a aucun support ni appui étranger à sa propre substance.

La gaine extérieure du nerf commence à la dure-mère et se continue par son autre extrémité avec la surface interne de la sclérotique, de sorte qu'en la fendant sur toute sa longueur, on peut voir la continuité des fibres du nerf optique depuis l'intérieur de son lobe jusqu'à la rétine. Aucun vaisseau n'est apparent à la surface de la membrane optique sur toute son étendue. J'ignore si l'injection y en démontrerait.

Dans les oiseaux à vue perçante, soit de loin à travers de grandes épaisseurs verticales ou obliques de l'atmosphère, comme les falco, soit de près, à travers des milieux différemment réfringents, comme les alcedo (martins-pêcheurs), les ardea, etc., le nerf optique est aussi une membrane plissée, mais d'après un autre mécanisme. L'une des faces de la membrane a une projection uniforme, l'autre face au contraire est plissée, de manière que les lames qui en résultent intéressent seulement le feuillet correspondant de la membrane optique. Ces lames, lorsque l'on a développé un tronçon pris entre deux sections, sont toutes perpendiculaires à la lame opposée qui les bride comme le dos d'un livre bride ses feuillets. Les prolongements latéraux de la grande lame représentent les deux battants de la couverture d'un livre, et les lames ou plis intérieurs en représentent-les feuillets (Voy. *pl.* IX, *fig.* 6, la coupe du nerf optique de l'*ardea dubia. Gmel.*, cigogne à marabou). Dans les falco, surtout dans l'aigle royal, les plis sont bien plus nombreux et leur largeur est plus grande et plus constante que dans les espèces du genre ardea. J'en ai compté au-delà de vingt dans l'aigle royal, il y en a douze ou quinze dans le milan, le balbusard, la buse, les alcedo, etc. Ces plis n'existent dans les oiseaux qu'entre la rétine et l'entrecroisement. Dans l'aigle pêcheur et dans le vautour fauve de nos forêts, la largeur des lames est d'environ deux lignes, doublant la largeur pour chaque pli, et multipliant par douze, nombre que j'ai trouvé constant, on obtient ainsi pour les surfaces interceptées au moins quatre pouces de largeur, à quoi l'on doit ajouter environ un pouce pour l'étendue du côté lisse de la membrane optique.

Comme l'on peut mesurer les inégalités des plis là où leur largeur est variable, on voit que l'on peut toujours obtenir des mesures parfaitement exactes.

Dans ceux des poissons et des oiseaux, où les surfaces des plis sont adhérentes entre elles, l'ensemble du faisceau cylindrique qu'elles constituent n'adhère pas lui-même avec sa gaine nevrilemmatique. Ces adhérences des plis ne consistent pas dans la soudure des surfaces. Elles résultent de très-fines inter-sections plus ou moins nombreuses, formées par des filaments blancs qui se portent d'une surface à l'autre. Quand on a fendu la gaine, en l'écartant à droite et à gauche, on observe facilement sur un côté de la longueur du nerf un ou plusieurs joints séparant les bords des lames ou plis. On introduit aisément un manche de scalpel dans ces joints, et alors en continuant d'écarter on déchire ces filaments dont la somme des insertions n'est pas le centième des surfaces qui se développent alors en liberté. Par le même procédé on trouve facilement les intervalles des plis plus intérieurs, et en les écartant on obtient des proportions telles que le montre la coupe du nerf optique de la cigogne à marabou (*pl.* IX, *fig.* 6).

Dans le cas de ces adhérences, ou plutôt de ces

brides filamenteuses qui maintiennent en contact les surfaces contiguës, les plis sont constamment moins larges et moins nombreux. C'est ce qu'on voit dans le milan et la buse chez les falco , le marabou chez les ardea, les squales chez les poissons. La membrane optique n'est pliée que sur trois plis dans le squal. cat. et le squal. gryseus.

Dans toutes les espèces d'oiseaux et de poissons où les plis du nerf optique n'ont pas de brides filamenteuses pour empêcher le jeu des surfaces contiguës, tout le pourtour de la rétine est plissé sur lui-même de manière que les bords des plis, couchés l'un sur l'autre, représentent les méridiens d'une sphère. Mais le centre d'où divergent ces plis, ou, ce qui est la même chose, le point ou la ligne d'insertion du nerf optique à la rétine, est toujours plus ou moins distant du pôle de la sphère de l'œil. Cette déclinaison avait déjà fixé l'attention de Willis; Haller l'a également observé depuis. (*Él. physiol.*, tome IV, page 201.) Nous reviendrons plus loin sur cette particularité de la structure de l'œil.

Il résulte de ce plissement de la rétine que l'étendue des surfaces interceptée par les plis, répond à une sphère nécessairement supérieure à celle de l'œil auquel la rétine appartient. Cet excès est d'autant plus grand que les plis se recouvrent sur plus de largeur, et qu'ils sont plus nombreux. On pourrait croire d'abord qu'il serait

aisé de mesurer directement le véritable contour
de ces plis, en coupant une zône circulaire de la
rétine, et la développant dans l'eau. Mais ce procédé n'est pas praticable; voici pourquoi. Lorsqu'une
rétine plissée n'est plus tendue sur le corps vitré,
à l'instant en vertu de l'élasticité de cette membrane tous ses arcs se raccourcissent, de sorte que
le nombre et la largeur de ses plis diminuent. Ce
phénomène s'observe bien moins dans les poissons
que dans les oiseaux. C'est surtout chez les diverses
espèces du genre falco que cette élasticité est éner-
gique. Mais comme à travers la transpareuce parfaite du corps vitré l'on peut très-aisément comp-
tre le nombre des plis sur un œil dont on a enlevé
le segment antérieur à l'iris; et comme sur l'autre
œil du même animal, en enlevant seulement un
segment postérieur de la sclérotique et de la choroïde, on peut sur la rétine ainsi maintenue en
position prendre la largeur d'autant de plis que
l'on veut, il n'y a plus qu'à multiplier le nombre
de ces plis par deux fois leur largeur, pour avoir
leur vrai contour, c'est à dire le rapport de la
sphère à laquelle répond l'étendue de la rétine
plissée avec la sphère de l'œil, où cette rétine est
inscrite (voy., pour la figure du plissement de
la rétine, la *fig.* 4 de la *pl.* VI, d'après le mugil céphalus). Ce plissement a son maximum de lar-
geur et de nombre parmi les poissons, que j'ai pu

examiner, dans le zeus faber. Viennent ensuite le
thon, les autres scombres, le mugil, etc. Il y a un
rapport constant chez les poissons entre l'amplitude
du plissement du nerf optique d'une part, et d'autre part, celui de la rétine et des lames ou feuillets de la cavité du lobe optique. Je présume que
la scorpène rascasse, et les autres espèces de ce
genre, qui ont le nerf optique plissé, ont aussi,
d'après ce que montrent les spares, les trigles, les
trachinus, des rétines aussi développées que ces
derniers poissons.

Chez les oiseaux le maximum de largeur existe
dans les aigles, vautours, faucons, martins-pêcheurs, etc.

Lorsque les plis du nerf optique sont plus ou
moins bridés par les intersections filamenteuses, la
rétine n'est pas plissée, elle est aussi parfaitement
lisse et tendue que dans l'homme et les autres mammifères. Tels sont, la cigogne marabou chez les
oiseaux; les squales, les tétrodons, les clupes, chez
les poissons.

L'on voit que malgré ces rapports de proportion du nombre, de l'étendue, et de la liberté
des plis du nerf optique, avec l'amplitude du
plissement de la rétine, l'un de ces mécanismes
ne nécessite pas l'autre, puisque les plis manquent
tout-à-fait à la rétine dans les cas précités.

Réciproquement, la rétine peut être plissée, ou
au moins assez fortement froncée, pour que l'é-

tendue de ses surfaces soit presque doublée par des rides dont le plan est alors à peu près vertical, sans que cependant le nerf optique offre le moindre plissement. Ainsi, dans le courlis d'Europe (*scolapax arcuata*), la rétine légèrement froncée, offre à tout son pourtour des rides irrégulières, dont quelques-unes divergent du nerf optique au limbe. La plupart n'occupent qu'une partie de cet arc. Leur direction n'est pas rectiligne.

Chez le petit plongeon (*colymbus minor*), la rétine lisse dans un segment du quart à peu près du globe de l'œil, est dans tout le reste de son pourtour, fortement froncée en plis très-rapprochés, mais perpendiculaires par leur plan à la surface sphérique. Ces rides curvilignes et obliques entre les méridiens et l'équateur de la sphère, ont près d'une ligne de large. Leur déploiement doublerait bien l'étendue sphérique du segment où elles se trouvent.

Or, dans ces deux espèces de genres si différents pour l'organisation et le genre de vie, les nerfs optiques examinés à l'œil nu ou à la loupe, sur des taupes, transversales, obliques, longitudinales, ne montrent qu'une pulpe homogène, sans la moindre apparence de lames, ou même de filets. Mais alors même le nerf optique est libre et sans adhérence, dans une gaine transparente.

Dans la corneille freux, le nerf optique a plus d'une ligne de diamètre. Mais c'est une pulpe ho-

mogène, renfermée dans une gaine non adhérente.
La rétine, dans un espace d'environ deux lignes
et demie de diamètre et correspondant à l'axe de la
vision, est plissée par des plis divergents. A partir du centre, aucun pli ne s'étend dans la partie
de l'œil postérieure au plan passant par le peigne.
Dans la corneille mantelée, il n'y a que quelques
rides au plus d'une ligne de long au bas du peigne. Le nerf optique est un peu moindre que dans
le freux. L'œil de ces oiseaux est sphérique, et
la cornée n'y est point portée sur un prolongement
conique ou cylindrique.

Ces états particuliers de la rétine et du nerf optique, n'ont donc entre eux que des rapports de
coïncidence, et non de dépendance. Il en est de
même des plissements et feuilletements intérieurs
des lobes optiques. Ces derniers appareils n'existent jamais dans les oiseaux.

La coordination de ces différents états entre eux,
et avec d'autres mécanismes, qui vont être décrits,
sera exposée plus loin.

2°. *Nerfs optiques, sans plis ou fibres apparentes, et rétines tout à fait lisses.*

Dans les batraciens et les ophidiens (serpents)
chez les reptiles, dans tous les mammifères à appareil optique peu développé, comme le hérisson, l'ours, les cochons, etc., dans les gallina-

cés, et les différentes espèces du grand genre des canards, chez les oiseaux; dans les pleuronectes, les murènes, les raies, les esturgeons, les gades, les silures, etc., chez les poissons, la longueur du nerf optique excède plusieurs fois le diamètre de l'œil, et son propre calibre est d'autant plus petit, que sa longueur est plus grande. Et plus ces deux conditions dominent, plus l'épaisseur du nevrilemme croît par rapport au diamètre du nerf, et plus petite est par conséquent la quantité de matière médullaire qu'il contient. L'esturgeon chez les poissons cartilagineux, les silures et les murènes chez les poissons osseux, offrent le degré extrême de cet état rudimentaire du nerf. Dans l'esturgeon, par exemple (voir *pl.* V, *fig.* 4) la longueur du nerf excède plus de cinq diamètres de l'œil, et cet excès est au moins double, si le rapport est établi avec le diamètre de la cavité oculaire. Ce diamètre du nerf sur un esturgeon de quatre pieds de long, n'a pas trois quarts de ligne, et le filet de matière médullaire, qui n'est pour ainsi dire qu'un axe géométrique, n'a pas le quart de ce diamètre. Ce filet est tout-à-fait capillaire. On voit donc quelle est l'épaisseur relative du nevrilemme.

Dans le hérisson, animal nocturne et presque souterrain, la longueur du nerf optique a au moins trois fois le diamètre de l'œil, et n'a pas un quart de ligne de diamètre sur l'animal adulte. Dans l'ours, animal de mœurs et de tempérament à-peu-près semblables, et, comme le hérisson, assujetti à un sommeil hivernal, la longueur du nerf opti-que excède quatre diamètres de l'œil, et ce dia-mètre n'est que de sept ou huit lignes sur l'animal adulte. J'ai pris ces mesures sur un grand ours brun des Ardennes ; elles sont sensiblement égales sur l'ours noir d'Amérique. Or , l'excès relatif d'é-paisseur du nevrilemme par rapport à la quantité de matière médullaire qu'il contient , est à peu près la même que dans les poissons précités.

Dans les tortues terrestres , la longueur du nerf optique excède trois diamètres de l'œil; et sur un individu de l'espèce des Indes mort à la ménagerie et long de deux pieds, le diamètre de l'œil n'est que de trois lignes et demie, et celui du nerf n'a pas une demi-ligne. La proportion de sa longueur doit être évaluée d'après les grandeurs de cette es-pèce et de la tortue grecque.

Enfin, dans les ammocètes, chez les poissons, dans les taupes, les rats taupes, la chrysochlore, chez les mammifères , il n'existe pas du tout de nerf optique, malgré la présence d'un bulbe ru-dimentaire de l'œil. Mais on sait d'ailleurs , par beaucoup d'exemples d'anatomie pathologique, que dans les monstruosités par défaut de forma-tion l'œil peut exister sans le nerf optique, et à plus forte raison sans l'appareil encéphalique.

Ce défaut de nerf et d'organe extérieur, reproduit, pour le sens de la vue, ce que nous avons déjà vu pour celui de l'odorat dans les tétrodons chez les poissons, et dans les dauphins chez les mammifères.

Dans le cas d'état ainsi rudimentaire du nerf optique chez les poissons, il existe entre le nevrilemme et la matière médullaire, un prolongement de la choroïde, ou du moins une couche cylindrique, de la substance qui forme l'enduit noir de la choroïde. Ce prolongement existe sur toute la longueur du nerf dans la lamproie (*pl.* VI, *fig.* 1), sur les trois quarts extérieurs de cette longueur dans les raies (*pl.* I, *fig.* 1) sur l'extrémité oculaire, seulement dans l'esturgeon (*pl.* V, *fig.* 40) et dans la carpe.

Dans l'esturgeon, le nerf optique ne se termine pas à l'orifice antérieur du trou de la sclérotique, comme dans les autres animaux que j'ai examinés. Parvenu dans la chambre de l'œil, le nerf se réfléchit en bas, entre la choroïde et la rétine, et se dirige vers l'iris, en parcourant les deux tiers de l'arc qui mesure la distance du limbe au trou de la sclérotique. Durant ce trajet, il s'endurcit encore, n'a plus de nevrilemme apparent, mais reste enveloppé de la matière noire qui semble ici le constituer presqu'entièrement. Car le filet de matière blanche médullaire, est presque imperceptible sur un esturgeon de deux pieds de long. L'extrémité du nerf terminé au point de l'arc dont j'ai parlé, s'y

insère comme à l'ordinaire , c'est-à-dire, par juxta-
position à une rétine plissée , plus épaisse que dans
les autres poissons, mais dont les plis ne divergent pas à partir du point d'insertion du nerf.
Ces plis sont disposés à droite et à gauche d'un sillon sur la longueur de l'arc compris entre le trou
de la sclérotique et l'iris. Il n'y a aucune adhérence
du nerf à cette rétine , dans tout son trajet entre
elle et la choroïde. C'est à tort que Tréviranus a
dit le contraire. Cette rétine , d'ailleurs, ne tapisse que la moitié inférieure de la chambre de l'œil.

Dans tous les poissons, oiseaux et reptiles,
le volume du lobe optique décroît comme le
diamètre de l'œil et du nerf optique décroît lui-
même, et comme augmente la longueur du nerf,
ou, ce qui est la même chose, la distance de l'œil
à son appareil encéphalique.

Néanmoins, le décroissement des lobes optiques s'arrête à une certaine limite. Car dans la taupe chez les mammifères, l'amphisbène chez les reptiles , les lobes optiques ou tubercules quadri-
jumeaux, ne sont pas anéantis , et conservent
même la moitié ou le quart de la proportion qui
coïnciderait avec des nerfs optiques au maximum,
nonobstant l'absence de ce nerf.

Réciproquement dans les oiseaux, reptiles et poissons, les lobes optiques sont d'autant plus volumineux, leur cavité est d'autant plus ample, que
l'œil et le nerf optique ont plus de diamètre, et

que la distance de l'œil au lobe optique est plus courte. Dans les poissons en particulier, les feuillets, dont la contiguité forme les parois des lobes optiques, sont d'autant mieux distincts et séparés, le feuillet interne par ses cannelures ou plissements, développe d'autant plus de surfaces, surtout à la base de la cavité, là où ce feuillet est continu avec la membrane du nerf optique, que ce nerf est plus court, que sa membrane a plus d'étendue, est pliée sur des plis plus larges et plus nombreux, et que le même mécanisme est plus parfait dans la rétine. La grandeur relative du diamètre de l'œil, les plissements simaltanés ou séparés du feuillet interne des lobes optiques, de la membrane du nerf, et de la rétine, le volume des lobes et l'amplitude de leur cavité; la brièveté et le plus grand diamètre du nerf, sont donc autant d'éléments de la vision.

3°. *Nerf optique formé par un faisceau de filets parallèles non adhérents entre eux.*

Dans le cyclopterus lumpus, la structure du nerf optique est toute aussi nouvelle que celle que l'on vient de voir résulter de son plissement. Mais elle en diffère au moins autant que celle-ci diffère elle-même des autres structures connues.

En examinant tout le système en position par sa face inférieure, comme le représente la *fig.* 1 de la *pl.* VIII, la glande pituitaire recouvre le point d'inser-

tion des nerfs optiques, et empêche de reconnaître
s'ils sont ou non croisés. En soulevant ou en enlevant
cette glande, on voit qu'il n'y a pas plus de croisement que dans les raies et les squales. Mais ce
qu'il y a de plus extraordinaire (voy. *pl.* IX, *fig.* 3),
c'est que chaque nerf ne se termine pas par continuité de substance avec la partie correspondante de
la moelle. La gaine nevrilemmatique, d'un côté se
continue avec celle de l'autre, de sorte que l'extrémité cérébrale des filets nerveux contenus dans
cette gaine, n'a pas même de contact avec la moelle.
Bien plus, chaque nerf résulte d'un faisceau de filets
parallèles fort nombreux (au moins de vingt-cinq ou
trente), pourvus chacun d'une sorte de nevrilemme, et qui adhèrent par leur extrémité cérébrale,
à l'extrémité du filet correspondant. L'adhérence
de chaque paire de filets est telle qu'après trois
jours de macération, ils ne se rompaient par des
tiraillements assez forts, que sur tout autre point
de leur longueur. Il en résulte que les deux nerfs
optiques forment réellement un seul système de
filets parallèles, rectilignes, avec une nodosité ou
léger étranglement de chaque paire de filets, au
point de contact sur la ligne médiane. La gaine nevrilemmatique générale du nerf, n'adhère à l'é-
chancrure de la moelle, au-devant de la base des
lobes optiques, que par un tissu cellulaire très-
fin. La séparation des surfaces juxta-posées, se
fait par le moindre effort sans aucune perte de

substance même du côté de la moelle, qui paraît alors grenue ou piquetée d'une manière uniforme. A partir même du point de jonction, chaque filet nerveux avec son nevrilemme propre, est aussi distinct que dans le reste de son trajet. Ces filets du nerf optique ont une solidité bien plus grande que ceux de l'olfactif. Car après avoir enlevé la presque totalité du faisceau, et n'avoir conservé en position que trois ou quatre paires de filets de la convexité de l'arc que représentent les deux nerfs, je ne pus encore les rompre qu'avec un certain effort, et encore la rupture, comme je l'ai déjà dit, n'arrivait pas au point de rencontre des filets.

Tous ces filets sont visibles et mobiles l'un sur l'autre à travers la gaine cylindrique du nevrilemme qui les enveloppe. Ce nevrilemme ne se continue pas avec la sclérotique, comme cela arrive gégéralement, mais après avoir pénétré avec le nerf par le trou de la sclérotique, se confond avec la membrane résistante, qui recouvre l'anneau vasculaire de la glande choroïdienne, et s'interpose ensuite entre la choroïde et la sclérotique (voyez *pl.* VIII, *fig.* 1). De sorte que l'œil a ici une enveloppe surnuméraire.

Le nerf optique n'est donc dans le cycloptère que juxta-posé à la moelle, par l'intermédiaire du nevrilemme, sans continuité de la matière médullaire; et de plus, les nerfs ne sont pas croisés, comme il arrive dans la grande pluralité des poissons osseux, auxquels le cycloptère appartient d'ailleurs par le reste de son organisation.

L'on voit combien, eu égard au volume du cylindre que représente l'enveloppe générale du nevrilemme extérieur, l'étendue des surfaces est multipliée par la somme des surfaces, de vingt-cinq ou trente filets parallèles, disposés en un seul faisceau.

J'ouvris trop tard l'œil de l'unique individu que j'aie pu me procurer, pour déterminer l'état de la rétine. Mais cette structure du nerf implique bien que la rétine n'en est pas un prolongement. Car le faisceau des filets se termine par une troncature nette, sur laquelle se voient les extrémités de chaque filet.

4°. *Différences dans le genre, le lieu et le nombre des communications du nerf optique avec le cerveau.*

Il faut maintenant considérer que ces nerfs optiques de structure si diverse, n'aboutissent pas tous au même point du cerveau, et que non-seulement d'une classe à l'autre, mais dans la même classe d'un ordre ou d'une famille à l'autre, cette terminaison varie pour le mode, le nombre et le lieu de l'insertion ou de la continuité.

Ainsi, dans l'homme et les mammifères voisins, le nerf optique s'insère à trois parties encéphaliques différentes, par autant de faisceaux de fibres.

Par conséquent toutes ces fibres n'ont ni la même origine, ni la même longueur. 1° Les plus courtes s'insèrent à la substance grise de la base du tuber cinéreum ou pédicule de la glande pituitaire. Gall a très-bien observé que ces filets règnent sur la face supérieure du nerf, et se rendent à l'œil du même côté, sans s'entrecroiser comme la plupart de ceux des origines suivantes; cette disposition avait été bien représenté, *pl.* I, *fig.* 2, du mémoire d'Ebel, sur l'anatomie comparée du cerveau. (*In script. nevrol. min.*). 2° Les fibres de longueur intermédiaire s'insèrent sur le bord postérieur des couches optiques, à une petite masse de substance grise, appelée corps géniculé externe. 3° Les plus longues se terminent par des fibres dont le faisceau, aplati, forme une espèce de ruban sur la paire antérieure des tubercules quadri-jumeaux. 4° Enfin, dans les *félis*, les ruminants, etc., un faisceau très-gros, surtout chez les premiers, diverge en dehors et se prolonge dans l'hémisphère cérébral avec les fibres de son pédoncule.

Dans les félis les deux origines, aux tubercules quadri-jumeaux et aux couches optiques, sont à peu près égales pour la somme de leurs fibres.

Dans les rongeurs les fibres de la couche optique sont en minorité; presque toutes se rendent aux lobes optiques ou tubercules quadri-jumeaux.

Dans les oiseaux, les reptiles, et les poissons, il n'y a pas une seule fibre qui s'insère ailleurs qu'au lobe optique, et à son renflement inférieur ou lobe mamillaire. Or, cette insertion, ainsi que l'on doit s'en souvenir, a lieu par continuité de substance pour ce nerf comme pour l'olfactif.

L'on verra à la physiologie de l'œil les effets de cette unité, ou de cette pluralité des points d'insertion ou de terminaison des fibres du nerf optique.

Dans tous les mammifères il y a entrelacement des deux longs faisceaux de fibres optiques, de sorte que ceux de gauche passent à droite, et réciproquement, comme dans une tresse à quatre cordons.

Dans les oiseaux et les reptiles, la dissection ne peut démontrer ni entrelacement des fibres, ni entrecroisement des nerfs. Seulement, comme les deux nerfs entrent dans le crâne par un trou unique, ils sont juxta-posés, et se confondent par leur côté interne. L'expérience seule, comme on verra au livre cinquième, prouve que les fibres d'un nerf se rendent au lobe optique opposé. (Voir *pl.* XI, *fig.* 2, sur la face inférieure de l'encéphale de la tortue européenne.)

Dans les poissons osseux et les esturgeons les nerfs optiques se croisent en passant l'un sur l'autre, en dehors du crâne, le plus souvent sans se toucher, mais toujours sans confondre leurs enveloppes, et à plus forte raison leurs fibres.

Dans les raies et les squales il n'y a pas de croisement; chaque nerf se termine au lobe de son côté. Dans le cycloptère, il n'y a que juxta-position de l'anse des deux nerfs optiques, avec une échancrure qui se trouve au-devant de la base des lobes optiques. (Voy. *pl.* IX, *fig.* 3.)

Dans les oiseaux, aucune fibre du nerf optique ne se termine dans la lame de substance grise qui occupe l'intervalle de la moelle au *tuber-cinereum*.

§ II.

Des nerfs accessoires de l'œil.

L'iris, ce voile annulaire, formé par la choroïde, replié perdendiculairement à l'axe de l'œil, et tendu au-devant du corps vitré et du cristallin, est, comme on sait, susceptible, dans les mammifères, les oiseaux et les reptiles, de mouvements qui dilatent ou rétrécissent le trou central dont il est percé, et qu'on nomme la pupille. Les nerfs, moteurs de l'iris, dans quelques mammifères, tels que l'homme, les quadrumanes, les felis, etc., lui viennent du ganglion ophtalmique, dans lequel se sont mêlés des filets plus ou moins ténus de la troisième paire et du rameau nasal de la cinquième paire.

Dans les chiens, le ganglion ophtalmique n'est plus qu'un renflement, sur le passage des seuls filets de la troisième paire, qui vont à l'iris. Dans les rongeurs il n'y a plus même de ganglion ophtalmique, et les filets de la troisième paire qui vont à l'iris ne s'entrelacent ni ne forment aucun renflement nerveux. Pas un seul filet de leur cinquième paire ne pénètre dans l'œil. J'ai fait ces observations sur des lapins, des cochons-d'Inde, des rats d'eau. Il en est de même dans le cheval et l'âne. Sur un cheval de la plus grande taille, trois ou quatre filets capillaires, nés d'un rameau qui lui-même est moindre que la quatrième paire de l'homme, pénètrent dans l'œil, à environ trente degrés de l'insertion du nerf optique, et se rendent à l'iris, où leur blancheur permet seule de les suivre. La somme de ces filets représente au plus les deux tiers des nerfs iridiens de l'homme, et moins que le douzième de ceux d'un lion.

Dans aucune espèce des trente genres de poissons que j'ai examinés, il n'existe de ganglion ophtalmique. En outre, l'œil de tous les poissons ne reçoit pas de nerfs accessoires. Dans les murènes, les squales, les silures, par exemple, aucun filet des troisième et cinquième paires de nerfs, ne pénètre dans l'œil. Dans toutes les espèces pourvues de glande choroïdienne, il s'y rend un ou plusieurs filets de la branche ophtalmique de la cinquième paire, en proportion du volume de cet appareil vasculaire. Dans les raies dépourvues de glande choroïdienne, mais où la pupille est susceptible d'être plus ou moins complètement fermée par une sorte de palmette qui descend verticalement de l'arc supérieur de cette ouverture, et que l'on trouve constamment repliée derrière et au-dessus de cet arc, après la mort, l'iris reçoit un filet de la troisième paire (voy. *pl.* I, *fig.* 1). Dans les pleuronectes pourvus de glande choroïdienne, et où la pupille est susceptible d'un rétrécissement variable, par la projection d'une petite languette suspendue, comme la palmette des raies, à son bord supérieur (car ici la pupille n'est pas un cercle, mais une fente ovalaire très-allongée), il entre dans l'œil, des filets provenant des deux paires de nerfs indiquées. Les pleuronectes habitant les mêmes fonds que les raies, et ayant, comme elles, les yeux à la face supérieure du corps, quoique l'axe en soit horizontal et non pas vertical, comme dans l'uranoscope et quelques scorpènes, le mécanisme que je viens de décrire y a probablement le même usage que chez les raies. Or, on verra plus loin quelle est l'utilité de ce mécanisme.

Dans les oiseaux, aucun filet de la cinquième paire ne pénètre dans l'œil. Un ou deux faisceaux de filets iridiens, provenant de la troisième paire, pénètrent dans la choroïde au-devant du tiers postérieur de l'arc qui sépare de l'iris l'insertion du nerf optique, en arrière et en dehors de ce nerf. Tous ces filets forment, chez le balbuzard, par exemple, une bande aussi large que le quart du diamètre de l'œil, et marchant parallèlement jusqu'au

22

limbe de l'iris, sur la face postérieure duquel ils se réfléchissent de la choroïde. Ils restent parallèles jusqu'au cercle extérieur de cet anneau de l'iris, qui est fixé au segment conique de la sclérotique. Là ils bordent le quart extérieur de l'anneau libre de l'iris. Deux des filets extérieurs de la bande contournent, chacun de leur côté, le pourtour de cet anneau de l'iris, dont ils coupent la direction des fibres, jusqu'à ce qu'ils s'anastomosent en se rencontrant à l'opposite du point de leur écartement. Les filets moyens pénètrent directement dans l'anneau libre, et ce ne sont que les plus extérieurs de ceux-là, qui s'infléchissent à droite et à gauche, pour s'épanouir dans les fibres iridiennes. Le demi-cercle extérieur de cet anneau libre de l'iris, reçoit donc bien plus de nerfs que le demi-cercle interne circonscrit à la pupille même.

1°. *Troisième paire.*

Dans tous les vertébrés sans exception, le nerf moteur commun des muscles de l'œil (111, sur toutes les figures), naît des cordons inférieurs de la moelle ou de ses prolongements, quand il y a une commissure au cervelet, par un nombre variable d'insertions. Toujours les éminences mamillaires et le tube de la glande pituitaire le précèdent plus ou moins immédiatement. Toujours cette insertion se fait sur ou très-près de la ligne mé-

diane, par conséquent au bord interne du cordon inférieur du système cérébro-spinal. Dans
les mammifères, la distance au bord antérieur
de la protubérance (voy. *pl.* XIII, *fig.* 1, 3 et 13),
ne dépend pas d'un changement réel dans son
insertion, mais de la largeur de cette commissure, laquelle est en rapport avec le volume
des hémisphères du cervelet. Le volume de ce
nerf est d'autant plus grand, relativement à la
taille de l'animal, qu'il est plus carnassier. Or,
ce n'est pas à l'appétit même de la chair que
cette proportion se rapporte, mais aux diverses
expressions de l'œil, excitées par les passions d'un
animal carnassier. Ce volume est lié aussi aux mouvements de l'iris. Ainsi, dans les falco, les aigles, les
buses, etc., dans les corneilles freux et à manteau, le
nerf est absolument aussi gros que dans l'homme,
et c'est surtout le rameau qui pénètre dans l'œil, et
donne à l'iris la mobilité qui contribue à cette
grosseur. Ce rameau, séparé déjà du reste du nerf
avant de pénétrer dans l'orbite, subit en y entrant,
dans les falco, un petit renflement, une sorte de
ganglion.

Dans les corneilles, les nerfs iridiens sont à proportion plus nombreux et plus volumineux que
dans les aigles. Le rameau iridien, sur le milieu
du trajet orbitaire du nerf optique, forme une sorte
de digitation plexiforme. Les trois ou quatre filets
antérieurs et supérieurs, se portent sur le nerf

optique , et pénètrent dans l'œil au-dessus de lui.
Ils ne se portent que très-peu loin sur la choroïde , et ne vont pas à l'iris. C'est de l'autre partie
du plexus anastomosé avec un filet du nerf ophla-
tunique, que pénètrent dans l'œil, à dix ou douze
degrés en arrière du nerf optique, cinq ou six filets
dirigés comme des arcs de méridiens sur la face
extérieure de la choroïde. Ils pénètrent dans l'iris
sur le pourtour de son demi-cercle postérieur.

Dans les raies à pupille susceptible d'ouverture
variable par le mouvement dela palmette, ce nerf
est plus gros à proportion que dans les autres poissons. Cet excès de volume s'observe aussi dans les
squales, mais il paraît n'y être relatif qu'au seul
mouvement des muscles.

Il ne se distribue pas au même nombre de muscles dans tous les animaux. Dans les ruminants, il
se porte aux six muscles de l'œil. Dans l'homme,
le chien, il se porte dans l'élévateur, l'abaisseur
et l'adducteur de l'œil, ainsi que dans le rotateur
ou oblique inférieur.

Dans aucun poisson osseux, excepté les pleuronectes, je n'ai vu uucun filet de ce nerf pénétrer
dans l'œil. Je n'ai vu non plus le petit renflement
du nerf ciliaire, que dans les mammifères cités,
et dans les falco chez les oiseaux. Puisqu'il n'y a
point de nerfs ciliaires dans les poissons osseux ni
dans les squales, ce ganglion n'y peut donc exister.

2°. *Quatrième paire.*

Ce nerf (IV, sur toutes les figures), dans les trois premières classes, et chez les raies et les squales, s'insère derrière et contre le bord postérieur des lobes optiques, dans l'intervalle de ces lobes au cervelet. Ses filets d'insertion sont presque contigus sur la ligne médiane, mais jamais continus. Cette continuité ne peut avoir lieu dans les squales et les raies, où les deux cordons supérieurs du système cérébro-spinal, ne sont qu'agglutinés plus ou moins lâchement l'un contre l'autre. On avait cru constante et générale cette insertion de la quatrième paire de nerfs à cet endroit de la face supérieure du système cérébro-spinal. J'ai découvert que dans tous les poissons osseux, y compris ceux qu'on avait rattachés à tort aux cartilagineux, les cycloptères, les tétrodons, les lophius, les esturgeons, la quatrième paire s'insérait à l'autre extrémité du même diamètre de la moelle, c'est-à-dire à la face inférieure du système, toujours sur la ligne médiane, de manière que les extrémités des filets d'insertion du nerf, d'un côté, sont contiguës à celles de l'autre. Il n'y a pas lieu d'équivoquer sur la détermination de ce nerf, à cause de cette variation de son insertion, car il se rend dans tous les cas au même muscle, c'est-à-dire au rotateur supérieur de l'œil.

3°. *Sixième paire.*

M. Gall (p. 74) a très-bien expliqué la variation apparente de l'insertion de ce nerf chez les
mammifères. Cette variation dépend d'une cause
semblable à celle que produit la même apparence
pour l'insertion de la troisième paire. « Le pont ou
» la couche transversale des faisceaux nerveux du
» cervelet étant beaucoup plus gros et plus large
» chez l'homme que chez tous les autres mammi-
» fères, souvent quelques petits faisceaux transver-
» saux se trouvent superposés sur le nerf abduc-
» teur , et alors il paraît naître du pont. Et com-
» me ses filets ne se détachent pas tous dans le mê-
» me endroit , on leur a assigné une origine diffé-
» rente. »

Dans les ovipares , il n'y a plus de pont , parce
qu'il n'y a plus d'hémisphères ou cervelet. Les insertions des filets de ce nerf sont constamment à
découvert. Il ne s'insère pas comme la troisième
et la quatrième paire sur la ligne médiane même,
au point de jonction des deux cordons inférieurs ,
mais à peu près sur le milieu de la largeur de
chaque cordon. La distance de cette insertion en
arrière des éminences mamillaires , est aussi à peu
près constante , en ayant égard chez les mammifères à la partie couverte de son trajet. C'est constamment au-dessus du premier nerf cervical ou

spinal, entre ce nerf et le dernier de ceux qui se
rendent à la tête, l'hypoglosse chez les mammifères,
la huitième paire chez les poissons, les oiseaux et
les reptiles. Ce nerf est plus petit à proportion
chez l'homme, les singes, les mammifères, qui
n'ont pas de troisième paupière, et chez tous les
poissons, que chez les oiseaux, les mammifères
et les reptiles, qui ont une troisième paupière,
car il se rend et au muscle abducteur et au muscle de cette troisième paupière. Dans son trajet
inter-osseux, et sous la dure-mère dans le sinus
caverneux, il reçoit, chez les mammifères seulement, la terminaison antérieure du grand sympathique. Dans les poissons, le grand sympathique
ne s'y porte jamais, et se termine constamment
sur la branche operculaire de la cinquième paire.
Ce n'est donc pas à ses rapports avec le grand sympathique que ce nerf doit la propriété d'exciter les
mouvements involontaires de la troisième paupière
des mammifères, puisque ces rapports n'existent pas
dans les oiseaux. D'ailleurs ces mêmes rapports
n'existent pas non plus pour le nerf de la troisième paire, dont l'influence est aussi, en grande
partie, involontaire.

§ III.

De quelques éléments de l'œil.

1°. *De la choroïde.*

J. Petit (*Mém. de l'Acad. roy. des Sc.*, année 1726) avait observé (fait oublié depuis, je ne sais pourquoi, car on va voir quelle est son importance) que dans tous les yeux d'homme, la choroïde est sous la rétine, tout-à-fait brune dans les enfants, qu'elle l'est un peu moins à l'âge de vingt ans; qu'elle commence à trente ans à prendre une couleur de gris de lin foncé, et qu'à mesure qu'on avance en âge cette couleur s'éclaircit si fort, qu'à l'âge de quatre-vingts ans elle se trouve presque blanche.

Or, cette couleur, que prend la face interne de la choroïde, devenue ainsi un miroir réflecteur dans l'extrême vieillesse, est permanente dans tous les âges de plusieurs genres de mammifères. Dans les chats sourtout, toute la concavité de la choroïde est d'un beau gris clair d'agathe, un peu glacé de bleu, et si parfaitement réfléchissant, que dans l'obscurité cet œil brille comme un diamant.

Dans les ruminants, et particulièrement dans le chevreuil, le cerf et le daim, où je l'ai plus souvent observé, la cavité de la choroïde est d'un bleu clair argenté, changeant en vert et aussi en violet, mais toujours d'un poli à reflet métallique, même plusieurs jours après la mort, et qui ne se ternit que difficilement en l'essuyant avec les doigts ou avec un linge. Le chien, le loup et le blaireau, l'ont d'un blanc pur bordé de bleu. Je l'ai trouvé d'un gris de nacre dans le marsouin, d'un jaune doré éclatant sur l'ours brun d'Europe, d'un bleu céleste clair sur l'ours noir d'Amérique. M. Cuvier dit que cette couleur n'occupe pas tout le fond de l'œil, mais seulement le côté où ne s'insère pas le nerf optique. Je puis assurer que dans le renard, le chat, le lion, le chevreuil, la chèvre, le cerf, le marsouin, etc., la couleur propre à l'œil de chacun de ces animaux, en occupe tout le pourtour de la concavité, excepté cette zone de la choroïde qui se trouve border l'iris, et qui par conséquent est toujours dans l'ombre de cet anneau, même lors de son plus grand rétrécissement. Le nerf optique s'insère donc constamment dans la partie réfléchissante de la choroïde.

La choroïde des tortues terrestres, soit d'Europe, soit de l'Inde, des crapauds, des grenouilles, des rainettes, de la vipère et des couleuvres de France, est noire.

On ne connaissait de couleurs éclatantes chez les poissons, qu'aux seules raies. La raie, dit M. Cuvier, a le fond de l'œil d'une belle couleur d'argent. J'ajouterai que les deux tiers supérieurs seulement de la

concavité de la choroïde des raies bouclée et ronce , ont la couleur réfléchissante indiquée, et que
le segment inférieur est tout-à-fait noir. En outre,
la zone moyenne de l'œil est d'un blanc moins clair
que la supérieure : ce n'est qu'un jaune mordoré.

J'ai observé aussi que dans les squales galeus,
catulus, et glaucus (le squal. acanthias est dans
le même cas, d'après Sœmmering), la choroïde
tout entière est argentée, excepté une zone étroite
d'environ une ligne près du limbe et contre l'iris;
qu'enfin dans l'esturgeon , toute la concavité de
la choroïde est aussi un miroir, mais dont le poli
ne rappelle pas celui de l'argent. C'est celui du
zinc ou de la nacre de perle la plus éclatante.

La torpille fait exception aux autres raies pour
la couleur de la choroïde, qui est noire, ainsi que
dans la lamproie.

D'après Detmar Wilh. Sœmmering (*de ocul. hom.
et anim. section. horiz.* 1818, Gœtting, in-fol.),
le fond de l'œil du lynx et celui du chat sauvage,
offrent une surface réfléchissante aussi grande que
je l'ai vue dans le lion. Le chamois l'a plus grande
que les autres ruminants, le cristallin y est aussi
plus sphérique. Il en dit autant de l'antilope co-
rine. Le chameau a aussi un tapis bleu répondant
à une pupille oblongue. Le buffle a une surface réfléchissante d'un blanc rosé , très-lisse , et très-
éclatante. L'éléphant d'Asie l'a d'un bleu clair cen-
dré. Tout le fond de l'œil du phoque grœnlandais

est d'un blanc de nacre, excepté le limbe près de l'iris, dont l'éclat est rougeâtre. Tout le fond de l'œil de la baleine est d'un blanc de nacre, et la pupille est fendue horizontalement.

Deux espèces de crocodiles, le lucius et le sclérops, ont un tapis réfléchissant d'un blanc d'argent, au centre duquel s'insère le nerf optique, sous la forme d'un disque noir.

Parmi les serpents le *coluber esculapii* a la face interne de la choroïde, brillante, d'un vert métallique clair. Et cependant, suivant l'observation de Sœmmering, la pupille serait circulaire et peu mobile.

Le hérisson est le seul carnassier dont j'aie trouvé l'intérieur de l'œil aussi obscur que celui de tous les rongeurs que j'ai eu occasion d'examiner, savoir, le lièvre, le lapin, le cobaie, le rat d'eau, l'écureuil, le mulot, le campagnol, etc. Malheureusement, Sœmmering, qui dit que la pupille est ovale dans la chauve-souris oreillard, et linéaire horizontale dans la céphalotte, ne parle pas de la couleur de leur choroïde.

Quant aux oiseaux, excepté peut-être l'autruche d'Afrique, quant à tous les poissons osseux des trente genres que j'ai examinés, je n'en ai pas vu un seul qui n'eût l'intérieur de l'œil d'une obscurité parfaite. Au contraire la convexité de la choroïde dans les poissons osseux, est peinte de couleurs métalliques, aussi éclatantes au moins que celles qui brillent sur leur iris.

Dans le fœtus humain, comme Haller l'avait déjà observé (t. IV, p. 364), et pendant toute la vie des mammifères et oiseaux albinos, les deux faces de la choroïde sont rouges à cause de la transparence du réseau vasculaire constituant cette membrane, et qui laisse voir la couleur du sang qui le traverse en abondance. Chez les albinos le sang n'est donc séparé de la rétine que par les parois infiniment minces du réseau de la choroïde. On ignore pourquoi cette absence de l'enduit choroïdien, coïncide constamment avec l'albinisme dans toutes les espèces d'oiseaux et de mammifères. Par ces différents états de la choroïde, l'anatomie comparée démontre mieux la nature de cette membrane que ne le pourraient faire les plus merveilleuses injections. Or, cette structure de la choroïde déterminée, la continuité de cette membrane avec ce que l'on appelle, fort improprement dans beaucoup de poissons osseux, *glande choroïdienne*, détermine nécessairement aussi la structure de cette prétendue glande, dont quelques anatomistes ont voulu faire un muscle. En effet, ce plexus vasculaire n'est autre chose, qu'un entrelacement de vaisseaux artériels et veineux, repliés sur eux-mêmes, divisés et repliés encore, et anastomosés avec ceux de la choroïde.

Comme ce plexus vasculaire, assez généralement développé en raison du volume de l'œil et des lobes optiques, de la brièveté du nerf, et du plissement des rétines, peut coïncider avec l'absence

de tout plissement, dans la morue, par exemple, et
dans les clupes où le nerf est seul plissé; mais comme
aussi il manque constamment dans le cas d'état
rudimentaire, ou même de médiocre développement de tout l'appareil optique, par exemple, dans
tous les cartilagineux, l'échénéis, les silures, les murènes, etc., il suit que l'existence et le degré de
développement du plexus choroïdien, est un élément de la structure de l'œil, qui ne peut manquer
d'influer sur l'énergie de la vision. On vient de voir
que les couleurs plus ou moins réfléchissantes de
la concavité de la choroïde, sont aussi un autre
élément de l'organe et de la fonction optique.

2°. *De la position du point d'insertion du nerf*
optique au globe de l'œil.

Willis (*de anima brutor, pars physiolog.* cap.
15) avait déjà observé que le point d'insertion du
nerf optique à la sphère de l'œil, varie beaucoup
dans les animaux; que dans l'homme et les plus
intelligents des animaux, tels que le chien, etc.,
le nerf optique s'insère vis-à-vis de la pupille,
c'est-à-dire *au pôle même de l'œil*; qu'au contraire, dans le mouton, le bœuf, et beaucoup d'autres
quadrupèdes, dans tous les oiseaux et poissons,
l'insertion se fait sur le côté de l'œil. *A polo ejus*
distat, non secus ac zodiaci polus ab altero
æquatoris; voici comme il s'exprime. Je dirai

au chapitre de la physiologie de l'œil, l'influence attribuée par Willis à cette variation du point d'insertion du nerf optique. J'observerai seulement ici, que cette distance du point d'insertion, au pôle de la sphère de l'œil, est d'autant plus grande, que les yeux sont plus volumineux, dirigés plus latéralement, dans le cas toutefois de la convergence de leurs axes. Car, si les deux axes sont sur le prolongement d'une même ligne ou d'une ligne à très-petite flexion, comme dans les raies, les squales, les caméléons, alors l'insertion se rapproche davantage du pôle, ou même se confond avec lui, ainsi qu'il arrive dans le cas où les axes se rapprochent du parallélisme, comme dans l'homme et les singes. Or, Haller (p. 201. t. IV), avait déjà reconnu que dans l'homme le nerf s'insère un peu au-dedans du pôle, de sorte que le segment extérieur de l'œil, fait par un plan vertical tangent au prolongement du nerf, est un peu plus grand que le segment interne. C'est le contraire dans les oiseaux et les poissons, où j'ai reconnu des déclinaisons de plus de trente degrés en dehors du pôle. Haller avait observé cette plus grande déclinaison dans les oiseaux, mais il ne dit pas de quel côté elle existe. Il en résulte que chez les poissons et les oiseaux, une coupe verticale de l'œil, faite sur la ligne qui va du point central de l'insertion au milieu de la pupille, donné au segment intérieur ou antérieur de l'œil, par rapport à l'autre, un excès d'amplitude qui peut être de plus d'un tiers, comme on voit. Dans les oiseaux la considération de cet élément de la structure de l'œil se lie à un autre élément, qui est exclusivement particulier à cette classe, et dont nous allons parler.

Il suit des observations précédentes qu'un autre élément de la vision, encore aperçu seulement par Willis, résulte de la distance ou de la coïncidence de l'insertion du nerf optique, par rapport au pôle de la sphère de l'œil.

3°. *Du peigne ou écran oculaire des oiseaux.*

L'insertion du nerf optique à la rétine, dans les oiseaux, n'est pas circulaire comme dans les mammifères et les poissons. Après avoir traversé la choroïde, l'extrémité du nerf se prolonge obliquement en haut et en dehors sous forme de pointe plus ou moins étendue, et sur les côtés de laquelle s'insère la rétine (1). Et la couleur et la consistance

(1) D'après Sœmmering (*de ocul. sect. horiz.*) l'insertion du nerf optique de la marmotte serait telle que dans les oiseaux. Mais comme, d'après Zinn, qui sur un grossissement d'au moins 50 fois (Comm. soc. Gotting., 1754, tab. 8, f. 3), a pris pour un raphé de la rétine, la bifurcation par laquelle s'y épanouit l'artère centrale du nerf optique, il en dit autant du lapin, où je puis assurer que cette insertion est la même que

des deux matières, sont tellement différentes, qu'il est évident que l'une n'est pas la continuation de l'autre. Sur toute l'étendue de ce prolongement s'insère une membrane rhomboïdale, plissée dans toute sa longueur, tendue à travers le corps vitré jusqu'au bord interne ou postérieur de la circonférence du cristallin, et adhérente par son extrémité à la capsule de cette lentille, sur un arc plus ou moins grand, suivant la largeur du peigne, ou plutôt, de l'espèce de ligament qui sert à l'attacher. Le nombre, la longueur des plis de cette membrane, leur inclinaison l'un sur l'autre, varient d'une espèce à l'autre. Jamais la membrane n'est enroulée sur elle-même de manière à representer, soit une bourse, soit un cornet conique, comme quelques auteurs l'ont prétendu. Une seule chose est constante dans la disposition de cet appareil, c'est la projection de son plan vertical vers le fond de l'œil du bord externe ou postérieur du cristallin, sans pourtant atteindre ni adhérer toujours à ce bord. Dans les aigles, par exemple, le peigne n'a que les deux tiers de la longueur nécessaire pour atteindre au cristallin, il n'en a que le tiers au plus dans les oiseaux de nuit. Il y touche au contraire dans les perroquets, les cygnes (voy. *pl.* VII. *fig.* 8). Cet intervalle du peigne au cristallin prouve que le peigne ne peut pas être

dans les autres mammifères; l'exception de la marmotte me semble fort douteuse.

l'agent du déplacement du cristallin, déplacement qu'on lui avait attribué pour unique fonction. Comme la membrane du peigne a la couleur et la structure de la choroïde, elle intercepte les rayons, et les images dont la direction passe plus ou moins obliquement par son plan. C'est donc un véritable écran qui rend inutile à la vision tout le segment de la rétine, où son ombre est projetée. Or, c'est justement dans cette partie de la rétine, que chez les oiseaux de proie et autres, les plis sont plus étroits, moins nombreux, ou même entièrement effacés. J. Petit (loc. cit.) avait indiqué cet effet de la direction du plan du peigne dans l'œil, mais ni les physiologistes ni les physiciens n'en avaient depuis tenu compte dans leurs explications du mécanisme de la vision.

Perrault et plusieurs auteurs ont cru à tort que cette membrane formait une capsule plus ou moins cylindrique ou ellipsoïde dans quelques oiseaux. Ils l'avaient en conséquence nommée la *bourse*. Ce nom n'est certes pas plus inconvenant que celui de peigne. Ni l'un ni l'autre ne donne aucune idée, ou plutôt chacun d'eux donne une idée fausse de l'objet. Le nom d'*écran membraneux* exprimerait à la fois et la structure et l'effet mécanique de cet organe. C'est le nom dont nous nous servirons désormais.

Detm. Willh. Sœmmering (*op. cit.*) a décrit et figuré dans l'œil du monitor, un vestige d'écran

25*

étendu depuis l'insertion du nerf optique jusqu'au cristallin où il s'attache. Il est également
coloré d'un enduit noir. Dans les crocodiles il n'y
a plus de vestige d'écran, l'insertion du nerf optique est seulement marquée d'un disque noir. D'a-
près Emmert (Reil's archiv., B. X. Heft. 1), Sœmmering assure que l'iguane ressemblerait à cet
égard au monitor.

4°. *De la glande lacrymale.*

Il était plausible de croire que la glande lacrymale suivait pour le volume la proportion de l'œil.
Il en est tout autrement. On sait que dans l'homme elle est à peu près grosse comme une petite
noisette; elle n'a pas le quart du volume de l'œil.
Elle en a la moitié à peu près dans le mouton; elle
est presque égale dans les lapins et les cochons
d'Inde; elle est trois fois plus grosse dans les hérissons et le rat d'eau. Observons qu'elle est à proportion bien plus grosse dans le fœtus que dans
l'homme adulte; que dans les serpents à sonnettes
et les trigonocéphales, elle forme autour de l'œil
un anneau dont la masse surpasse celle de cet organe. Or dans les lézards, les caméléons, elle forme
dans la partie intérieure et interne de l'orbite, une
masse conique, à peu près du volume de l'œil.

Dans aucun oiseau, dans aucun poisson, il
n'en existe de trace. C'est pourtant dans ces deux

classes, non-seulement que l'œil a plus de volume, mais qu'il a une plus grande surface à découvert et en contact avec l'air. Cette espèce de corps granulé, rougeâtre et compacte, qui recouvre en-dessus l'arcade pituitaire des oiseaux palmipèdes, n'a aucune ressemblance avec la glande lacrymale, et il m'a été impossible de lui trouver de vaisseaux excréteurs. Enfin d'après ce que disent Guldenstæd (*nov. comm. petrop.* t. XIV) et Pallas (*nov. spec. quadrup.*) du zemni et du spalax privés même de fente palpébrale, il y aurait, occupant tout l'espace entre l'apophyse zygomatique, le muscle crotaphyte et l'os maxillaire supérieur, un corps glanduleux blanchâtre, qui, par sa position, ressemblerait beaucoup à la glande lacrymale. Il serait donc plus de cent fois plus gros que l'œil, qui, dans ces deux animaux, est moindre qu'un grain de pavot (1).

(1) Ce que M. de Blainville nomme glandes lacrymales dans les oiseaux, ne sont que des cryptes muqueux, semblables à ceux que, dans l'homme et les mammifères, on appelle glande de *harderus*, ou glande lacrymale interne.

FIN DE LA 1ᵉ PARTIE.

TABLE

DES MATIÈRES.

DE LA PREMIÈRE PARTIE.

PRÉFACE.   Page   vij

LIVRE PREMIER.

INTRODUCTION A L'ÉTUDE DU SYSTÈME CÉRÉBRO-SPINAL,

De l'enveloppe osseuse de ce système.   1

    Sect. Ire DE LA COLONNE VERTÉBRALE.   5

Chap. Ier. Composition de la colonne vertébrale.   id.

    1°. Chez les poissons,   6

    2°. Chez les serpents.   11

    3°. Chez les sauriens.   12

    4°. Chez les mammifères,   15

    Formation.   21

Chap. II. Du mécanisme de la colonne vertébrale
    en général.   23

Des mouvements généraux et particls de la colonne
    vertébrale.   24

    1°. Dans les mammifères.   26

    2°. Dans les poissons.   28

    3°. Dans les reptiles.   30

    4°. Chez les sauriens.   32

    5°. Chez les tortues et les oiseaux.   34

Chap. II. Mécanisme relativement à la protection
de la moelle.   Page 36

Chap. III. Des rapports de grandeur et de figure
entre la moelle épinière et la colonne vertébrale.   45

Sect. II. Du crane ou de la tête osseuse.   49

Chap. Ier. Du crâne proprement dit.   52

1°. Dans les sauriens.   54

De l'extérieur du crâne.   58

2°. Ophidiens ou serpents.   61

3°. Batraciens.   63

4°. Poissons.   66

5°. Oiseaux.   68

6°. Mammifères.   71

De la cavité auditive.   73

Chap. II. De la face.   77

1°. Dans les mammifères.   78

2°. Dans les oiseaux et les reptiles.   82

3°. Dans les poissons.   88

Chap. III. Mécanisme du crâne en général.   97

1°. Mécanisme du crâne dans ses mouvements de
totalité, et dans ceux de ses diverses régions.   98

Correspondance de la forme du crâne avec celle du
cerveau.   107

2°. Mécanisme du crâne et de la face pour résister, et pour protéger le cerveau et les organes
des sens.   115

LIVRE DEUXIÈME.

SECTION PREMIÈRE.

Du système cérébro-spinal en général.   118

358   TABLE

Chap. Ier. Enveloppes membraneuses du système
     cérébro-spinal.   Page 119

   1°. De l'arachnoïde.   120

   2°. De la pie-mère.   122

Chap. II. Réfutation de quelques opinions relatives
     au système cérébro-spinal.   128

Chap. III. De la loi de formation des lobes pairs ou
     impairs, sur la longueur de l'axe cérébro-spi-
     nal.   136

Sect. II. Chap. Ier. Du système cérébro-spinal des
     poissons.   140

   1°. De la moelle épinière.   141

   2°. Du lobe qui contient le quatrième ventricule. 145

   3°. Du cervelet.   152

   4°. Des lobes optiques.   156

   5°. Des éminences mamillaires et de la glande
     pituitaire.   160

   6°. et 7°. Des lobes cérébraux et des lobes olfac-
     tifs.   164

De la face inférieure du système cérébro-spinal des
     poissons.   171

Du système cérébro-spinal des lamproies.   174

Chap. II. Du système cérébro-spinal des reptiles. 184

Chap. III. Du système cérébro-spinal des oiseaux. 200

Chap. IV. Du système cérébro-spinal des mammi-
     fères.   213

Répartition de la matière blanche fibreuse et de la
     matière grise globuleuse, dans le système cérébro-
     spinal des mammifères, et proportion des diver-
     ses parties de ce système.   270

LIVRE TROISIÈME.

DES SYSTÈMES NERVEUX LATÉRAUX. Page 280
Formation des systèmes nerveux latéraux. 281
Chap. Ier. Du nerf olfactif. 287
  Des narines. *id.*
  1°. Du nerf olfactif. 294
  2°. État tout-à-fait pulpeux de filets parallèles, et sans embranchement. 297
  3°. Nerf olfactif, formant un seul tronc divisé ou non divisé en filets parallèles. 298
  4°. Ramification du nerf olfactif en cordons, divisés eux-mêmes en rameaux plus petits encore, subdivisés. 301
  5°. État pulpeux et canaliculé du nerf olfactif. 304
  6°. Structure semblable à celle des nerfs musculaires et cutanés de l'homme et des mammifères, etc. *id.*
  7°. État capillaire ou rudimentaire du nerf olfactif. 306
Chap. II. Du nerf optique, des trois autres nerfs oculaires, et de l'œil. 308
§ Ier. Du nerf optique. 312
  1°. Des nerfs optiques et des rétines plissées. 314
  2°. Nerfs optiques, sans plis ou fibres apparentes, et rétines tout-à-fait lisses. 324
  3°. Nerf optique formé par un faisceau de filets parallèles non adhérents entre eux. 329
  4°. Différences dans le genre, le lieu et le nombre des communications du nerf optique avec le cerveau. 332

§ II. Des nerfs accessoires de l'œil. Page 335

  1°. Troisième paire. 338

  2°. Quatrième paire. 341

  3°. Sixième paire. 342

§ III. De quelques éléments de l'œil.

  1°. De la choroïde. 344

  2°. De la position du point d'insertion du nerf optique au globe de l'œil. 349

  3°. Du peigne ou écran oculaire des oiseaux. 351

  4°. De la glande lacrymale. 354

FIN DE LA TABLE DE LA Iʳᵉ PARTIE.